建筑视界丛书

MODERN VERNACULAR ARCHITECTURE---KAIPING DIAOLOU

近代乡土建筑 开平碉楼

钱 毅 著

中国林业出版社

图书在版编目（CIP）数据

近代乡土建筑：开平碉楼 / 钱毅著. — 北京：中国林业出版社, 2015.7（2019.7重印）
（建筑视界丛书）
ISBN 978-7-5038-7598-4

Ⅰ. ①近　Ⅱ. ①钱　Ⅲ. ①民居－研究－开平市－近代 Ⅳ. ①TU241.5

中国版本图书馆CIP数据核字（2014）第170469号

近代乡土建筑——开平碉楼

钱　毅　著

策划、责任编辑　　　吴卉

出版发行　中国林业出版社
　　　　　　邮编：100009
　　　　　　地址：北京市西城区德内大街刘海胡同7号
　　　　　　电话：010－83143552
　　　　　　邮箱：jiaocaipublic@163.com
　　　　　　网址：http://lycb.forestry.gov.cn
经　　销　新华书店
印　　刷　固安县京平诚乾印刷有限公司
版　　本　2015年9月第1版
印　　次　2019年7月第2次
开　　本　787mm×1092mm　1/16
印　　张　18
字　　数　390 千字
定　　价　49.00 元

前　言

　　本书是笔者在博士论文基础上略作修改而成稿的。

　　2002年我刚刚进入日本东京大学藤森研究室做研究生，研究室负责指导同学们做研究的助手村松伸老师建议我可以考虑以开平碉楼为博士研究课题。村松先生敏锐地发现开平碉楼不但突出体现着由华侨带回侨乡的外来文化，同时也是中国近代建筑史上民间自主推动建筑近代化一个典型的实例。

　　很快，经过与清华大学张复合老师讨论，确定了两校就开平碉楼研究展开合作，也确定了我的博士论文研究将围绕着开平碉楼这种十分独特的近代乡土建筑展开。

　　就在那一年的年底，我与张复合老师及清华大学的师弟相约来到开平，被开平碉楼这种特殊的近代建筑所吸引。它们星罗棋布地散落在开平的田野村镇中，异域特征的形象充满了神秘感。在开平蚬冈镇的马降龙村，我们遇到了开平市政府主管开平碉楼申遗的谭伟强先生和五邑大学的张国雄老师，他们正在碉楼里抢救、整理华侨留下的文物资料，就在那里，我们商定来年的春天开始合作对开平碉楼进行普查。后来普查因为2003年春天在广东和北京都造成广泛影响的"非典"耽搁了，直到2004年3月才正式开始，到2005年春夏之交结束。我与师弟杜凡丁，和开平市的工作小组成员们一起，走遍了开平所有存在碉楼线索的村子，对每一座碉楼进行拍照，登记，在村子里访谈，寻觅当年的账簿、书信、地契、文件。那是段难以忘怀的经历，记得有的时候，田野调查的间歇，在阅读了许多民国开平侨乡各家族编印的侨刊之后，我常有时空穿越的错觉，穿越到那个年代的开平市镇。

时过境迁，转眼已是2014年，距离2007年我的博士论文完成以及"开平碉楼与村落"申遗成功也已经7年。在这7年间，我依然一直从事中国近代建筑的相关研究，先后又普查并研究过鞍山、厦门鼓浪屿、青岛、昆明的近代建筑。但是毫无疑问，当年对开平碉楼的田野调查和后续的研究是投入时间、精力和感情最多的。

最近也经常有朋友问我，这么多年过去了，当今的近代建筑史研究应该采用什么样的研究方法，一向后知后觉的我无法给出新鲜的答案。这些年，在鞍山，在鼓浪屿，在青岛，在丹巴我们一遍一遍地重复着在开平所做的事情：普查，尽可能走遍所有的研究对象，同时寻找一切有关的文献、资料，以发掘这些遗存实物及史料为线索，探索研究对象相关的史实。

从2004年开始的田野调查，到2005年开始的论文写作，到2006年年底完成日文的博士论文，2007年博士论文答辩，中文版的成文，再到2015年本书的出版，历时十年，回头看，有些研究成果显得粗陋、幼稚，甚至自己对某些问题的认识都已发生了改变。但是本书的出版，其意义远远不止在于展现我个人对开平碉楼研究的许多观点，更多是在于依据一个工程浩大的普查及文献研究，把开平碉楼的历史状况尽可能全面、客观地展现给读者。

著者

2015年于北京

北京市教育委员会人才强教深化计划项目（PHR201106204）

北方工业大学重点项目——传统聚落低碳营造理论研究与工程实践

开平市蚬冈镇锦江里碉楼群（谭伟强摄影）

目 录

开平市赤坎镇古埠（梁锦桥摄影）

Prologue

序章

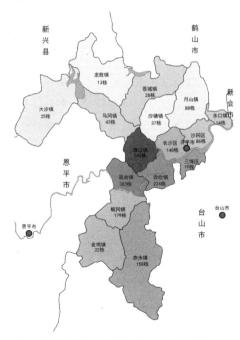

图1-1 开平市现存碉楼分布图（笔者根据2004—2005年普查结果的统计绘制）

　　今天从广州市沿公路出发西行，当进入江门"五邑"❶
地区之后，特别是开平市一带，人们会发现沿途在那些环绕于
水网、农田与竹林中间的一座座村落之中，有许多"异域"风
格的建筑，特别是那些高耸的塔楼，令人们惊叹不已。这些高
耸的塔楼，今天被人们称之为"碉楼"，或习惯称之为"开平
碉楼"（图1-1）。而随着2007年"开平碉楼与村落"被列
入《世界遗产名录》，"开平碉楼"，这种特别的建筑，作为
"五邑侨乡文化"的有形代表，逐渐为越来越多的世人所知。

　　从2002年年底开始到2005年年中结束，本书作者与来自
清华大学的研究者一起，与开平市政府合作，配合开平碉楼的
申遗工作，对开平碉楼这种建筑进行了长期、深入的调查和研
究。本书将利用这些研究成果，围绕开平碉楼相关历史与开平
碉楼的现状展开说明和论述。

1　"五邑"是指现在地级市江门所辖台山、开平、新会、恩平及鹤山这个使用相近方言的地
　　域，旧时这一带也称四邑、冈州。四邑、冈州、五邑这些概念源自鸦片战争之后，此地
　　区前往东南亚和北美地区的大批移民的群体组织，在新加坡1840年成立的"冈州会馆"
　　（冈州是隋唐时期此地的行政区域名称，辖区为现在新会、台山全境、开平、鹤山的一
　　部分），1848年成立了"四邑陈氏会馆"（由来自新会、新宁即现在的台山、恩平、开
　　平的陈姓华侨组成），此后世界各地的华侨聚集地先后出现众多的"冈州会馆"或"四
　　邑会馆"。1921年在香港成立了由新会、新宁、恩平、开平、鹤山人构成的"五邑工商总
　　会"，正式出现了"五邑"这个概念。1983年江门正式升为地级市，辖区包括新会、台
　　山、恩平、开平、鹤山、阳江、阳春几地，称为"五邑两阳"。"五邑"这个概念从此完全
　　取代了过去其他称谓，为世人所认同。而在五邑地区范围内，由于拥有相近的方言并且拥
　　有相近的历史社会背景，因此形成了相对统一的以华侨文化为特色的五邑文化。

1.1 为什么研究开平碉楼？

2000年，在中国广州召开的中国近代建筑国际研讨会上，来自广东江门的李冰先生宣读了介绍开平碉楼（图1-2）的论文，引起东京大学的日本学者村松伸先生以及清华大学建筑学院张复合教授的兴趣，经商议，决定共同对开平碉楼这种特别的建筑进行研究。

2002年，本书作者作为东京大学的博士课程学生，跟随我之前在清华大学攻读硕士学位时的导师张复合先生来到广东开平，在开平百合镇马降龙巧遇了正在进行田野调查的五邑大学的张国雄教授以及开平市政府申报世界遗产办公室的领导和工作人员。当时开平市政府正在筹备开平碉楼申报世界遗产，对开展碉楼普查与对其进行系统研究颇为期待，因此，各方约定，共同对开平碉楼进行全面的调查与研究。

作为长期从事中国近代建筑历史研究的研究者，开平碉楼这个研究对象显得十分珍贵，因为一方面它是近代五邑华侨历史文化重要的物质载体和物质见证，另一方面它还是中国近代建筑史上民间自主推动建筑近代化典型的实例。

中国近代建筑的发展，大致是沿着三条主线进行的。其一，是在外力影响下，由外国人主导的各种建筑活动，如外国租界和租借地城市的建设以及外国教会建筑的建设等；其二，是近代中国政府和精英阶层主导的近代城镇与近代建筑的建设；其三，是民间自主推动的近代建设。

直到21世纪初的中国近代建筑史研究，学者们关注的对象主要还是集中在前两条主线，即集中于研究开埠城市、居留地、铁路附属地、避暑地的建设，经典的建筑及重要的建筑师等等。

其所研究的建筑所具有的价值，也大多体现在传统西方建筑史研究所推崇的建筑的经典性上，即强调建筑在样式和技术上的学术性及设计、施工者的重要性等方面。

而事实上，这些被认为是重要的、经典的建筑并不足以代表中国近代建筑的

图1-2　开平市塘口镇自立村碉楼群（2004年）

全体面貌，在沿海城市不起眼的角落、在侨乡、在内地、在农村、在小城镇、在少数民族地区，也同样拥有丰富的近代建筑遗产，它们之中同样不乏一些精彩的实例，同样也反映了中国建筑近代化道路上一点一滴的努力。

早在1964年，鲁道夫斯基的《没有建筑师的建筑》（*Architecture without Architect*）出版，在建筑学研究领域产生了重要的影响，建筑学研究从狭隘的经典建筑领域，向民居，聚落，居住环境等多方面扩展。过去被认为是非主流的民间世俗建筑的价值开始被学术界认可。在中国，建筑学学者们对中国各地城乡的传统民居也早已开展了广泛的基础研究，形成非常丰硕的研究成果。

在20世纪初的中国近代建筑史研究领域，研究范围也已经有所拓宽，更多的学者开始关注近代建筑在民间、在内陆城市以及在少数民族地区的发展和演变。

开平所在的五邑地区，作为中国最主要的侨乡，在19世纪中叶到20世纪上半叶，与海外的世界，特别是美国、加拿大的广泛交流，这使得这里的人民相对来讲更能够接纳外来的新鲜事物。19世纪末开始，特别是到20世纪初，开平碉楼被大量建造，虽然大多分布于侨乡的农村，设计施工者大多只是民间的匠人，但其业主以归侨、侨眷为主，即使是生活在本地的楼主也大多深受对发达国家文化、科技成就推崇备至的侨乡文化影响。近代的开平碉楼，其突出的特征就是西洋建筑风格的拼贴，以及钢筋混凝土技术的广泛采用。

开平碉楼这种特殊的近代建筑，在五邑侨乡的农村地区分布得如此集中，并拥有相当庞大的数量，是研究来自民间的力量如何推动当地建筑近代化难得的实例。

1.2　开平碉楼的定义及本书的研究对象

鉴于"碉楼"这种建筑类型在以往中国建筑史的教科书中还没有被定义，"开平碉楼"这一称谓也还有相当的模糊性。因此，在本书的一开始，希望首先能对"碉楼"与"开平碉楼"这两个概念进行阐述，对本书的研究对象进行界定。

在中国，碉楼这种建筑的历史悠久，分布于全国各地，广泛存在于汉族、羌族、藏族以及其他少数民族的传统聚居地中。从传统上讲，碉楼是一个相对模糊的概念，涵盖众多历史时期、众多民族的多种防御性或防御性兼有其他功能的建筑类型。即使在广东省开平一地，众多的碉楼不但在功能，建造材料与样式上多有不同，而且同时拥有"炮楼""楼""楼仔"等不同的称谓。

在此，首先将对"碉楼"这种建筑的定义进行阐述。

1.2.1 碉楼语意探源

在汉语中"碉楼"是一个组合词，"碉"与"楼"分别表示不同的含义。

1.2.1.1 "楼"

据五邑大学的张国雄先生考证❷，"楼"字在中国古代便是一个常用字，在汉代许慎（约58—约147年）❸撰《说文解字》中已有解释："重屋也"，就是多层的房屋的意思。汉代解释经文及古代名物的著作《尔雅》中提到："陜而曲·曰楼"。"陜"是"狭"的通假字，说明楼是一种瘦高的建筑。刘熙成书于东汉末年的专门探求事物名源的著作《释名》的卷三"释宫室"一篇中，对"楼"一词有如下解释："楼，言牖❹户之间有射孔楼楼然也"，形容了楼的特征，即有门有窗，而且还有射孔。

到了现代，楼的意思是"两层或两层以上的房屋"❺。

1.2.1.2 "碉"

在汉语中"碉"字远没有"楼"字常用。

唐朝魏征（580—643年）等撰《隋书·卷八三·西域附国传》记载：

"附国者，蜀郡西北二千余里，即汉之西南夷也……俗好复仇，故垒石为巢❻而居，以避其患。其巢高至十余丈，下至五六丈，每级丈余，以木隔之。基方三四步，巢上方二三步，状似浮图❼。于下级开小门，从内上通，夜必关闭，以防贼盗。"

其中虽没提到"碉"这个字，但是"巢"即为"碉"的转音。

本书作者所知"碉"字的最早文献记载来自唐朝人李贤（654—684年）对《后汉书·南蛮西南夷传》的注解。南朝宋范晔（398—445年）撰《后汉书·卷八十六·南蛮西南夷传》中记载：

"冉駹❽夷者，武帝所开。元鼎六年，以为汶山郡……皆依山居止，累石为室，高者至十余丈，为'邛笼'。"

李贤在注释"邛笼"时注："按：今彼土夷人呼为'雕'也。""雕"与

---

2 张国雄. 中国碉楼的起源、分布与类型[J]. 湖北大学学报，2003, 29（4）：79。

3 本书括号中笔者所注纪年均为公元纪年。

4 指窗户，发"有"的音。

5 《新华字典》2001年修订版. 北京：商务印书馆，2001：636。

6 此处及下文相关位置的"巢"字应为左边"石"字旁右边一个"巢"字，专指附国的垒石而居的建筑形式。

7 即浮屠、佛陀，这里的意思是"佛塔"。

8 所谓"冉駹"指的是羌族人在岷江上游定居前，此地的两个土著民族或部族联盟。

"碉"可以通假。

南宋王象之约于1227年成书的《舆地纪胜》又一次对《后汉书》提供注解：

"夷居，其村皆叠石为巢，如浮图数重，下级开门，内以梯上下，货藏于上，人居其中，货囤以下，高二、三丈者谓之笼鸡❾，《后汉书》谓之邛笼；十余丈者，谓之碉。"

由上述历史中有关"碉"字的记载所见，在唐代及之后的相当长时间，"碉"这个字基本都用来形容古羌族、藏族的与现存碉房和碉楼相类似的古建筑。

在清朝之《康熙字典》中对"碉"字引用明代《篇海》❿ 对其的注音及解释为"都聊切音凋，石室"，所指依然是类似羌、藏现存碉房和碉楼的石构建筑。

到了现代汉语中，"碉"字多指碉堡，"供观察、射击、驻兵用的突出于地面的多层工事。多为砖石或混凝土结构"。⓫

1.2.1.3 碉楼

"碉楼"这个组合词，自清代开始出现在各种文献资料之中。

清道光二十二年（1842年）《龙安府志·卷五·武功》记载仅明朝嘉靖二十六年（1547年）在对羌族的镇压中，都督何卿率军一次就"毁碉楼⓬四千八百有奇"。⓭

清朝人吴敬梓（1710—1754年）在其著作《儒林外史》第四十三回中一段描写官军讨伐苗人的故事中，汤镇台道："逆苗巢穴正在野羊塘，我们若从大路去惊动了他，他踞了碉楼，以逸待劳，我们倒难以刻期取胜。"

综上所述，"碉"及"楼"两个字自古以来在汉语中都包含有防御性的建筑和较高的建筑这两层意思。其中"碉"字更多用来指军事上防御或瞭望的建筑，强调防御性的含义；而"楼"字本意指多层的房屋，偏重强调建筑形体上的高耸。"碉楼"一词将二字组合使用，其意义正如1994年出版，由梅维恒主编之《汉语大词典》对其解释"旧时防守和了望用的较高的建筑物"。在本书中，为了更清晰的论述开平碉楼的起源以及对开平碉楼与其他地区类似建筑物进行更广泛的比较研究，将借用"碉楼"这个概念统一称呼中国范围内不同地区不同民族建造的"旧时防守和了望用的较高的建筑物"。

---

9 从文中对笼鸡的描述上看，它是非常类似于现在羌族及藏族的碉房式民居。
10 《篇海》即明正德十五年(1520)由韩道昭编纂完成之《改并五音类聚四声篇海》。
11 《新华字典》2001年修订版. 北京：商务印书馆，2001：211。
12 此处的碉楼应该不仅指现在所称的碉楼，也应包括羌族碉房式民居。
13 参见文献[10]。

1.2.2 中国范围内实例考察

符合前文总结碉楼定义的实例在中国范围内非常丰富，遗存实物遍布全国各地。笔者专门于2004年8月和2005年4月对此进行了大范围的实地考察，并查阅了大量相关文献，经过总结，将这些遗存大致分为以下几种类型：

（1）汉族传统庄园、堡寨及集落中的"碉楼"[14]

汉民族在庄园、堡寨及集落中建造类似今天碉楼的防御性塔式建筑的历史至少可追溯到汉代，西汉末年及东汉时期，封建大地主庄园开始形成并有很大的发展。《后汉书》记载东汉初年，清河（今山东省临清东）地主豪强赵纲在县境"起坞壁，善甲兵"[15]。坞壁又称营壁、坞堡、堡垒或壁，本是战争时修建的小型堡垒或防御工事，而到了东汉末期，地主豪强在自己的庄园中修建坞壁的情况已非常普遍。《后汉书·卷八十七·西羌传·东号子麻奴》中记载了在汉族和羌族地界接壤的地区，汉族对羌族的征讨及修建坞壁自保的事情：

"元初元年[16] 春，遣兵屯河内，通谷冲要三十三所，皆作坞壁，设鸣鼓。"

"五年[17] 夏……将左右羽林、五校士及诸州郡兵十万人屯汉阳。又于扶风、汉阳、陇道作坞壁三百所，置屯兵，以保聚百姓。"

汉代的坞壁一般以高墙围绕，角部或内部建有碉楼，对于汉代碉楼的称谓，一般称之为观（图1-3）、望楼或角楼，有时也被称作碉楼。从今天各地发现的汉代的壁画以及明器[18] 中，可以领略到当时的坞壁（图1-4）及单独出现的碉楼与望楼的形制。

汉族传统堡寨分布较广，但由于我国东部地区历经战乱及大规模人口迁徙，现存的堡寨主要集中在山西、陕西、四川等各省，在部分堡寨的遗存中依然可以见到碉楼这种建筑。这些现存的碉楼大多为清代和民国时期为应对战乱所建。

四川中部（包括现在四川省中部及重庆市辖范围）是现存汉族庄园与碉楼遗存比较集中的地区。清代，政府大量移民入川，移民以客家人为主体，即史称"湖广填四川"[19]。移民的大量涌入，"五方杂处"，加之土匪横行，当地居民

14　此处和下文中几种位于各地的碉楼使用引号是因为在各自地区，这些建筑并不都采用碉楼作为其常用的称谓，但是在形式与功能上，它们与开平碉楼基本相同，也都符合前文所提到的在语意学中"碉楼"这一词的含义。

15　参见文献[40]。

16　即公元114年。

17　即元初五年，公元118年。

18　也称冥器，就是陪葬器，明器陪葬始于战国，此时所用的明器严格来讲没有专门的特指，一般均是主人生前所用器具之实物。到了汉代后期，厚葬之风渐衰，这时已有采用替代品陪葬的例子了，例如塑成死者生前所使用用品形式的各种陶器，这些才是真正意义上的明器。

19　即将来自湖南、湖北、广东、广西的客家移民迁往四川定居。

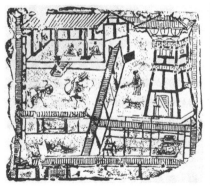

图1-3 观一四川出土汉代画像砖田字平面宅院（引自肖默《中国建筑艺术史》，文物出版社，1999年）　图1-4 坞堡一广州东汉墓明器（引自刘致平《中国居住建筑简史》，中国建筑工业出版社，2000年，第262页）

有建造防御性建筑保护自己的需要。特别是到了清嘉庆（1796—1821年）年间，为镇压四川白莲教起义，朝廷鼓励民众多建碉楼堡寨自保，因此清代成为川中碉楼建造的一个高潮时期。川中现存的碉楼多建于清末和民国初年，多为夯土建造，或以庄园、堡寨的角楼形式出现，或与民居结合（图1-5~图1-9）。

（2）羌、藏高碉

现在的羌、藏高碉楼，主要分布在青藏高原东南部横断山脉地区及雅鲁藏布江以南的藏南谷地地区。

现在以岷江上游及其支流杂谷脑河流域的理县、茂县、汶川县一带的羌族聚居地为中心分布着羌族高碉。

羌族是我国历史最悠久的民族之一，在秦汉时期一部分羌人进入今天四川省岷江上游地区，至今这一地区依然是古羌文化保持最纯正的地区。前文提到《后汉书》中记载的居住在岷江上游的先民"冉駹夷"，是否是古羌人，现在学术界尚有争论，但现存羌族碉楼与古籍中描述的"冉駹夷""高者至十余丈"的"邛笼"极为相似。

现存羌族碉楼大多由小块片石与灰浆砌成，他们通常高20米左右，自下向上有明显收分，墙体上设有射孔（图1-5~图1-9）。平面多为多边形，为了加强碉楼下部的抗震性和稳定性，垒墙时在两个边交汇的角部突出形成一条棱线，被称为"干棱子"，而这条棱线又与边线相连形成弧面。另外，在阿坝州布瓦寨一处也有少量夯土碉楼遗存。

羌族碉楼的起源，比较盛行的传说是昔日蜀国大将姜维征羌，修筑碉楼以治羌人，羌族人此后开始模仿建造碉楼。

《小方壶斋舆地丛钞·陇闻载》❷ 记述：

20　清人王锡祺编辑的清代中外地理著作汇钞，编辑始于光绪三年（1877年），光绪二十年（1894年）完成。

"(九洲记)云，邛州沈黎县即武候征羌之路，每十里做一石楼令鼓声响应，今彝人效之，所据悉以石为楼，此碉楼之始。"

英国托马斯·托伦士牧师在其《青衣羌——羌族的历史习俗及宗教》一文中也说：

"名将姜维取道岷江及杂古脑河谷，修筑碉楼，震慑羌民，遗迹至今可见。"

图1-5 山西省阳城县皇城村河山楼（引自《古镇书——山西》，南海出版公司，2003年，第268页）

图1-6 重庆武隆市长坝刘宅碉楼（2004年）

图1-7　重庆江津市凤场乡会龙庄碉楼——雅爱亭（2004年）

图1-8　四川省阿坝藏族羌族自治州理县桃坪羌寨碉楼（2004年）

图1-9　四川省阿坝藏族羌族自治州茂县黑虎羌寨碉楼（2004年）

这些虽然只是引自传说，不足信，但是结合前文引述《后汉书》中汉族在与羌族接壤地带修建坞堡的记述，羌族碉楼在起源的过程中受到汉族碉楼、望楼建筑的影响还是很有可能的。

今天的藏民族，包括古代吐蕃人的后代，以及嘉绒、木雅等民族，他们与羌族人一样，也拥有非常古老而相似的石碉文化，住碉房，修建碉楼。《隋书·卷八三·女国❷》中描述：

> "山上为城，方五六里，人有万家。王居九层之楼……"

今天，在大渡河流域的马尔康、小金、金川、丹巴等嘉绒藏族聚居县是藏族高碉楼分布最集中的区域。此外，在雅砻江流域的木雅人聚居地，金沙江流域的四川乡城及云南迪庆，以及在西藏自治区的山南、林芝、日喀则等地区，也有成规模的高碉楼遗存分布。

藏族高碉楼也多为片石砌筑，但建造工艺普遍较羌碉更为精湛，石块内外交搭，压接整齐，为了加强稳固性和抗震能力，除了加深墙基和逐层收分外，还采用了四角生起和安置木墙筋的方法。碉楼平面为方形或为星形，许多藏族碉楼比羌碉更为高大，高的达到十多层、四十米以上（图1-10）。

藏族修建的高碉楼主要有两项基本功能，一为象征性；二为安全防御。

象征性，包括对神性、财富、权利的象征，碉楼的高度、体量、装饰以及星形平面的复杂程度都成为体现其象征性的因素。

在许多分布着高碉的地区，碉楼都与古老的宗教传说有关，例如分布着大量碉楼遗存的西藏山南洛扎地区，当地传说碉楼与苯教中具有独特意义的大鹏鸟有关。

除了对神性的象征，部分高碉也成为财富和权利的象征。《汶川县志》记载：

> "苏村高碉，相传五代时，陈后主选妃，得之于此，苏民乃建高碉七层以志喜……"❷

至于藏族碉楼的防御功能，在清朝乾隆年间征讨大、小金川土司的战役中体现得淋漓尽致。大小金川位于现在四川省阿坝藏族羌族自治州西南部，虽"地不逾五百里，人不满三万众"，但清政府于乾隆十二年（1747年）及三十六年

---

21 《隋书》中女国是指藏民族统一前，生活在今天西藏自治区日喀则、拉萨一带的藏民祖先"苏毗"部落，他们以女子为王，故被称为女国。

22 参见文献[42]。

图1-10 四川省阿坝藏族羌族自治州丹巴县梭坡碉楼（2004年）

图1-11 清朝宫廷画师徐杨所绘《平定两金川战图》局部（引自《中国国家地理》2006年11
期，第64－65页）

（1751年）两次出兵，共调动兵力近20万人来征讨，事后
乾隆自己也认为："金川扩地不过百里，耗军费七千余万
两……其功半而事倍矣。"其重要原因之一就是"苦酋之
恃其碉也"❷ （图1-11）。

魏源（1794—1857年）著《圣武记·卷七·土司苗瑶
回民》中记载，大小金川战役中清军的前线总指挥傅恒在
给乾隆的奏书中写道：

"臣查攻碉最为下策，枪弩唯及坚壁，于贼无伤。

23 出自现存于北京香山实胜寺内碑亭的《御制实胜寺碑记》，该碑记记述了第一次大小金
   川战役的概况。

而贼不过数人，从暗击明，枪不虚发。是我惟攻石，而贼实攻人……攻一碉难于克一城。又战碉锐立，高于中土之塔，建造甚巧，数日可成，随缺随补，顷刻立就……且得一碉辄伤数十百人。"

这一段描写充分地说明了嘉绒藏碉强大的防御功能。

现存小金县沃日土司官寨碉楼高大雄伟，扼守在大渡河畔，由此可以想象得出当年的战争中藏族高碉楼的威力（图1-12）。

羌、藏碉楼的古代称谓，前文有所介绍，汉代称羌族碉楼为邛笼，这在古羌语中实际是房屋的发音；隋唐后称之为碉（雕）；唐代"吐蕃"称之为宗，现在藏语依然沿用了宗的称法。地域不同还有很多称法，而现在基本上通称为高碉或碉楼，与羌族、藏族低层的以居住功能为主的碉房民居相区别。

（3）汉民族开拓地的"碉楼"

明朝政府为平定西南动乱、开发西南，开始建立了一种军屯制度，被称为"屯堡""屯"指军队驻地，"堡" ❷ 指地势险要之地。

明洪武十四年（1381年），朱元璋命颍川侯傅友德为征南将军，发动大军南征，每占一地便屯军驻守，其后，从中原各省大规模移民入黔，开荒种地。外来的驻屯军民不可避免地与当地原住民族发生矛盾甚至武装冲突，因此屯堡的建设非常重视自身防卫，广设碉楼。

其中贵州省安顺地区现在还有部分比较完整的屯堡遗存（图1-13）。安顺的屯堡多以石块砌筑寨墙，设寨门，并在寨子外围及寨内以石块砌筑碉楼，以控制寨子四角及拱卫寨内各私家院落。这些碉楼通常高三四层，方形平面，石墙木梁，以片石作瓦铺设形成悬山屋顶。在湘黔屯堡中的碉楼当地过去称之为"哨棚""卡""碉卡"，现在也成之为"炮楼"或"碉楼"。安顺本寨始建于清中叶，由江淮"调北征南"而来的军民建立，本宅现存7座碉楼，均依托民居建造，承担瞭望与防御的作用（图1-14、图1-15）。

---

24 四声，发音同"铺"。

图1-12　四川省阿坝藏族羌族自治州小金县沃日土司官寨碉楼（2004年）

图1-13　贵州省安顺市的屯堡——本寨（杜凡丁摄影，2004年）

图1-14　贵州省安顺市本寨的碉楼（杜凡丁摄影，2004年）

图1-15　贵州省安顺市鲍屯的碉楼（杜凡丁摄影，2004年）

由于利益的冲突，驻屯地居民与当地西南少数民族的冲突持续不断，特别是到了清朝乾隆六十年（1795年）湘黔爆发了持续十年的大规模苗族人暴乱。于是"至此（嘉庆六年，1801年）❷，苗疆沿边七百余里，均以寸节安设碉卡。"❷ 石造的碉楼与营盘、屯堡、炮台、哨卡、关隘、壕沟、界墙等建筑共同形成了始建于明朝完工于清朝的横亘湘黔要冲的"南长城"。现在在湘西的凤凰等地还有当时用于苗防的古碉楼遗迹。

类似的驻屯地碉楼也曾出现在台湾岛北部的宜兰，清朝中央政府大力推行在台湾岛的开拓屯垦，到了嘉庆二十二年（1817年），驻屯移民进入台湾岛东北部宜兰地区，与当地原住民泰雅族人发生对立。于是，驻屯居民实行隘丁制，即沿山隘口建碉楼，称为隘寮，又称枪柜，派隘丁了望、守卫。隘寮大多为石材建构，木梁草顶。通常分为上下两层，墙上设有枪眼。雇请隘丁看守，隘丁可在碉楼内向外了望和放枪。现在大部分隘寮均只剩下残垣断壁的遗迹。

（4）西南少数民族"碉楼"

中国西南地区，各民族混杂居住，为了保卫自己氏族的安全，许多少数民族都有修建碉楼的历史。

位于云南省建水的纳楼司署于清光绪三十三年（1903年）由普国泰（彝族末代土司）建造，整个衙署为三进大四合院，在院落四角建有砖木结构碉楼，碉楼高两到三层，青石基，青砖砌墙，其壁上设射击孔，硬山铺瓦屋顶（图1-16）。

现存贵州省西部毕节大屯彝族土司庄园，由彝族土司后裔余象仪创建，始建于道光元年（1821年），是占地3000多平方米的大型庄园，沿其院墙修建有六座高8~12米的碉楼（图1-17）。

明、清以来，中央政权在西南边防大举移民、屯垦，更是引发了这些地区的民族矛盾，对不服从政府的苗族人，明朝历代统治者曾多次动用武力进行大规模的军事征剿和屠杀，除加强控制外，还发布赏格，郭子章（1542—1618年）撰

25　此处为笔者注。
26　记载于《松桃厅志·卷十八·二七》。

图1-16　云南省建水县纳楼土司（2008年）

图1-17　贵州省毕节大屯土司庄园碉楼（引自中国民族建筑编委会，《中国民族建筑——贵州篇》，中国建筑工业出版社，1999年，第207页）

《黔记·卷五十九》记载："凡生擒苗人一名赏银五两，杀一苗人赏银三两。"可见当时民族矛盾之深。在中央政府移民修筑屯堡和碉楼用以防卫的同时，与之毗邻的少数民族也同样修筑碉楼进行对抗，如前文曾提及的《儒林外史》中描写官军讨伐苗人的故事中曾提及苗人的碉楼。在贵州省的安顺地区与汉人的屯堡不远处就分部有苗族和布依族村寨，至今仍有石筑碉楼遗存（图1-18）。

（5）客家"碉楼"

客家，顾名思义，是迁徙而来的居民。中国历史上因战乱、政治不安等，中原的居民数次大规模迁徙（主要是南迁），现在这些客家人主要分布于闽、粤、赣、川、桂等各地。客家民居有着聚族而居，封闭性、防御性强等独有的特征，以福建客家土楼民居最为人所熟知。其实，客家土楼民居并非只有世人所熟知的福建永定、南靖一带的圆土楼一种（圆土楼与碉楼结合的例子比较罕见），而且还包括粤北围垅屋❷、粤东北围屋、赣南围子等不同类型，而碉楼（客家聚居地带一般称之为炮楼、枪楼，也被称为碉楼）在以上各种土楼及其他客家聚落中多有分布，是客家民居建筑防御体系中重要的组成部分。

在现存赣南客家围子中，碉楼这种建筑形式非常普遍，碉楼一般沿围子的外墙，于防御上的重点位置设置，特别是在比较典型的方形平面围子中，碉楼多设于围子四角，顶部采用传统人字硬山屋顶，与每层回廊相连，形成环形防御走廊（图1-19、图1-20）。

27　围垅屋，是粤北以梅州为中心分布的一种客家土楼民居，平面由前后两部分组成，前半部分是合院式建筑；后半部分是半圆形的围垅屋，作杂物间和厨房，它与前面的堂屋围合成一块半圆形的斜坡地，被称为"化胎"，被看做是风水要地。

图1-18 贵州省布依族碉楼（引自中国民族建筑编委会，《中国民族建筑——贵州篇》，中国建筑工业出版社，1999年，第190页）

图1-20 江西省龙南县关西镇新围内与碉楼相连的走廊（2005年）

图1-19 江西省龙南县关西镇新围及四角的碉楼（2005年）

　　赣南客家围子中的碉楼一般高2~5层，清朝早期建造的四方形围屋的碉楼（角楼）与外墙高度基本取平，这类围子的代表是江西省龙南县杨村镇的建于清朝顺治六年（1649年）的燕翼围（图1-21）。乾隆年间（1736—1796年）以后建造的围子中碉楼一般都高出横屋，成为整座建筑的制高点和标志物，使客家四方土楼形成了四角高中间低的天际轮廓线（图1-22）。

　　粤北、粤东北的客家围垅屋、围屋以广东省的梅州、韶关为中心，分布在兴宁、五华、梅县、新丰、翁源、始兴、连城一带，珠江三角洲的深圳、香港等地也有分布。它们不一定拥有高大的围墙，围内一般也没有环形的回廊，但很多都设有碉楼，这些碉楼通常耸立在宅院的转角处。有在方围四角设碉楼的，被称为"四点金"，也有碉楼为两座、三座、五座、七座的情况。其中"四点金"绝大部分是清朝所建，明代的遗存

图1-21 江西省龙南县杨村镇燕翼围角楼（2005年）　　图1-22 江西省龙南县沙坝围（2005年）

很少，明代的例子有建于明朝嘉靖年间的蕉岭县石寨围楼。

广东省梅州南口镇的"南华又庐"，创建人潘祥初是印度尼西亚有名的侨商，该宅始建于光绪三十年（1904年），据传耗时20年建成。"南华又庐"是一座变异的围垅屋，其后面两角设有碉楼，在当地称为枪楼（图1-23）。

位于广东省深圳宝安县坑梓镇的龙田世居，建于道光十七年（1837年），是一座典型的围屋，在其四角建有高大的碉楼（图1-24）。

在江西省和广东省也有少量不依附于村落维护结构独立建造的客家碉楼实例，单独建造的碉楼实例在地理分布上从北至南逐渐增多（图1-25）。

除了在粤、赣两地的客家传统民居中常常修建有碉楼这种防御性建筑，在福建、四川、湖北等省的客家聚居地，也有部分修建碉楼的实例。

（6）侨乡碉楼

侨乡碉楼以广东省江门五邑地区的碉楼为代表。碉楼在五邑地区遍布现在的江门地区六个市、区，东面以江门市棠下镇为界，西面到恩平市那吉镇，南面到台山市上川镇，北面达鹤山市鹤城镇。其中分布明显以开平市为中心，并且以开平市数量最多。

五邑侨乡的碉楼最早的建于明朝中期，但真正的大规模兴建始于近代华侨和侨资、侨汇大规模回归的清朝末年到民国初年，这时的碉楼，突出的特点是其中多数碉楼采用钢筋混凝土作建造材料，并多采用西洋建筑风格，在防御之外相当一部分碉楼还有居住功能。在五邑地区，除了碉楼这一种称谓外，这些建筑在当地也有许多人称之为炮楼或楼仔[28]。由于本书的中心内容将会以五邑侨乡特别是开平的碉楼为中心展开，因此在本节对五邑侨乡的碉楼不做过多论述。

五邑侨乡的碉楼也向周围地区有所辐射，在广东省五邑地区之外的乡邻的珠江三角洲侨乡地区也有零星分布。

---

28 广东方言一般称小的物体为"仔"，也有比较亲切的意味。

图1-23　广东省梅州市南口镇南华又庐的碉楼（2004年）

图1-24　广东省深圳市宝安县坑梓镇龙田世居的碉楼
　　　　（2005年）

图1-25　江西省龙南县关西镇田心村碉楼（2005年）

图1-26 台湾金门县水头
村得月楼（白左立
摄影，2005年）　图1-27 广东省广州市中山八路现存旧当铺碉楼
（2005年）　图1-28 澳门旧当铺"德生大按"的碉楼（门闯摄影，2005年）

另外，在厦门外海的金门岛上侨乡水头村也还保存有一座1931年由南洋归侨修建的碉楼——"得月楼"（图1-26），与五邑碉楼有着非常类似的背景、功能与形制，当地人称其为碉楼或枪楼。

（7）其他实例

此外，还有一些个别的例子。

例如近代在珠江三角洲一带出现的附属于当铺、银号的碉楼，用来充当储藏店铺贵重物品的保险仓库（图1-27、图1-28）。

再如北京香山植物园内现存的石碉楼，实为清军作战训练用碉楼。如前文关、藏碉楼一段所述，在清朝乾隆年间，清军在征讨反叛朝廷的藏族土司的大小金川战役中，清军屡屡因藏族人的碉楼受挫，传说后来乾隆才专门组建了"飞虎登梯健锐营"，并征集嘉绒藏族工匠在香山南麓先后修建碉楼66座用以训练军队，练习攻克碉楼的技术。

（8）小结

根据语义学中对碉楼的定义，以上笔者所考察到的这些中国各地"旧时防守和了望用的较高的建筑物"广义上都应该属于"碉楼"这种建筑类型（图1-29）。尽管各地各民族对这些建筑的称呼有所区别，但这些建筑在形式上都具有高大，封闭的特点，在功能上都强调防御性。

这些类型的碉楼无论位于哪个地区，由哪个民族修建，他们都与该地区、该民族的传统建筑一脉相承，与当地传统民居建筑结合紧密，其中的大部分都属于中国传统乡土建筑的范畴。但在其中，以广东省五邑侨乡的碉楼为代表的侨乡碉楼尽管也起源于传统的乡土建筑[29]，由于其所处特殊历史与社会背景，在近代受到较强外来文化及近代技术的影响，应该属于中国近代乡土建筑和侨乡建筑的范畴。

29 对于其起源请参考本文第二章相关论述。

图1-29 香山碉楼（陈凯摄影，2013年） 图1-30 江门五邑侨乡行政区划示意

1.2.3 开平碉楼的定义与本书的研究对象

（1）五邑侨乡的碉楼以开平为中心分布

如前文所述，在广东省五邑侨乡地区，碉楼的分布非常广泛，遍布现江门地区辖各市（区），江门地区六个市、区都有碉楼分布，其范围基本上东面以江门市棠下镇为界，西面到恩平市那吉镇，南面到台山市下川，北面达鹤山市鹤城镇（图1-30）。

从各市分布数量上，根据笔者参与的2004—2005年开平碉楼普查结果显示，开平市境内现有碉楼2019座。

与开平相邻的台山市档案局、博物馆2001年曾对全市范围内的古碉楼、古建筑、古榕树这"三古"进行了一次调查，全市现存碉楼459座；据广东侨网❸⓪ 2005年9月13日报道恩平市境内现存碉楼700多座，其中保存完好的430座；据2005年12月14日的《江门日报》载，鹤山的碉楼尚未作全面系统的调查，估计现存约有100座；江门市、新会区由于没有对辖区碉楼作完整的统计，具体分布数量不明，但确信数字远比不上开平市和台山市那么多。由于各地的调查对碉楼的定义有所区别，调查中也不可避免漏下一些碉楼，这些数字未必完全准确，但是基本可以反映五邑各地区现存碉楼的分布情况。

而从分布的密度来看，开平市境内现存的碉楼主要集中在中部潭江、苍江两

---

30 gocn.southcn.com

岸的平原地区，以塘口、百合、赤坎、蚬冈四镇最多，四镇共达1328座，占全市总数的65%以上；据统计恩平市保存完好的430座碉楼中，主要集中在东部的君塘、沙湖、牛江、良西、圣堂、东城几个镇，其中有200座左右分布在紧邻开平市的君塘镇；新会区以北部的大泽、七堡、小冈、罗坑、牛湾、斯前等几个镇最多；鹤山则以西南的址山、云乡、共和几个镇比较集中；台山市则基本以北部及东北部为中心分布，特别以白沙镇最为集中。

综上所述，从碉楼遗存在五邑地区总体分布上来看，五邑侨乡地区的碉楼遗存，以现在开平市现存碉楼最多❸，其辖区内的中部平原地区为分布密度中心；其他各市（区）分布碉楼遗存较多的地区也集中在靠近开平中部地区的各镇。因此五邑侨乡碉楼的分布，是以开平中部平原地区为中心的。

（2）广义的开平碉楼

随着学术界乃至整个社会对乡土建筑的重视，以及社会各界人士对文化遗产关注度的提高，特别是随着近年来开平碉楼申报世界文化遗产工作的展开，"开平碉楼"这一词汇在媒体中的曝光率越来越高，开平碉楼这种建筑也为世人所瞩目。

从狭义上，开平碉楼是指目前开平市行政管辖范围内现存的碉楼。

但笔者认为，目前"开平碉楼"的命名还存在一定问题，前文所述，碉楼广泛分布于五邑侨乡地区，五邑侨乡的碉楼遗存以现在的开平市为中心分布，并且以开平市境内碉楼遗存数量为最多。如果"开平碉楼"狭义的专指现在开平市行政区划范围内的碉楼，现在已经广泛传播开来的"开平碉楼"这一名称势必会给相当一部分人以误解，切断其与五邑侨乡其他各地区形成背景一致的那些碉楼的联系，使五邑其他各地区的碉楼被忽视。

同时，如果开展开平碉楼的研究，只孤立的研究现在开平市境内的碉楼，而不了解整个五邑地区的碉楼遗存及其历史背景和共同的文化渊源，这样的研究也只能是片面的。

对此五邑大学华侨史专家张国雄教授在其论文《开平碉楼名、实考》中提出以"开平碉楼"来冠名整个五邑侨乡的碉楼。笔者认为开平碉楼应该是五邑侨乡碉楼中的代表，"开平碉楼"这一名称应该采用广义的定义，用来代表五邑碉楼。

结合前文对"碉楼"定义的探讨，从广义上开平碉楼应该定义为：

以开平为中心，广泛存在于五邑侨乡，功能以防守和了望为主，其中一部分兼有居住功能的多层建筑物。

31　据民国二十九年（1940年）《和平实现后建设新台山》所记载，盛期台山碉楼"数逾五千"，而开平碉楼最多时据说有三千余座，台山、开平两市近代历史上自然、文化、社会环境极为相似，据现在两市的普查，今天的碉楼遗存开平要比台山多得多，尽管两市几十年中都有不少碉楼遭到拆除、破坏，但在台山市并没有什么特殊的行政命令要求拆除碉楼的记载，而历史的传说与现状数量有如此大的悬殊，笔者认为台山碉楼曾"数逾五千"这一说法有一定疑点。事实上，民间对碉楼的定义比较随意，很容易与侨乡的别墅式洋楼建筑——"庐"相混淆，因此笔者推测，这"五千"余座碉楼中不排除有大量"庐"的可能性。

（3）本书的研究对象

本书的研究对象主要以现在开平市行政管辖范围内的碉楼建筑群为中心。从2002年底起，笔者和来自清华大学的研究者一起，与开平市政府合作，对位于现在开平市行政管辖地域内的碉楼建筑群进行了长期的调查与研究。具体来说，本研究涉及开平市境内碉楼的起源、历史演变过程、样式、功能、材料、结构、空间、设计、建造、分布、分类、现状及保护等各方面。

由于五邑侨乡的碉楼作为一个整体的建筑类型，开平市范围内的碉楼研究是不可能割裂存在于五邑整体范围的碉楼之外的，因此，本书的研究对象以开平以外五邑地区的碉楼为补充。

同时，碉楼是建造于侨乡的乡村圩镇之中的，研究碉楼同样也不可避免会涉及碉楼所在空间环境的问题，因此，本书的研究对象以开平乃至五邑侨乡的乡村圩镇空间环境为外延。

开平碉楼，是与当地的历史上的社会状况有密切关系的，特别是与近代这一地域动荡的社会局势以及从这一地域走出去的大批华侨有着密切关系的。因此，本书的研究对象，以开平及五邑地区的历史社会状况，特别是近代五邑华侨与侨乡的历史社会状况为主要背景。

1.3 既往研究及问题

1.3.1 当地政府与华侨史学者对开平碉楼的研究及其问题

1983年当时的开平县政府组织了第一次全市性的文物普查，对行政辖区内的碉楼进行了初步的调查，搜集了一部分资料。由县华侨博物馆编写的《开平县文物志》中对开平碉楼进行了专门的介绍。

1985年，当时的开平博物馆馆长阚延鑫先生，根据多年工作中收集到的资料，撰写了题为《开平碉楼建筑与华侨》的论文，文中对开平碉楼的历史发展、建筑风格、分类、保护都作了初步的研究。

江门市五邑大学的张国雄、梅伟强等学者在研究五邑地区华侨华人史的过程中搜集了大量关于开平碉楼的历史资料，并就开平碉楼的命名、起源、建造、分类等问题发表了不少专题论文。并组织出版了《老房子——开平碉楼与民居》这本在社会上比较有影响的书籍，以及科普性为主的《开平碉楼》一书。

这几位老师从华侨史学角度来研究开平碉楼和民居，很多调查与研究都是开拓性的，特别是张国雄老师长期与开平市政府合作对开平碉楼相关历史资料的发掘与研究为现在的开平碉楼研究奠定了良好的基础。

1.3.2　中国乡土建筑研究者对开平碉楼的研究及其问题

单德启、黄为隽、陆元鼎、魏彦钧等乡土建筑学者也分别在他们撰写的乡土建筑学专著《中国传统民居——五邑篇》《闽粤民宅》《广东民居》中用一定的篇幅介绍了五邑侨乡碉楼和村落。

1994年，清华大学硕士研究生梁晓红，在单德启教授的指导下，考察了开平部分碉楼并对其中9座进行了详细测绘，在此基础上撰写了题为《开放·混杂·优生——广东开平侨乡碉楼民居及其发展趋向》的硕士论文。文中通过对开平碉楼这种特殊的民居模式的形成和发展趋势进行分析，阐述了"文化混杂"对建筑文化发展所起的作用，并探索了在侨乡当代乡土建筑设计中，如何继承和发展传统建筑文化的途径。此篇论文主要是从当代建筑设计的视角来分析开平碉楼的样式和风格，对开平碉楼的历史形成及演变过程，及对其历史社会背景的分析较少。笔者认为脱离对碉楼风格的开放与混杂所产生的历史社会背景的研究，而提出这种开放与混杂是一种优生的观点还有待商榷。

1.3.3　中国近代建筑研究者对开平碉楼的研究及其问题

开平碉楼属于近代乡土建筑与侨乡建筑的范畴，近代建筑的研究者对其关注还是近几年的事情。2001年，华南理工大学程建军教授的研究生刘定涛，结合自己在开平参加碉楼保护工作获得的大量资料，以开平塘口镇的200座碉楼为主要研究对象撰写了题为《开平碉楼建筑研究》的硕士论文。该论文论述了开平碉楼产生的背景，发展概况，并着重分析了开平碉楼的外部环境特征、建筑特征和防御功能特征，另外还将开平碉楼与福建、潮汕地区的侨乡建筑、土楼和围拢屋进行了比较。该论文依据的调研资料主要来源于开平市政府2001年进行的普查及作者本人以分布于开平赤坎镇的200座碉楼为对象进行的调查。由于2001年进行的普查基本由各地基层政府组织非专业人士操作，调查方法也存在不少缺陷，在笔者参与的本次普查中相继发现2001年普查存在许多问题；而开平碉楼地域性较强，论文作者亲自调查的赤坎镇200座碉楼并不能反映开平碉楼的整体情况。

自2002年起，本研究项目启动，清华大学张复合教授、东京大学的村松伸助教授、当时的清华大学硕士生杜凡丁以及笔者多次前往开平进行预备调查，并发表了多篇相关论文。随后，2004年3月—2005年5月进行了以开平市境内现存所有碉楼为对象的全面普查，并对普查结果进行整理形成数据库；同时也对相关历史文献与其他资料进行了收集和整理。

2004年7月在开平组织召开了第7次中国近代建筑史研讨会，会议以"开平碉楼与中国近代建筑历史中乡土建筑的研究与保护"为主题，会议共征集到有关开平碉楼的论文13篇，与会学者还就开平碉楼的研究与保护展开讨论。

2005年，作为本项目合作研究者的清华大学的杜凡丁撰写了题为《开平碉楼历史研究》的硕士论文。杜凡丁是本研究的合作者，他的论文与笔者的本篇论文利用同一次普查的成果与共同搜集到的资料，在普查和研究开展过程中，笔者与杜凡丁经常性的展开讨论，并共同发表了数篇论文。他的硕士论文主要从建筑历史学科的角度出发，通过建立在实地普查与搜集到的文献基础上的研究，描绘出开平碉楼的起源、发展、兴盛、衰落的历史轨迹、并通过与中国其他地区传统碉楼建筑的对比研究为开平碉楼找到正确的历史价值定位，并且他结合在意大利学习的经验，在论文中提出通过建立GIS系统，全面提高开平碉楼文化资源管理工作的水平。该论文并未侧重探究开平碉楼的样式、风格、空间以及它们背后的意识形态和社会状况等历史和社会因素。

1.4 研究方法

1.4.1 普查——第一手资料的获得

1.4.1.1 普查的背景

在本次普查之前，开平市政府于2001年曾经组织过一次碉楼普查。2001年3~5月，为了配合开平碉楼申报世界文化遗产的工作，开平市人民政府通过市、镇、村三级管理机构对全市现存的碉楼进行了全面的普查，项目涉及碉楼的地点、楼名、楼主、建造时间、楼高、面积、现状、相关事件等，分别填表登记、拍照，建立了开平碉楼的基本档案（表1-1）。在2001年开平碉楼普查中登记在册的碉楼一共1833座。

那次普查收集了大量有价值的数据和资料，为其后的开平碉楼的保护管理和研究工作打下了良好的基础。在此次调查所收集的数据的基础上，开平市政府编写了开平碉楼申报世界文化遗产的文本初稿。但此次普查工作基本由非专业人员完成，而且由各个镇独立完成普查工作，因此调查结果尚缺乏足够的专业性和统一性。

为了更好的发掘、认识、并且保护这种建筑遗产以及附加于其中的历史、文化价值，结合开平申报世界遗产的工作，2003年，有关各方面达成协议，由开平市政府、清华大学建筑学院合作对现今开平市境内的碉楼遗存进行第二次普查，并展开共同研究。

这次调查及研究工作由清华大学的张复合教授进行学术牵头，东京大学的村松伸助教授任顾问，具体由笔者和清华大学的硕士研究生杜凡丁以及开平市政府碉楼文化办公室的同志负责运作、实施。计划完成以下几个任务：① 完成开平碉

开 平 碉 楼 普 查 登 记 表

_____镇（办事处）_____村委会_____村　　　　编号（　　　）

楼　名		始建时间	
类　别	居楼（　） 众楼（　） 更楼（　）	一户（　） 多户（　） 全村（　）	
始建人姓名	1、　　　　　2、　　　　　3、　　　　　4、 5、　　　　　6、　　　　　7、　　　　　8、		

	姓　名	通讯地址	电话
现主要楼主			
现主要管理者			

位　置	村左侧（　） 村外（　） 村右侧（　） 村口（　） 村后左侧（　） 山顶（　） 村后右侧（　） 河边（　） 村后中间（　） 田间（　）	建筑结构	墙体：泥砖（　） 三合土（　） 青砖（　） 红砖（　） 混凝土（　） 门：木（　） 铁（　）　　窗：木（　） 铁（　）
		上部结构	四面悬挑（　）　　四角悬挑（　）　　正面悬挑（　）
		标准层窗户数	正面（　）扇　　后面（　）　　左侧面（　）　　右侧面（　）
楼层数	标准层（　）层 顶部亭阁（　）层 附属层（　）层	建筑风格	1、柱廊式：四面柱廊（　）三面柱廊（　）二面柱廊（　）一面柱廊（　） 　2、混合式：柱廊与平台　　　柱廊与城堡 　　　平台与城堡　　　柱廊、平台与城堡 3、平台式（　） 4、城堡式（　）
楼身大小	标准层长（　）米、宽（　）米 附属层长（　）米、宽（　）米		
旧围墙面积	（　　　）平方米		
现　状	1、保存完好（内部结构）（　） 2、基本完好（外部结构还在 　内部结构已荒废）（　） 3、门、窗已破坏（　） 4、墙体倾斜（　） 5、上部毁坏（　）	用　途	当年：防匪（　） 防洪（　） 居住（　） 学校（　） 其它（　） 现在：仓库（　） 居住（　） 学校（　） 闲置（　）
		其　它	1、有无建筑图，有（　）无（　） 2、有无了解当年建筑的老人，如有，其姓名（　　　），年龄（　）岁 　地址： 3、有无报警器，探照灯等遗物。（　　　）
家　具	完全散失（　） 部分散失（　）		
何时发生何事件 （碉楼历史记录）			
填报单位（公章）		调查人	调查时间　　　年　　月

备注：1、在选项后（　）内打"√"（可多项选择），或填具体内容。　　2、"上部结构"一栏，如不明白可不填写。

开平碉楼申报世界文化遗产领导小组办公室

表1-1　开平碉楼普查登记表（2001年开平碉楼普查中使用）

楼的普查；② 推动开平碉楼的研究；③ 建立开平碉楼计算机数据库及检索系统；④ 配合开平碉楼项目申请世界文化遗产。

1.4.1.2　普查的目的

从2004年3月开始，清华大学与开平市政府合作展开了新的一轮对开平碉楼的全面系统的普查工作。

此次普查工作主要有以下四个目的：

① 建立数据库

对开平现存的碉楼进行系统性和专业性的全样本调查，建立开平碉楼档案数据库，为今后碉楼的保护和再利用提供详尽有效的基础资料。

② 开平碉楼的评价

对开平现存的每一座碉楼的历史价值及保存现状按照慎重制定出的评价标准做出专业性的评价，使今后碉楼的保护工作有的放矢。

③ 搜集碉楼相关资料

通过普查，尽可能的搜集有关开平碉楼有价值的历史资料。普查中的资料搜集工作从某种程度上来讲，就像在抢救这些资料。许多零散为民间人士所保存或搁置在荒废的碉楼内的文献资料，如族谱、地契、账簿、口供簿、照片、图纸等等已经被虫蛀或腐烂；而对当年碉楼的修建及其他情况有所了解的老人健在的也已经不多，即使健在大多也已经八九十岁，对他们采访获得的口述资料就显得更加弥足珍贵。

④ 推广专业知识与保护意识

通过建筑历史研究者与地方碉楼保护和管理相关部门的人员共同工作，提高地方工作人员对建筑遗产及其保护的知识和认识水平，并且通过媒体等各种方式扩大其影响，起到在社会上推广保护碉楼意识的作用。

1.4.1.3 普查的内容与工作方法

不同于2001年的调查，此次普查的工作全部由开平碉楼普查工作小组完成。该工作小组由清华大学、日本东京大学及开平碉楼办公室的人员组成[32]。调查小组的成员利用近一年的时间，走遍了2001年普查时所有发现碉楼的村落以及新近确认有碉楼遗存的村落，重新进行了记录和拍照，并在调查过程中尽可能地寻找对开平碉楼的历史有所了解的当地人进行访谈及搜集历史资料和证据。由于此次普查对开平碉楼进行了比较严谨的定义，因此在普查过程中一些在第一次普查中已被登记的碉楼被确认为庐[33]，同时也发现了很多尚未登记在册的碉楼。

正式的普查于2004年3月13日展开，由于碉楼零星分布在开平市市镇乡村各处，普查的进行又受到人手有限、车辆有无以及天气条件等客观因素影响，因此普查并不是在每个工作日都可以进行。至2005年4月21日止，历时一年零一个月，这次普查全部结束，到最后共调查碉楼2019座，填写表格2000余份，采访有关人员数百人。

此次开平碉楼普查主要包括了以下几个部分：

① 问卷调查

在2001年普查基础上，结合清华大学张复合教授所组织的在青岛、北京等城市进行的近代建筑普查，以及日本东京大学藤森·村松研究室在亚洲各地近代建筑普

---

32 普查由开平市政府碉楼办公室的谭伟强主任领导、清华大学张复合教授学术牵头、东京大学村松伸助教授协助顾问，普查小组的主要成员是钱毅、杜凡丁、梁锦桥、张启超、李劲伟、谭金花、何卫欣等几位同志，以及负责资料整理、录入、校对工作的梁少珍、梁菲菲、罗燕、劳洛琳、徐辛、吴就良等同志。同时，普查小组到开平各个镇调查时当地亦会派出一名同志陪同引导。

33 关于"碉楼"与"庐"的具体区别参见本文第三章有关论述。

查的经验，开平碉楼普查工作小组重新设计了开平碉楼调查表（表1-2）。

新设计的调查问卷共分为3部分：

a. 数据统计部分：共包含楼名及所在地、始建人及建造年代、建造目的及用途、建筑规模、建筑材料及构造以及建筑特征共六大类59个问题。考虑到调查表的填写工作全部要由普查小组成员完成，而小组中又有部分非建筑历史专业人员，为了减轻工作量并保证调查的客观性、准确性，这些问题大多被设置成选项形式。同时，为了方便今后的研究及管理工作，还对所有碉楼进行编号❸。考虑到开平碉楼数量众多，且大多散布在乡野之间，进行普查的难度很大，此后在短时间内难以再次进行如此大规模的建筑普查，因此，此次调查问卷的问题设计比以往在城市中进行近代建筑普查时更加详细，以期通过此次调查尽量多的记录相关数据。

b. 建筑价值及现状评价部分：此部分共分为碉楼价值综合评价和保存现状评价两部分。碉楼价值综合评价是对该碉楼的建筑价值、历史价值和景观价值进行的综合评价。对于各座碉楼所做的各项评价将是今后保护和管理工作的主要依据，因此评价的客观性、准确性至关重要，为此普查小组在对大量碉楼有了实际认识后专门讨论编写了碉楼价值综合评价分级标准参考❸。

c. 访谈记录及备注部分：主要记录访谈内容及在普查中所发现的其他资料或值得注意之处（例如在碉楼内发现的关于楼主的历史资料或相关的刻石碑记等，也包括在调查中发现的关于碉楼所在村落的历史信息）。

② 观察、拍摄照片及绘制碉楼分布图

观察，是普查中重要的一个环节。在观察中留意碉楼自身和村落的空间特点，相互之间的关系；同时注意人们的生活，遇到特别之处记录于调查表备注处。一天、两天观察下来也许并没有什么特别之处，但本次普查持续一年的时间，当观察了数百个村落、上千座碉楼，头脑中留存下来的信息在研究中就具有特别的价值了。

由于2001年的碉楼普查中，拍摄的碉楼照片数量不足，质量更是参差不齐。在本次调查中，照片全部由有一定建筑摄影基础的人员进行拍摄，此次普查同时使用数码相机和机械单反相机对每栋碉楼都进行了全面的拍照（图1-31）。主要利用单反相机拍摄清晰的碉楼各立面照片；而利用数码相机拍摄碉楼内部及各处细部照片，并对碉楼及其所在村落概貌进行横向连续拍摄再使用Panorama Make软件进行拼接，从而记录下碉楼所处环境及其与村落的关系。另外，在碉楼中发

---

34 每个碉楼的编号由四部分组成，分别为：大写英文字母——碉楼所在镇，阿拉伯数字——碉楼所在村委会，小写英文字母——碉楼所在村，阿拉伯数字加括号——村内具体碉楼。

35 具体的评价标准见第七章专门的论述。

开平碉楼调查表

碉楼编号：

现楼名					原楼名				
所在地		镇（办事处）		村委会　村			地址		

在村中位置	村前		村中			村后			村外	
	左侧	右侧	左侧	居中	右侧	左侧	居中	右侧	依山	

匾额、楹联	匾额		横批	上联					
				下联					

始建人（原楼主）基本情况及现状	1.
	2.
	3.
	4.
	5.

建造年代	始建日期			竣工日期			

设计者（单位）			有关建筑物的原始资料	纸	照片	文件	其他	无
施工者（单位）								

原用途	居楼	众楼			更楼		门楼		灯楼
	（ ）户	多户（ ）	全村（ ）						

始建目的	防洪（ ）　防匪（ ）　学校（ ）　居住（ ）　其他（　　　）
现用途	展览（ ）居住（ ）仓库（ ）养殖（ ）闲置（ ）废弃（ ）其他（　　）

规模	层数		标准层房间数	
	基底长宽尺寸（米）			
	有否地下室	是否裙式碉楼	有否附属建筑	

建筑材料及结构	承重构件	墙		梁		柱	
	外墙	土坯	夯土　石	砖	砖、混凝土	钢筋混凝土	
				青（ ）红（ ）		普通（ ）内贴砖（ ）	
	楼板	木制（ ）混凝土（ ）		屋顶	瓦顶（ ）混凝土（ ）		
	梁	木制（ ）混凝土（ ）工字钢（ ）		隔断	木制（ ）混凝土（ ）砖（ ）		
	屋顶	坡屋顶		穹顶		平屋顶	
		两坡顶　四坡顶　攒尖	盔顶	圆顶			

建筑特征	平面	形状		入口朝向		建筑朝向			
	门窗	门	彩画（ ）灰塑（ ）	窗套窗楣的变化形式			共（ ）种		
	上层部分	层数		有否悬挑	方向				
		有否拱券			是否外廊				
		燕子窝	数量	位置		形状			
	形式	中国传统形式			外来形式或创造				
		悬山　硬山　攒尖　小亭　山墙　穹顶　山花　凉亭　柱式　腰线　平顶							
	风格与样式	中国传统样式（ ）文艺复兴式（ ）巴洛克式（ ）哥特式（ ）伊斯兰式（ ）拜占庭式（ ）							
	外墙色彩	蓝色（ ）红色（ ）橙色（ ）白色（ ）绿色（ ）其他（ ）							
	其他								

建筑评价	一级	二级	三级	四级	五级

现存状况	建筑完好程度	保存完好（ ） 基本完好（ ） 轻微破坏（ ） 部分毁坏（ ） 基本毁坏（ ）			
	环境保护现状	好（ ） 较好（ ） 一般（ ） 有不良影响（ ） 有恶劣影响（ ）			
	楼内设施	基本完好（ ） 部分尚存（ ） 基本散失（ ） 另外收藏（ ）			
	有否改、加建			是否曾被盗	

现主要楼主	姓名	同原楼主关系	通讯地址	联系方式 （电话、E-mail等）	

现主要管理者	姓名	同现楼主关系	通讯地址	联系方式 （电话、E-mail等）	

访谈记录	姓名		年龄		住所	
	同此楼有何关系					

备　注	
调查人签字	调查日期

表1-2　开平碉楼调查表（2004—2005年开平碉楼普查中使用）

现的资料如家谱、华侨家信、旧时土地契约及账簿等有一部分现在的管理者不愿借给普查组复印保存的，在征得所有者同意后也逐页进行了拍摄；在部分碉楼做访谈时，除了进行笔录之外，还拍摄了照片和录像。

另外，在调查过程中使用了比例尺为1：10000的开平市城乡地图，在地图上可以很清楚地显示各个村庄的形状。地图被分区复印随身携带，所有被调查到的碉楼都在地图上标出了相应位置、楼名及分级。这样绘制出的碉楼分布图将对于今后的保护和研究工作具有极高的价值（图1-32）。

③ 访谈及碉楼历史资料的收集

对于碉楼相关资料的收集主要来自两方面，其一是通过实地调查时的访谈和资料收集；其二是在事后进行的文献调查和收集。

图1-31　普查小组成员在调查中给碉楼拍照　　图1-32　普查中使用的工作地图（2004年）
　　　　（梁锦桥摄影，2004年）

开平碉楼大多数建于上个世纪初，部分了解情况的老人目前还健在，而且开平碉楼以民居为主，留下的文献资料极少，要了解其建造过程及使用状况，访谈是最主要的途径。此次调查过程中访谈的主要对象是对碉楼当年情况有所了解的村中老者以及碉楼始建者的后代和现在碉楼的管理使用者，另外，普查组还专门采访了一些在当地学校、图书馆等文化部门工作的老先生。由于访谈资料的准确性、客观性，受被采访人的记忆力、教育程度以及思想意识倾向性的影响，因此在收集访谈资料的过程中我们特别注意和可获得的旁证资料相对比，选择可信的资料作为研究的基础。

在征得楼主或现碉楼管理者同意的情况下，普查组成员尽量进入每一座碉楼进行调查。除对其室内布局及装饰进行记录和拍照外，还尽可能地收集与碉楼历史有关的各类遗物，如旧照片、信件、账簿、地契、口供簿❸❻ （图1-33）、族谱（图1-34）等。这些遗物和文献都是碉楼历史研究的珍贵资料。

1.4.2　资料的处理

1.4.2.1　开平碉楼档案数据库的建立

对普查中所获得资料的处理主要通过建立开平碉楼数据库来实现。在开平市政府信息中心的协助下，普查小组使用Access软件建立了"开平碉楼档案数据库"。

普查中直接获得的资料有两大类，第一类是对被普查的每一栋碉楼进行的问卷调查的记录以及现场对建筑以及所在村落环境拍摄的照片、影像资料。调查问

36　口供簿是当时侨乡的人们为了应付出洋，特别是赴美国时，签证审查时移民局官员苛刻的提问而事先准备好的问答簿。移民局官员愈来愈复杂与严格的提问，与当时美国的排华政策及20世纪初期出现的大批购买"出生纸"，顶替在美华人虚构出来的儿子的名义赴美做工的劳动者有关。

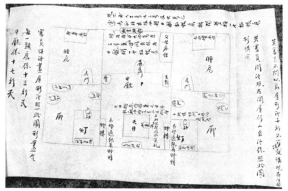

图1-33 普查中于塘口镇广亮楼内发现的口供簿的一页（2004年）

图1-34 普查中发现的关姓族谱《驼骈谱记》的一页，其中记述有碉楼芦阳楼的筹建情况（2004年）

卷所记录的各类数据都在被校核、整理后输入了该数据库中，以现在开平市行政上从市、镇（区）、村民委员会、自然村的四级划分为骨架，将资料数据按树状保存；而照片、地图等纸质资料也被数字化后编入了数据库。

普查中直接获得的资料还有一类就是普查中搜集到的与碉楼历史相关的各类遗物，如旧照片、信件、账簿、地契、口供簿、族谱、碑记等。这些资料在经过挑选、整理之后也被编入数据库中，与它们被发现地的碉楼或村落信息相链接。

同时，该数据库也具备完善的检索功能，可以通过楼名、所在地、建造年代、建筑材料等几十种不同的途径对数据库内的碉楼档案、图片及其他相关历史资料进行精确或模糊检索（图1-35）。

1.4.2.2 利用数据库进行分类及统计

由于有了具备完善检索功能的数据库，我们可以根据研究的需求调取任何一份碉楼档案，也可以根据研究的需求进行分类搜索以及实施各项数据统计工作。通过各种分类研究以及数据研究，可以使研究深入下去，同时也可以使研究结果的使用者对研究对象获得更直观和可信的认识。

1.4.2.3 历史文献资料的搜集和处理

对于文献资料的搜集和处理，主要是笔者与清华大学的杜凡丁在普查的间隙，在地方政府同志的协助下，通过收集查阅大量开平地方的各类史志、古旧侨刊❸ （图1-36）、地方报纸、旧地图等，挖掘其中关于碉楼以及与之相关的历史、社会、经济、文化、生活的信息，对各类信息分不同类别进行标记。随着之后研究的深入，再专门进行查阅。

---

37 侨刊，是当地一种出现于20世纪前期，由一个宗族或一个地域组织编写的期刊。民国7年（1918年），楼冈育英小学的出版物成为其最初的雏形；民国8年（1919年），《茅冈月报》《新民月报》创刊，此后全县各种侨刊纷纷出现，至30年代，全县共有侨刊50多种。其主要内容有家族的新闻、本地的新闻、国家世界时事及评论、文学作品、各种启事、物价行情及广告等。其读者除了本地的乡民，更多的是本族或本地的在外华侨。侨刊是在外华侨了解故乡及亲友情况的重要窗口，也是他们和故乡及亲友联系的重要纽带。现在依然有不少种类的侨刊按期发行。

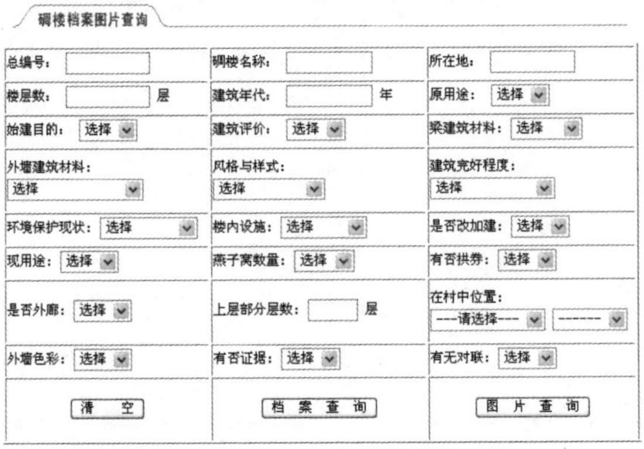

图1-35　开平碉楼档案数据库的检索页面（2004年）

图1-36　旧侨刊之民国十七年（1928年）
　　　　出版的《厚山月刊》第二十九期
　　　　（2004年）

1.4.3　广域的、比较的研究

对于开平碉楼这种建筑类型的认识离不开比较。

1.4.3.1　与中国不同地域的"碉楼"进行比较

笔者在研究中对开平碉楼与中国不同地域的"碉楼"进行了比较研究。这对研究开平碉楼的起源与演变、开平碉楼的样式以及建造的原因等几方面有着重要的意义。

为此，2004年和2005年，笔者与清华大学的杜凡丁同学曾对分布在中国四川、重庆、贵州、广东、江西、福建、北京等省市的碉楼进行了实地考察，并且进行了大量与这些碉楼及各自背景有关的论文及历史文献资料的查阅。对这些"碉楼"与开平碉楼的历史背景、产生原因、材料结构、空间特征、形态特征等进行了比较研究。

1.4.3.2　与地方其他建筑的比较研究及对其所处空间环境的研究

开平碉楼这种建筑虽然有着鹤立鸡群的高耸形态，又表现出强烈的西洋风格，与地方传统的村落环境形成鲜明的对比。

但是开平碉楼毕竟不是天外来客，它们中绝大部分也是由本地工匠建造起来的，因此与本地其他的民居建筑及其共同的空间环境之间一定有着或多或少的联系。

因此，在研究开平碉楼的过程中，笔者注意将其与当地其他传统建筑及近代建筑相比较，在比较中研究开平碉楼这类建筑；同时，研究的对象并不局限于开平碉楼或其他某种建筑本身，在研究开平碉楼这种建筑的同时，笔者将完整的村落或者村落群连同与之关联的圩市城镇作为一个完整的研究对象，避免将单一建筑类型与漫长历史中形成的空间环境相割裂。这对于探寻开平碉楼的历史、揭示开平碉楼的特征非常有帮助。

1.4.4 地方历史、社会、文化等相关背景的研究

对开平碉楼的研究必须建立在对地方历史、社会、文化等相关背景研究的基础上。

开平碉楼的出现及历史演变是与当时地方的社会背景息息相关的；开平碉楼的空间、形式也是为了与当时特定的社会状况及人民要求相适应；特定的开平碉楼的风格则反映了当时地方的社会整体的意识形态；开平碉楼的建造则反映了当时当地的建筑业状况及技术水平。

笔者在研究中，以之前其他研究者对地方历史、华侨历史、地方文化、民俗的研究成果为基础，结合搜集到的地方史志、历史文献以及在普查中所搜集到的第一手资料，对开平碉楼相关的地方历史、社会、文化以及当时居民的生活状态进行研究。

从而在研究中可以尽可能揭示出有血有肉的，存在于历史及社会背景中的，承载着当时当地社会生活的开平碉楼这种建筑的历史。

1.5 本书的构成

本书共分为7章。在序章，论述本研究的意义、研究对象的确立、既往研究及问题点、研究方法。第2章，首先，介绍开平的历史及概况，接下来对早期开平碉楼的特征进行论述，最后结合对早期开平碉楼的考证及序章中论述的中国碉楼的概况，归纳出开平碉楼的源流。第3章，论述近代开平碉楼的发展及其演变，首先，论述开平近代华侨的历史及侨乡的形成，以及在这个背景基础上开平碉楼在近代的兴盛，接下来，具体分析近代开平碉楼在功能、材料、结构、样式、建筑空间这几方面的发展及演变。第4章，分析近代开平碉楼兴盛的原因，即近代开平碉楼所具有的两大功能：防御土匪及象征楼主的财富和地位。第5章，从资金的筹集，承建人的选定，碉楼的设计，建筑材料的采办，整个施工过程与技术，施工监理等几方面论述开平碉楼建造的相关问题，特别是其中体现出来的近代化特征。第6章，论述开平碉楼在近代的发展、兴盛及衰败与侨乡空间、社会近代演变的关系。终章，总结开平碉楼相关的知识体系，归纳开平碉楼的形成及历史发展过程，最后对中国近代乡土建筑的研究略作展望。

参考文献

［1］（东汉）刘熙. 1985. 释名[M]. 北京：中华书局.

［2］（南北朝）范晔. 1982. 后汉书[M]. 北京：中华书局.

［3］（唐）魏征 等撰. 1997. 二十四史 全本 卷三——隋书[M]. 延边：延边人民出版社.

［4］（南宋）王象之. 1992. 舆地纪胜[M]. 北京：中华书局.

［5］清实录[M]. 1985-1987. 北京：中华书局.

［6］（清）于敏中 等编纂. 1981. 日下旧闻考[M]. 北京：北京古籍出版社.

［7］（清）方略馆 编纂，巴乃措，陈家珊. 1992. 平定金川方略[O]//西藏学汉文文献汇刻，第一辑. 北京：全国图书馆文献缩微复制中心.

［8］（清）魏源. 1967. 圣武记[M]. 台北：文海出版社.

［9］康熙字典[M]. 1985. 上海：上海书店.

［10］谷口房男，小林隆夫. 1983. 明代西南民族史料: 明实录抄[M]，第1、2册. 東洋大学アジア·アフリカ文化研究所.

［11］胡奇光，方环海. 2004. 尔雅译注[M]. 上海：上海古籍出版社.

［12］开平市地方志办公室. 2002. 开平县志[M]. 北京：中华书局.

［13］任乃强. 1934. 西康图经[M]. 南京新亚细亚学会发行.

［14］萧默. 1999. 中国建筑艺术史[M]. 北京：文物出版社.

［15］王绍周. 1999. 中国民族建筑[M]. 一至四卷. 北京：文物出版社.

［16］陆元鼎，魏彦钧. 1990. 广东民居[M]. 北京：中国建筑工业出版社.

［17］任乃强. 1984. 羌族源流探索[M]. 重庆：重庆出版社.

［18］叶启燊. 1989. 四川藏族住宅[M]. 成都：四川民族出版社.

［19］季富政. 2000. 中国羌族建筑[M]. 成都：西南交通大学出版社.

［20］季富政. 2000. 巴蜀城镇与民居[M]. 成都：西南交通大学出版社.

［21］孙晓芬. 2000. 四川的客家人与客家文化[M]. 成都：四川大学出版社.

［22］黄为隽，尚廓，南舜薰，潘家平，陈瑜. 1992. 闽粤民宅[M]. 天津：天津科学技术出版社.

［23］深圳博物馆. 2001. 南粤客家围[M]. 北京：文物出版社.

［24］刘致平. 2000. 中国居住建筑简史[M]. 第2版. 北京：中国建筑工业出版社.

［25］罗香林. 1989. 客家源流考[M]. 北京：中国华侨出版公司.

［26］史明. 1994. 台湾人四百年史[M]. 東京：株式会社 新泉社.

［27］约翰·斯塔德. 2004. 1897年的中国[M]. 李涛 译. 济南：山东画报出版社.

［28］张国雄 撰文，张国雄，李玉祥 摄影. 2002. 老房子——开平碉楼与民居[M]. 南京：江苏美术出版社.

［29］张国雄. 2005. 开平碉楼[M]. 广州：广东人民出版社.

［30］常林，白鹤群. 2006. 北京西山健锐营[M]. 北京：学苑出版社.

［31］张国雄. 2003. 中国碉楼的起源、分布与类型[M]. 湖北大学学报. 29（4）：79-84.

［32］张复合，钱毅，李冰. 2003. 广东开平碉楼初考——中国近代建筑史中的乡土建筑研究[M]//建筑史. 总第19辑. 北京：机械工业出版社：171-181.

［33］张复合，钱毅，杜凡丁. 2004. 从迎龙楼到瑞石楼——广东开平碉楼再考[M]//中国近代建筑研究与保护（四）. 北京：清华大学出版社：65-80.

［34］刘亦师. 2004. 中国碉楼民居的分布及其特征[M]//中国近代建筑研究与保护（四）. 北京：清华大学出版社：114-126.

［35］李闰阁. 2002. 汉族豪强地主庄园的武装防卫[J]. 南都学坛（人文社会科学学报）. 22(5)：11-13.

［36］柳培坤. 2000. 清王朝的特种部队——香山健锐云梯营[J]. 军事历史研究，第四辑.

［37］安培军. 2008. 清代健锐营碉楼研究[M]. 建筑史. 总第23辑：135-143.

［38］江道元，陈宗祥. 2002. 试论"邛笼"（碉房）建筑[J]. 四川藏学研究，第四辑.

［39］拥中扎西. 2002. 丹巴县东谷部落社会历史和习俗的考察[J]. 四川藏学研究. 第四辑.

［40］夏格旺堆. 2002西藏高碉建筑刍议[J]. 西藏研究. (4)：72-80.

［41］石硕，刘俊波. 2007. 青藏高原碉楼研究的回顾与展望[J]. 四川大学学报（哲学社会科学版）. (5)：74-80.

［42］任浩. 2003. 羌族建筑与村寨[J]. 建筑学报. (8)：62-64.

［43］季富政. 1994. 四川碉楼民居文化综览[J]. 华中建筑. (12)：26-32.

［44］万幼楠. 2002. 燕翼围及赣南围屋源流考[J]. 南方文物. (3)：83-91.

［45］彭全民. 2001. 深圳新客家围屋的渊源与兴衰[M]. 中国客家民居与文化. 广州：华南理工大学出版社：70-76.

［46］武新福. 2001. 清代湘黔边"苗"防考略[J]. 贵州民族研究. (4)：110-117.

［47］吕轶. 2008. 屯堡碉楼建筑浅析[J]. 天津城市建设学院学报. 14(2).

［48］桂晓刚. 1999. 试论屯堡文化[J]. 贵州民族研究. (3)：78-84.

［49］梁晓红. 1994. 开放·混杂·优生——广东开平侨乡碉楼民居及其发展趋向[D]. 北京：清华大学.

［50］刘定涛. 2001. 开平碉楼建筑研究[D]. 广州：华南理工大学.

［51］杜凡丁. 2005. 开平碉楼历史研究[D]. 北京：清华大学.

［52］钱毅. 2007. 中国広東省开平市における开平碉楼の歴史と保存に関する研究[D]. 東京：東京大学.

开平市蚬冈镇加拿大村四豪楼

开平市蚬冈镇锦江里碉楼群（梁锦桥摄影）

The Origin of Kaiping Diaolou

第2章　开平碉楼的起源

对开平碉楼建设年代的普查

根据2004—2005年开平碉楼普查的结果，开平市辖区内现存碉楼2019座。在普查中，我们对每座碉楼的建设年代进行了调查，大部分的数据依据碉楼所在地居民的陈述，一般来自楼主的后代或当地知情老人的回忆。

笔者对普查所得数据进行统计，整理编辑成表（表2-1）：

这部分数据，由于其中大部分缺少有力的旁证，其准确性难以保证。对应这种情况，普查中碉楼建设年代的确定，一般需要根据几个不同的受访者证言来确认，而且普查人员也会根据对当时历史的认识对证言进行粗略判断，因此被记录的年代普遍出入不会很大，有一定参考价值。

我们对碉楼建设年代的调查中，也搜集到许多旁证，如部分碉楼建成后，直接将碉楼落成年月记录于碉楼的匾额或山花之上（图2-1）；部分碉楼的建设有地方志、碑记（图2-2）或侨刊的文字记载作旁证；部分碉楼建设参与人或楼主的后代、乡邻关于碉楼建设年代的回忆可得到文献资料的印证；另外，如我们在对建设年代较早的大沙镇大塘村迎龙楼年代的确定时，通过已知族谱中始建人的辈分对碉楼大致的始建年代进行推断，再通过其他线索进行核实（图2-3）。这些证据的获得，使其中一部分碉楼建设年代基本上可以确定下来。我们在普查中对碉楼始建年代可以比较准确地认定的碉楼有496座，这一部分碉楼对开平碉楼的研究工作有着重要的价值。

笔者对这496座碉楼进行统计，数据整理后编辑成表（表2-2）。

表2-1 开平碉楼建设年代统计表（全部）

表2-2 开平碉楼建设年代统计表（建设年代有确凿证据的496座碉楼）

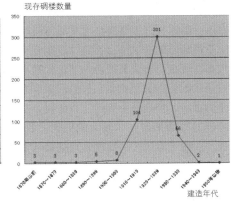

图2-1 开平市塘口镇自立村云幻楼山花上标明的建造年代（2004年）

图2-2 开平市赤水镇龙冈村六角亭碉楼中关于碉楼建设情况的碑记（2004年）

图2-3　开平市大沙镇大塘村陈开怀等老人正在推算迎龙楼的始建年代（2004年）

早期开平碉楼与近代开平碉楼的划分

根据前面对开平碉楼建造年代的统计,结合对开平碉楼发展全过程的时代背景以及不同时期建造的开平碉楼的建筑特征进行分析,本书将开平碉楼的历史发展分为两大阶段:

第一个阶段是从开平碉楼起源的明朝中期开始到19世纪末,在这一阶段,开平碉楼经历了起源与早期发展的过程,本书将这一阶段建造的开平碉楼称为"早期开平碉楼",与之后建造数量众多,现在仍有大量遗存的"近代开平碉楼"相区别;第二个阶段是从20世纪初到中华人民共和国成立之初,这一阶段建造的开平碉楼与"早期开平碉楼"相比较,在建造技术、样式、风格、功能等方面都发生了较大的变化,我们将其称为"近代开平碉楼"。由于近代开平碉楼建造数量非常多,其中又有大量遗存被保存至今,其外观高大华丽、多数带有明显的异国风格,所以为更多民众所熟知。提起开平碉楼,多数人头脑中浮现的都是近代开平碉楼的形象。

关于"早期开平碉楼"与"近代开平碉楼"的概念,其划分并不存在绝对的界限,这种界限的划分是模糊的和灵活的。如果要说从哪个时间点或者哪座碉楼的建成标志着开平碉楼进入了近代时期,那么难免武断和牵强。因为,开平碉楼的建造技术、样式、风格、使用功能等等何时开始受到外部世界的影响是因每个地域,每座碉楼的个例而异的,甚至与楼主或建造工匠的个人偏好有关。本书中只能说,"近代开平碉楼"的出现,大致是在清末光绪年间大批开平籍华侨回乡的时期,更具体的时间参照点参见第三章有关的论述。

2.1 开平的历史及概况

2.1.1 开平的自然地理概况

今天的中国广东省开平市是隶属于江门地区的县级市，它位于广东省中南部、珠江三角洲西南部，东北距广东省省会广州市139公里，地理上的具体位置在东经112°13′~112°48′，北纬21°58′~22°44′。开平北接鹤山市、新兴市，东侧是江门市新会区、东南与台山市接壤，西与恩平市相邻。

开平市辖区内南、北、西部多丘陵，东部和中部多小丘平原，标高大多都在海拔50米以下。潭江穿过开平中部与支流构成河网交错的地貌，在市区与苍江交汇，两岸是冲积平原，地势低洼，土地肥沃。当地过去民间有"六山一水三分田"之说，恰当地表现了开平的风貌。

开平处于南亚热带季风区，濒临南海，受海洋风影响，气候温和，阳光充足，雨量充沛，该地区年降水量在1700~2400毫米之间，其中4~9月份为雨季，其降水量占全年降水量的82.1%。开平每年夏秋季节受台风影响较大，又地处谭江中下游，大部分地区形成典型的三角洲地貌。这里地势低平，河网密布，每遇台风往往形成洪涝灾害。开平年平均气温21.8~23.2℃，最冷月1月平均气温12.9~13.7℃，最热月7月平均气温28.1~28.3℃。

2.1.2 开平的历史与设县的经纬

2.1.2.1 沧海变桑田

今天江门五邑地区的平原丘陵地貌是在地质年代全新世❶海侵之后形成的溺谷湾中发育而成的，其自然地理环境的演变深受海湾嬗变和西江三角洲逐渐向海湾推进的影响。距今近万年以前的旧石器时代，现在的开平市所在地域附近还是一片沼泽湿地，其南面的地区，即现在的台山、新会当时还有相当一部分淹没在汪洋之中。成书于宋太宗太平兴国年间（976—983年）的北宋地理总志《太平寰宇记》中记载，"新会西熊州、东熊州俱在县南二十七里海中"。说明直至宋代，现在新会的东部、南部和中部仍为洋面。

开平地区在新石器时代就有了人类活动的遗迹。最早开平一带的居住生息的居民是土著的南越民族，他们与分布在广东其他地区的先住民具有同样的文化特征，他们都是夏、商、周上古时期南方百越民族的后裔。

公元前221年，秦始皇统一中国之后，推行郡县志，开平隶属于桂林郡，到了西汉，开平地区改属合浦郡。后经历朝代更替，所属州郡皆有所不同。

---

1 （11500年前至现在）是最年轻的地质时期。

自秦始皇实行"移民实边"的政策,将中原民众迁入岭南地区,但是在东汉末年以前,开平所在五邑一带汉族移民依然非常稀少。从三国时期吴国在五邑新会地区设立的"平夷县"这一带有种族、政治色彩的县名,便可知当时此地原住的南越人还有相当规模。自南北朝、宋、元开始,中原地区持续战乱,大批中原汉民族氏族为避祸经南岭咽喉要道珠玑巷(现位于广东省南雄)来到五邑地区。现在开平地区有"纪元必曰咸淳年,述故乡必曰珠玑巷"❷的说法。随着汉族移民的增多,他们在当地开垦土地,建设村落,原有土著民族也逐渐被汉族同化,或者迁离这个地区。到今天我们在开平已经看不到少数民族的集落了,但是许多村落的名称,还带有先住民后裔——壮族的特色,如开平苍城镇的那廊村,名称便来自状语:"那"是田地的意思,"廊"则为房舍的意思,明朝弘治元年(1488年)谢氏的先祖迁入后,壮族居民开始移往别处;又如金鸡镇那潭村,状语中为"低洼之田"的意思。❸

2.1.2.2 古代开平的行政归属

从秦朝到开平设县的明朝末年,现在开平地区的行政隶属关系几经变迁,具体如表2-3所示。

表2-3 古代开平行政隶属关系

朝代	年代	隶属关系
秦	公元前246年始皇帝完成统一,公元前256年秦帝国灭亡	隶属南海郡番禺县
汉	汉武帝元封5年(公元前106年)	开平隶属交州合浦郡临允县
三国,吴	吴黄武五年(226年)	分属广州苍梧郡临允县、南海郡平夷县
晋	晋武帝太康元年(583年)	分属广州新宁郡临允、新兴、新夷县,南海郡盆允、封平县
南朝	420—589年	宋、齐、梁、陈各代,开平隶属几经更替,分属广州各县(此处略)
隋	大业三年(607年)	分属信安郡新兴县,南海郡新会、义宁县
唐	开元二十一年(733年)	分属岭南道新州新兴县,冈州新会、义宁县
五代	907—960年	分属新州新兴县,兴王府新会、义宁县
宋	太宗至道三年(997年)	分属广南东路新州新兴县、广州新会县
元		分属新州路新兴县、行中书省广州路新会县
明	洪武九年(1376年)	分属广东布政司肇庆府新兴县、恩平县,广州府新会县
南明	永历三年(清顺治六年,1649年)	开平县建立,肇庆府开平县

2.1.2.3 开平县的建立和境域变化

开平的建县是在明朝的末年。由于当时开平为新会、恩平、新兴、台山(当时称新宁)四县交界之地,成为"四不管"地区,其西北部的低山丘陵之地,即今

---

2 参见参考文献[5]。
3 引自参考文献[16]第33页。

天的苍城、马冈、大沙、龙胜、金鸡等地，成为造反民众的聚集之所，社会治安非常混乱，朝廷经常为此发兵镇压，但因距离周边各县城都比较远，非常不便。明万历年元年（1573年），朝廷开始在此设屯驻兵，共设18屯，派兵驻扎，一边屯田垦荒，一边维持治安。其中在仓步村（今天的苍城）设置开平屯，取"开通籽平"之意，寓意是希望通过开屯驻兵保得一方太平，开平之名由此而来。

明崇祯十四年（1641年），建立开平县的建议上报两广总督府，肇庆府所属的恩平县及新兴县同意割地，广州府辖下新会县内众乡绅虽持反对意见，但知县力排众议，同意割地。但此事因明末局势动乱一直被搁置，直到南明❹永历三年，即清朝顺治六年（1649年）才正式设立开平县，辖区为原新兴的双桥都、原恩平的长静都、原新会的平康、得行、登名、古博四都，县城设在今天的苍城镇，人口15818人（图2-4）。

清朝雍正十年，鹤山县建立，开平割双桥都、古博都（半都）给鹤山。民国19年（1930年）恩平割赤水给开平，当时开平县人口为502529人。1949年，中华人民共和国成立，当时因连年灾害和战乱，全县人口为396647人。1950年，恩平金鸡乡等划归开平。1952年由原开平县长沙埠与台山县新昌埠、荻海埠等组成的三埠镇划归开平管辖。1958年开平与恩平合并称开恩县，1961年又分县。1993年1月5日，国务院批准开平撤县设市。近期，水井镇并入月山镇，东山镇并入赤水镇，共辖16镇（区），市政府设在长沙。

图2-4 明清时期开平县分都简图（笔者根据2002年6月版《开平县志》第118页原图绘制）

---

4 引自参考文献［16］第33页。

2.2　早期的开平碉楼

2.2.1　开平碉楼的起源

2.2.1.1　文献中的古碉楼及迎龙楼（迓龙楼）

民国二十三年（1934年）《开平县志·卷四四·古蹟》中所描述了四座古碉楼：

"瑞云楼，在驼駲井头里。清初关子瑞建，楼高三层，壁厚三尺六寸，全用大砖砌筑，籍避社贼之挠。"

"迓龙楼，在驼駲三门里，规模与瑞云楼同，亦清初关圣徒建，以避贼者。光绪甲申，大潦，村人登楼，全活。"

"奉父楼，在那圍龙田村。清初，盗熾，许龙所妻某氏被虏。子益将备金议赎。某氏语使人曰：'母不必赎，但将此金归筑高楼以奉尔父足矣'。是夜投崖而死。益将遵命筑楼奉父。日久颓圮，后乃改为'在平家塾'。"

"寨楼，在棠红乐仁里，清乾隆三十八年建，楼高六丈，壁厚五尺，分设房舍十六间，四周甬巷相通。内有井泉备用，以铁门守卫，俨然一寨垒也。咸丰客匪之乱，乡邻被屠，惟奔避楼中者得免。"

这四座碉楼是开平乃至整个五邑侨乡目前所知最早的碉楼。民国《开平县志》的编纂主持者，时任开平县长的余启谋根据县志中的《访册》确定四座碉楼均建于清朝初年。不过，据现在考证，他所依据的《访册》对这几座碉楼年代的确定有误。

迎龙楼（古称迓龙楼）的实际兴建年代比《访册》所记应该早得多，这本《开平县志》中记载迎龙楼为关圣徒所建是确定的，现在三门里的关族乡亲都称，迎龙楼是十七世祖关圣徒50岁左右时兴建的。根据清末、民国的三个《关氏家谱》的手抄本❺，以及宣统《开平乡土志》中"氏族"部分的记载，关氏家族在开平驼駲一带肇基繁衍的历史线索非常清楚，在今三门里立村是十四世祖芦菴公（1421—1482年），兴建迎龙楼的关圣徒为十七世祖，生于正德五年（1510年），卒于万历四年（1576年），享年66岁。看来，余启谋将迎龙楼的兴建确定在清朝初年显然是有误的。按照关族后人的说法，迎龙楼建于关圣徒50岁左右，即1560年左右。关氏后人的口碑资料也为我们提供了一些旁证。康熙《开平

5　现均藏于三门里，由关博文老先生提供。一部是宣统年间《关氏家谱》，一部是民国十年后《关氏家谱》，另一部为民国二十二年《关氏家谱》。关于这本《关氏族谱》及迓龙楼、奉父楼建楼年代考证的内容引自五邑大学张国雄先生的《开平碉楼楼名、实考》。

县志·卷二十二·纪事中》记载，在明朝嘉靖二十七年（1548年）、三十一年（1552年）、三十三年（1554年）、三十五年（1556年），今梁金山一带多次发生土匪劫村掳民的事件。梁金山就在今天的开平市区，距关族聚居的驼駬一带只有3公里，匪患理当波及这里。这应该就是建造龙楼"以避贼"的社会背景。因此，迎龙楼距今应该已经有450年左右的历史了。

再来看奉父楼的修建年代，民国《开平县志·卷三十五·人物志》"列女"中所记载许龙所妻"黄氏"条是归入明朝，说她是"崇祯末为贼所掳"。这样，奉父楼的兴建就应该比清初早，当在崇祯末年。

经过以上考证，确定开平碉楼最迟的兴建年代应不晚于十六世纪的六十年代。

当时朝政腐败，社会不靖，盗贼猖狂，为了保障家族和乡邻生命财产的安全，芦庵公的第四个儿子关子瑞，兴建了瑞云楼，"楼高三层，壁厚三尺六寸，全用大砖砌筑，籍避社贼之挠"一有匪情，或有洪灾，井头里和三门里的村民都躲进楼里暂避。后来，人口逐渐增多，瑞云楼容纳不了两个村子的群众。芦庵公曾孙关氏十七世祖关圣徒（1510—1586年）夫妇献出家庭积蓄，于明朝嘉靖年间（1522—1566年）建起了迎龙楼。

现存的迎龙楼坐西北朝东南，占地面积152平方米，建筑面积456平方米，砖木结构，楼面为木梁板。楼高3层，为全村制高点。该楼平面为矩形，四角设落地的角堡，开有射击孔。第1、2层为明代原构，用明代烧制的大红泥砖砌筑，红砖规格约为33厘米×15厘米×8厘米，墙厚93厘米；第3层以上为民国九年（1920年）用青砖改建，开窗比第2层大，楼顶为传统硬山式，风格拙朴，门楣、窗楣的西式造型都是民国重修时添加，同时重修后楼名亦改为"迎龙楼"（图2-5）。

史志中描述奉父楼日久颓败，重修后改名为"在平家塾"，供村人子弟入学读书，直至20世纪80年代，才被完全拆除。据当地人回忆此楼重修后高4层，花岗岩砌筑，为传统硬山式屋顶。

2.2.1.2 开平碉楼起源的背景

明朝中期开平县尚未建立，当地地处偏僻，位于恩平、新会、新兴等县的交界之处，成为"四不管"地带，西北部山区丘陵地带长期有流贼和造反的农民聚集，打家劫舍，社会治安长期不稳。

此外，虽然现在开平的人口基本上以汉民族为主，而在明代中期，许多汉族人才刚刚从北方新迁至开平，开垦建村，他们面对的是与先于他们迁来的汉族居民、土著的南越人后裔壮族以及当地的瑶族人共同生活的环境。罗少纶（乾隆年间人士）所撰《十七村纪略》❻载"空山蒙翳，界新、开❼两邑之间，为瑶蛮土

6　引自参考文献［4］卷十一。
7　新指新会；开指开平。

图2-5　开平市赤坎镇三门里迎龙楼（2002年）

寇藏集之所。"其对瑶族歧视性的称谓也可窥视到当时在这片土地上共同生息的各民族间并不友好的关系。

宣统《开平乡土志》对此时的动乱有所概括："寇有三种，一曰猺寇、一曰倭寇、一曰土寇。"猺寇指未被汉族同化的瑶族人，倭寇指经海上沿潭江而上作乱的来自日本的流贼，土寇指流窜至本地作乱的山贼。

正是因为这种不安定的社会背景，造成了当地汉民族修建碉楼以自保的客观要求。民国《开平县志》所记载的最早几座碉楼的文字也反映了"籍避社贼之挠"❽正是建造碉楼最根本的原因。这里的"社贼"，宣统《开平乡土志》对其解释为"奴❾叛主也"。宣统《开平乡土志》记载，这些"社贼""率皆杀逐其主，据其田庐，虏其妻子，掘其坟墓，惨不忍言。"

此外，前文提到，开平处于西江三角洲之上，多水患，兴建碉楼也使发洪水时，村民有了安全避难的场所。正如《开平县志》对迎龙楼（迓龙搂）的记载"光绪甲申，大潦，村人登楼，全活。"讲述了1884年，发大洪水，村里人登迓龙楼避难，全都保住性命的故事。

8　参见前文《开平县志》有关瑞云楼的描述。
9　明代，不少失去土地的农民被迫卖身为主家的家生奴隶，其子孙世代不能摆脱奴籍。当时这些人也被称为"下户"，俗称"众人佃仔"，即此处所称的"奴"。

2.2.2 清代的"早期开平碉楼"

2.2.2.1 清代开平社会的持续动荡

从明朝末年到清朝末年，开平一带依然是天灾人祸，兵荒马乱，社会持续动荡，民不聊生。

长期动荡的根源是社会多方面的矛盾积聚，难以调和。明朝末年，开平地处偏远，政府鞭长莫及，新旧移民之间，汉族和少数民族之间，地主与佃户之间矛盾激化，得不到解决，引发社会的动荡。另外，明末清初的政权交替也不是一蹴而就的，当时五邑一带明朝残余势力比较强，因此清朝政府在这里实行血腥的种族屠杀政策，这一地区多次爆发大规模的由受压迫的农奴和农民为主体的"反清复明"的起义，开平一带也因此惨遭战火涂炭。同时，由于明清政府长时间在广东沿海实行"海禁"，禁止私自出洋经商或移民外国，甚至是出海捕鱼，制约了沿海经济的发展，到清初，政府为切断民间与明朝流亡政府的联系，在海禁的基础上又实行强制的"迁界"政策，即将沿海居民内迁数十公里，在海岸地区坚壁清野，现在五邑一带民众深受其害，大批农民破产，家破人亡，也加剧了象开平这样的非沿海县民众生存的压力；经过长期的动乱，到鸦片战争后，农村自然经济不断解体，激增的人口和粮食耕地不足的矛盾严重激化，宣统《开平乡土志·户口》记载开平"地不足以容人""迩来地狭人稠，所谓天然物产者，既不足以赡其身家"，走投无路的民众一部分铤而走险，造反起义或做了强盗。

对于开平建县以来地区的社会局势，清宣统《开平乡土志·兵事》开篇一段有这样的评论：

"开邑山辟之乡，距府治一百六十里，既非险要亦非膏腴，英雄割据之所不注意，外国瓜分之所不垂涎，建县以来垂二百六十年，期间屠戮之惨如社贼之祸，红匪之变，土客之争，为害列矣。"

其中特别提到了建县以来所发生的几次大规模流血动乱：

（1）"社贼"之乱

前文引用民国《开平县志》所记载的开平碉楼起源时期，建碉楼的目的是"籍避社贼之挠"，即为了防御因不愿忍受地主的压迫而进行武装反抗的农奴的侵扰。从开平碉楼最初出现的明朝中期到清朝初年，"社贼之扰"延绵不绝，其中较大规模的一次是清顺治四年（1647年），泮村的何彦泰率农奴和贫苦农民杀死主人起义，起义军规模不断壮大，直至顺治十五年（1658年）才被官军镇压下去。由于农村经济不振，地主剥削残酷，农奴和下层的农民生活十分窘迫，立县、屯军和建造碉楼都没有从根本上解决一部分贫苦民众落草为寇，作乱地方的问题。另据《开平乡土志》记载，在开平受"社贼"危害最重的主要是楼冈、波罗、龙塘、潘村、河村等地，即现在的长沙镇、塘口镇一带。

（2）红匪❿之变

咸丰四年（1854年），开平一带爆发大饥荒。这时候，在太平天国起义的大背景下，广东各地原以"反清复明"为口号的天地会及贫苦民众积极响应。在开平，天地会成员张江组织洪门三合会⓫等民众起义，起义军数量达到数千人，一度攻占长沙及当时的县城——苍城。起义军后来遭到清军残酷镇压，在开平被屠杀达四百余人，另外还有一部分败军流亡海外或被卖往国外做苦力。

（3）土客之争

1855—1867年间在当时开平、恩平、新宁（即现在的台山）三县地区，又爆发了长达十二年之久的"土人"（清初之前已居住在本地的汉族居民）与客家人的大规模械斗。说起开平及附近地区的客家人，其历史要追溯到清初。清初政府在沿海坚壁清野，以防明朝势力从海上反扑，造成当地土地荒芜、生灵涂炭。康熙二十三年（1684年）废迁界令，但沿海地区回迁人数有限，劳力匮乏。于是政府陆续从闽粤赣交界地区招募大批客家人移民五邑地区。民国《开平县志·卷二十一·前事》中讲道："先是客籍散居县属者不一，自雍正十年粤督鄂弥达以开垦荒地招惠潮二府贫民给资来此"。民国《恩平县志补遗》中也说："都粮道陶正中临恩、开、新诸邑荒地，安插客氓，客氓始从惠、潮、嘉⓬诸郡擎家来迁。"在开平，这些客家人主要居住在丘陵较多的今水口、苍城、蚬冈、金鸡、赤水、大沙一代。土、客之间故来因生存空间问题矛盾不断，到咸丰四年（1854年），因一客家富豪的儿子被红巾军虏杀，客民借此泄愤于土人，挑起冲突。咸丰十一年（1861年）开平"土人"组织洋枪队，攻陷"客人"在各地的据点，械斗爆发成颇为残酷的大规模流血冲突。之后数年间，开平及附近各县土客械斗此起彼伏，参与械斗的民众达十余万，许多村庄良田被毁、死伤民众无数。同治五年（1866年）当时的广东巡抚率军镇压客家人，并奏准，将开平一带的客家人两万余口（给以口粮），安插到高明、雷州、琼州、广西等地。次年，土、客械斗才基本得以平息。

2.2.2.2　清朝中期的开平碉楼

为了应对严峻的社会局势，从明朝中期开始，如今开平地带的人民就已经开始建造碉楼以自保了。那么，在社会局势依然动荡的清代，建造碉楼自保的现象有没有继续下来，或者得到更大范围的推广呢？根据之前研究者的研究以及本次2004—2005年开平碉楼普查收集到的资料，我们可知：现存碉楼中，除三门里的迎龙楼之外，建造年代第二早的现存碉楼是坐落在大沙镇大塘村的迎龙楼，后者建造的年代

10　即"红巾军起义"。因起义军头裹红巾，蓄发易眼，表示反清，故称"红巾军"或"红兵"。
11　开平天地会的名称。
12　惠即惠州，潮即潮州，嘉即嘉应。

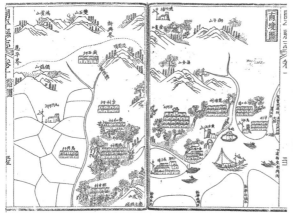

图2-6　南境图（引自《开平县志·卷一·诸图》清道光三年，1823年）　　　图2-7　开平市大沙镇大塘村迎龙楼（2004年）

据推测为19世纪60年代。从三门里的迎龙楼建成的16世纪中叶至大塘村迎龙楼建成的19世纪60年代，其间跨度约三百年，并没有留存至今的碉楼实物。

　　但是，道光三年（1823年）《开平县志·卷一·诸图》中一张名为"南境图"的地图为我们去了解这个时期开平碉楼的情况提供了一点线索（图2-6）。

　　这张地图中赫然绘有若干座类似碉楼的建筑形象，图中这些类似碉楼的建筑物分三种类型，其中一种类似现存贵州安顺地区屯堡中碉楼的建筑物建在村落的后面；还有一种是建于炮台中央的望楼，明显属于军事建筑；另一种是附属于设于交通要道的名为汛❸的军事工事的军用碉楼。图中描绘的附属于汛的那种楼与其说是碉楼，其实更接近碉堡的形式，下部占总高2/3的部分为明显带有收分的基座，基座全封闭，基座上面是带有射击孔的楼身，顶部采用两坡屋顶，这种形式的建筑目前在开平已经看不到，据笔者了解五邑范围内也没有相似的遗存实例；而图中标出位于赤坎村及沙冈村后面的碉楼其形式虽经过描绘者的夸张、变形，但依然不难看出其与开平现存建造于清朝后期的一些早期开平碉楼的相似之处。

2.2.2.3　清朝后期的"早期开平碉楼"

　　这里所说的清朝后期的"早期开平碉楼"，是指清同治（1862—1874年）时期和光绪（1875—1908年）前期，即19世纪60年代至80、90年代建造的开平碉楼。这一时期开平碉楼的建造数量尚少，在样式、风格、材料等方面也尚未明显受到来自海外的影响，尚属于中国传统建筑而非中国近代建筑范畴。

　　现存的开平碉楼中，除四百余年前建造的迎龙楼之外，在我们普查中发现的可以确信年代的现存碉楼中建造最早的一座是位于现在大沙镇大塘村的迎龙楼（图2-7）。

13　道光《开平县志》中记载，清代开平共设十六汛，汛：指汛地，清代兵制，凡千总、把总、外委所统领的绿营兵都称汛，其驻防巡逻的地区称汛地；明朝称驻军防地为营，清代改营为汛。

　　该楼大约建于19世纪60年代的清同治年间。该楼曾经是村中建造的风水楼，后来村中书生陈钟耀考取了功名，故而改名为迎龙楼。迎龙楼下部是可穿过的门洞，上方是雕刻有"迎龙楼"字样的匾额，其两侧刻有对联"迎来门外双峰石，龙仕岗中百尺楼"，对联现在已残缺。楼高3层，用青砖建造，原为硬山两坡屋顶，椽梁楼板均为木质。迎龙楼体量较小，平面约呈正方形，长宽尺寸约为4.6米×4.7米，外形接近古代军事建筑中的望楼。这种形式也与前文所提到道光《开平县志》中的"南境图"中所绘位于村落后部的类似碉楼建筑物非常相似。迎龙楼建成后，因时局动乱进行修整，由风水楼改为一座碉楼，屋顶加设女儿墙，并于楼身增设了射击孔，当时有威胁到本村安全的情况发生时，村中壮丁便持武器站在楼顶倚女儿墙眺望和警戒。

　　其他几座能够确定建立于这一时期的碉楼还有建于1876年的马冈镇马冈圩水楼（图2-8）、建于1877年赤水镇塘美东湖村北楼、建于1881年的龙胜镇横巷村西管子楼，建于1881年苍城镇楼田那朗村捷龙楼（图2-9）等。它们在形制、功能、建造技术等方面均与大塘村迎龙楼相似。

　　此外，这个时期关于政府建立的军事建筑中类似碉楼的建筑物也留下文字记载。据民国《开平县志》记载，"光绪元年（1875年）知县吴廷杰修建水口炮台，该炮台

图2-8　开平市马冈镇马冈圩水楼（2004年）　　图2-9　开平市苍城镇楼田那朗村捷龙楼（2004年）

原建于嘉庆十六年（1811年），垒石为壁，上具雉堞，下开炮位，台内建望楼，高约四丈。"这里描述的原建于嘉庆十六年的炮台和望楼应该就是道光《开平县志》"南境图"中所绘的炮台和望楼。

2.2.2.4 "早期开平碉楼"的特点

尽管关于早期开平碉楼很难得到更多的信息，了解仅限于以上所述这些线索。但是根据以上分析，我们可以对早期开平碉楼的特点作如下归纳：

① 这一时期的开平碉楼其形制带有中国传统建筑特点，建筑材料基本使用中国传统的建筑材料，墙体使用砖、石、夯土砌筑；梁多用木制，少数短梁采用石条；楼板多为木楼板或木楼板上覆以灰泥；而屋顶为坡屋顶，在木屋架上覆以瓦屋面。这些特征与同时期的当地传统乡土建筑相同，同时也与大致建于同一时期的中国西南地区的屯堡碉楼、晋陕堡寨及客家土楼、集落中的碉楼相同，应该属于中国传统建筑的范畴。

② 这一时期的碉楼层高一般不超过4层，形式朴素，较少采用外部装饰。其形式特征基本是为了服务于其防御功能的要求。

③ 这一时期的碉楼一般都属于公共碉楼，主要是为所在村落的整体预警或避难防御服务的，基本不担负居住功能。如三门里迎龙楼、龙胜镇西管子楼都是用于危险事态发生时公共避难的碉楼；而大沙大塘村迎龙楼、马冈水楼、赤水东湖村北楼、苍城捷龙楼等均是用于村落公共警戒的碉楼，类似古代的望楼。

④ 这一时期所遗留下来的碉楼数量极少，究其原因，一方面，这一时期的开平尚处在典型的农业社会，人民生活艰难，很难有能力独资或集资建造碉楼，因此碉楼在开平的建造本身就并不十分普遍；另一方面，这一时期的碉楼主要是砖木、夯土等结构，容易被损毁或被拆除，在这期间的红巾军起义及土、客间械斗等武装冲突中，难免有碉楼被摧毁。

2.3 开平碉楼源流的考证

2.3.1 客家碉楼与开平碉楼的起源

从秦汉、历经南北朝、宋、元，一直到明、清，汉族移民持续不断的迁入开平所在的五邑地区，他们中许多移民经多次大迁徙，辗转来到五邑地区。宣统《开平乡土志》记载："关、周、梁、谭、何、许、吴、谢诸大姓或自福建，或至浙江，或至自江西。"明、清迁来五邑地区的移民与南北朝、宋、元的移民相比，身份发生了很大变化。有关五邑的一些文献中，把这批移民称为客族。一方面是相对于之前迁来，在此地已生息繁衍很久的中原居民，他们是后来迁至此地"客居"的移民；另一方面是因为这一时期的移民大多数都来自于汉族中一个特殊的民系——客家民系。客家民系的形成始于晋（265—420年），最后的形成是在明朝初年（14世纪末—15世纪初），明、清时代闽粤赣三省交会地区已经形成了以客家人为主体的纯客聚居区，这些地区正是明、清迁往五邑地区大部分移民的出发地。

那么既然在现存客家土楼与集落建筑中，碉楼（也称炮楼或枪楼）非常多见（参见本文序章中相关论述），那么开平碉楼的起源是否与客家碉楼有关呢？笔者对此进行了考察和研究。

首先从建筑外形上来看，开平现存最早的碉楼——迎龙楼（迓龙楼）外形封闭，四角建有落地的角堡（图2-10），确实与粤、赣客家"四点金"❶ 式的围子、围屋有些形似。笔者在对江西省纯客家聚居县龙南县进行考察时，杨村镇遗存的早期方形平面围子，在其平面斜对两角，或四角建有与围子外墙同高的碉楼（角堡），其形象更加接近迎龙楼（图2-11）。

另外笔者在龙南县的考察中还发现龙南县杨村镇一座叫太平桥的古桥（图2-12），其所用大尺寸砖中既有大青砖，也有一种大红砖（图2-13），这种在当时非常罕见的红砖与开平现存迎龙楼所用的明代大红砖极为类似（图2-14）。据传说此桥建于明朝正德年间（1506—1521年），当时王阳明❶经杨村（古称太平堡）进剿广东匪寇得胜回师时建造了此桥。如传说属实，此桥

图2-10 开平赤坎镇三门里迎龙楼的角堡（2002年）　　图2-11 迎龙楼（下）与江西省龙南县杨村镇凹下村的碉楼（上）外观及平面比较（照片为笔者摄影，凹下村碉楼平面图为笔者制作，迎龙楼平面引自《开平碉楼》申报世界遗产申报书）

14 四点金，即四角建有高出围外墙碉楼的客家围子或围屋的俗称。
15 王阳明即王守仁（1472—1528年），字伯安，号阳明，他是心学集大成者。著有《阳明全书》（又称《王文成公全书》）。现时余姚的"四碑亭"仍留有纪念他的碑亭。他从正德十二年至十六年（1517—1521年）在江西担任巡抚都御史。

图2-12　龙南县杨村太平桥（2005年）

图2-13　太平桥使用的明代大红砖（2005年）

图2-14　迎龙楼使用的明代大红砖（2005年）

建设年代与开平赤坎的"瑞云楼""迓龙楼"建设年代非常接近。

以上的现象似乎表明开平碉楼的起源与客家碉楼有直接关系的可能性。

但笔者进一步的考证基本否定了这种假设。

首先迎龙楼作为开平现存最古老的碉楼，其建造年代要早于与其形态相似的客家"四点金"式围子（围屋）形成的年代。客家土楼民居中形成年代较早的几种形式的是闽西五凤楼闽❶、西圆楼与粤东北围垅屋。建有碉楼的客家围子中，建于明万历年间（1573—1620年）的龙南县杨村盘石围（图2-15），是可考现存最古老的一座赣南围子。其外墙平面轮廓均有弧形存在，比较接近围垅屋，碉楼的布置比较自由，常常视防卫需要自由择位建造，早期的赣南客家围子基本是这样的类型。而现在遗存较多的四角建有碉楼的赣南方围子及粤北、粤中围屋，即"四点金"式，其形成至少不早于明末清初。赣南可考兴建年代最早的方围

16　五凤楼，是一种主要分布在福建永定县的府第式客家土楼的俗称。

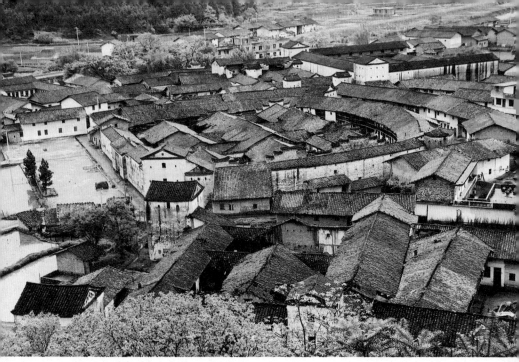

图2-15　江西省龙南县杨村盘石围（乌石围）（2005年）

是建于清朝顺治年间（1644—1662年）的杨村燕翼围（图2-16），其碉楼（角堡）位于四方平面围子的两个对角，而前文与迎龙楼形制非常相似的龙南县凹下村围子的形成年代比燕翼围还要晚。这显然远远晚于开平赤坎迎龙楼形成的年代，不可能对迎龙楼的起源有所影响。

　　此外，创建迎龙楼及瑞云楼的关氏家族虽源自福建，但据宣统《开平乡土志》考证，在宋代，这支关姓家族即已迁至今广东南海、顺德一带，六世祖容公宋末即迁至驼駬一带大梧村为开平始迁祖，创建迎龙楼及瑞云楼的关圣徒为其后代

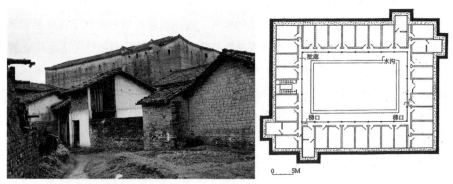

图2-16　江西省龙南县杨村镇燕翼围（照片由笔者摄影，平面图引自万幼楠《燕翼围考察》）

十七世祖，跟闽西、粤北、赣南的客家民系并无直接关系。

那么客家碉楼与开平碉楼是什么关系呢？笔者认为：

① 客家碉楼与开平最早出现的碉楼，如迎龙楼、瑞云楼的起源并无直接关系。

② 客家碉楼与开平碉楼二者在使用功能上是有区别的。客家碉楼在客家土楼或集落中主要是附属于高大的围墙或土楼外围，用来加强整体的防御体系的，更类似于城池的敌楼；而初创期的开平碉楼则是独立建造，主要是预警和避难用的。

③ 客家碉楼与开平碉楼二者都是在动乱的环境中，为保护自身族群的安全而产生的，建造目的十分相似。

④ 客家碉楼与开平碉楼二者的建造者都是汉族移民，有着相似的背景。

⑤ 由于从明代起，已有部分客家人移民至开平地区，因此，客家人的生活方式，包括其建造房屋的方式必然在开平一带有其影响。

⑥ 从清初起，随着客家碉楼的建造日益成熟和普遍，这一时期，粤北、赣南客家移民又大规模迁入开平所在的五邑地区，并且与本地原有居民相处得并不和睦，还时有武装冲突，这种严峻的生活环境与粤北、赣南客家聚居地区大量建造土楼及附属碉楼的外部环境条件基本相同，因此，在清代开平出现的客家聚居村寨中极有可能曾建有碉楼建筑，只是由于在咸丰年间土、客间械斗中被破坏等原因，现在已没有当时的实物遗存下来，无从考证，但客家碉楼对清代开平碉楼的发展应该有所影响。

2.3.2 汉代坞壁与开平碉楼的起源

在广州出土的东汉建初元年（76年）墓葬的一件明器中清楚的表现了一座四角建有角楼（碉楼）的坞壁形象（图2-17）。广东的汉族人是从于秦汉开始移入本地的，这件坞壁模型的明器至少说明，在汉代，中原汉族人已经把建有碉楼的坞壁形象带到了广东。

那么，汉代坞壁究竟与开平碉楼的起源有什么关系呢？

笔者认为，除了出土汉代的明器，目前尚未发现古籍中对广东地区的坞壁有所记载；另外，没有文献记载或者实物遗存表明坞壁这种建筑自汉代之后曾存在于现在广东开平附近地区或者今天开平一带早期居民移住的出发地（福建、江西、浙江、广东北部和中部）。特别是如果在距今并不十分遥远的开平碉楼初创的明朝中期，类似坞壁的建筑依然存在，即使没有实物可留存至今，史料也是会予以记载的。因此，笔者认为，在开平碉楼起源的时期，没有坞壁或相似建筑应用的实例为开平碉楼提供借鉴，开平碉楼的起源与汉代的坞壁没有直接的关系。

图2-17　广东省广州市麻鹰岗出土的东汉明器

2.3.3　开平碉楼的源流

2.3.3.1　来自社会局势的需要

前文提到，明朝中期是开平有记载的与有现存实物的碉楼形成的时期，当时开平一带尚在官府政治力量管理薄弱，军事力量日常触及不到之处，局势动荡，民众有建防御性建筑保卫自身安全的需求。

2.3.3.2　来自"屯田"制度的影响

自明初洪武年间（1368—1399年）朝廷便开始实行"屯军""屯田"来充实边疆的政策，当时在黔、川、湘各省开拓地建有大量的屯堡和碉楼[17]，以应对来自各地原住民族的威胁。开始时这是一种由政府推广实施的行为，因此其做法应在全国有广泛的影响。笔者注意到，客家土楼、村寨中的碉楼与北方陕西、山西两地庄园、堡寨中的碉楼正是在明代各自所在族群保卫自身安全的要求而开始兴起的。特别是清代乾隆十二年（1747年）及三十六年（1751年），清军在征讨大、小金川反叛藏族土司的过程中，认识到碉楼在战斗中的威力[18]，随即在全国与少数民族接壤或动乱的地区推广碉楼的使用。魏源著《圣武记·卷七·土司苗瑶回民》之"乾隆初定金川土司记"在最后评论道："然自金川削平，中国始知山碉涉险之利，湖南师之以制苗，滇边师之以制倮夷，蜀边师之以制野番，而川陕剿教匪时亦师之，以坚壁清野，而制流寇。"

开平碉楼的出现和发展也与这种全国性的背景相吻合。明末开平建县即始于

17　参见本书第一章对开拓地碉楼的论述。
18　参见本书第一章对藏族碉楼的论述。

图2-18 "南境图"中描绘的"汛"和炮台（引自《开平县志·卷一·诸图》清道光三年，1823年）

屯田，清代这种驻屯制度延续了下来。清道光三年（1823年）《开平县志·卷一·诸图》"南境图"的地图绘有名为汛的军事工事（图2-18），其中就有类似碉楼的军事建筑。开平建县后的相当长一段时期，正是"汛""卡"、炮台与屯堡一起构成"屯田"制度的防御体系。而在这些防御工事和建筑中，高耸的类似今天碉楼的建筑物发挥这重要的瞭望、增强防御能力的作用。

2.3.3.3　对古代城郭的借鉴

从现存迎龙楼的实物及《开平县志》对几座早期碉楼的描述可以发现，早期的开平碉楼在形制上与现存的大多数塔式碉楼是不同的。它们具有较大的底面积，尤其从县志中对于"寨楼"的描述："楼高六丈，壁厚五尺，分设房舍十六间，四周甬巷相通。内有井泉备用，以铁门守卫，俨然一寨垒也"中可以发现，当时的开平碉楼更像是一座微型的城堡。开平人建造碉楼时不难从古代城郭的建设中吸取经验，修建类似于城郭敌楼的角堡来加强碉楼的防御能力（图2-19）。

2.3.3.4　来自客家碉楼的影响

清朝初期，粤北、赣南地区客家碉楼建筑日益成熟，在这些客家聚居地，这一时期建造的客家土楼和集落中修建碉楼的情况十分普遍。来自这些地区的客家移民大规模迁入开平及附近地区的时间恰恰始自清初康熙年间（17世纪80年代），客家移民以及客家碉楼对清代开平碉楼的发展和演变有所影响的可能性非常大。

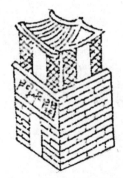

图2-19　"南境图"中描绘的"汛"和炮台
（引自《开平县志·卷一·诸图》清道光三年，1823年）

2.4　结语

在本章，笔者对开平碉楼起源及"早期开平碉楼"的背景和特征进行论述。

笔者对开平碉楼的源流进行了考证，开平碉楼的起源基本可以归纳为受以下四方面因素的影响：首先是来自动荡的社会局势的需要；其次是来自官府"屯田"制度的影响；第三是受到古代城郭形式的影响；第四是起源之后早期发展过程中受到来自客家"碉楼"建筑的影响。

"早期的开平碉楼"则主要有以下四项特征：第一，这一时期的开平碉楼其形制带有中国传统建筑特点，属于中国传统建筑的范畴。第二，这一时期的碉楼形式朴素，其形式特征基本是为了服务于其防御功能的要求。第三，这一时期的碉楼一般都属于公共碉楼，主要是为所在村落的整体预警或避难防御服务的，基本不担负居住功能。第四，这一时期所遗留下来的碉楼数量较少。

参考文献

［1］（清）魏源. 1967. 圣武记[M]. 台北：文海出版社.
［2］（清）薛璧. 康熙十二年（1673年）. 开平县志[O].
［3］（清）王文骧. 道光三年（1823年）. 开平县志[O].
［4］（清）鹤山县志[O]. 道光六年（1826年）.

［5］（清）开平乡土志[O]. 宣统.

［6］（清）恩平县志[O]. 宣统.

［7］余棨谋, 吴鼎新, 黄汉光, 张启煌. 民国二十二年刻本（1933年）. 开平县志[M]. 民生印书局.

［8］开平市地方志办公室. 2002. 开平县志[M]. 北京: 中华书局.

［9］恩平县地方志编纂委员会. 2004. 恩平县志[M]. 北京: 方志出版社.

［10］台山县方志编纂委员会. 1998. 台山县志[M]. 广州: 广东人民出版社.

［11］开平县华侨博物馆. 1989. 开平县文物志[M]. 广州: 广东人民出版社.

［12］江门五邑百科全书编辑委员会, 中国大百科全书出版社编辑部. 1997. 江门五邑百科全书[M]. 北京: 中国大百科全书出版社.

［13］开平市地方志办公室. 2002. 开平县志[M]. 北京: 中华书局.

［14］开平市档案局. 1984. 开平县大事记[G].

［15］张国雄, 梅伟强. 2001. 五邑华侨华人史[M]. 广州: 广东高等教育出版社.

［16］张国雄, 刘兴邦, 张运华, 欧济霖. 五邑文化源流[M]. 广州: 广东高等教育出版社, 1998.

［17］萧默. 1999. 中国建筑艺术史[M]. 北京: 文物出版社.

［18］陆元鼎, 魏彦钧. 1990. 广东民居[M]. 北京: 中国建筑工业出版社.

［19］黄为隽, 尚廓, 南舜薰, 潘家平, 陈瑜. 1992. 闽粤民宅[M]. 天津: 天津科学技术出版社.

［20］刘致平. 2000. 中国居住建筑简史[M]. 第2版. 北京: 中国建筑工业出版社.

［21］张国雄 撰文, 张国雄, 李玉祥 摄影. 2002. 老房子——开平碉楼与民居[M]. 南京: 江苏美术出版社.

［22］黄汉民. 1995. 客家土楼民居[M]. 福州: 福建教育出版社.

［23］张国雄. 2003. 中国碉楼的起源、分布与类型[J]. 湖北大学学报. 29（4）: 330-341.

［24］张复合, 钱毅, 李冰. 2003. 广东开平碉楼初考——中国近代建筑史中的乡土建筑研究[M]//建筑史. 总第19辑. 北京: 机械工业出版社: 171-181.

［25］张复合, 钱毅, 杜凡丁. 2004. 从迎龙楼到瑞石楼——广东开平碉楼再考[M]//中国近代建筑研究与保护（四）. 北京: 清华大学出版社: 65-80.

［26］万幼楠. 2002. 燕翼围及赣南围屋源流考[J]. 南方文物. (3): 83-91.

［27］桂晓刚. 1999. 试论屯堡文化[J]. 贵州民族研究. (3): 78-84.

［28］梁晓红. 1994. 开放·混杂·优生——广东开平侨乡碉楼民居及其发展趋向[D]. 北京: 清华大学.

［29］刘定涛. 2001. 开平碉楼建筑研究[D]. 广州: 华南理工大学.

［30］杜凡丁. 2005. 开平碉楼历史研究[D]. 北京: 清华大学.

990

开平市赤水镇大同村的碉楼（梁锦桥摄影）

The Development and Evolution of Kaiping Diaolou

第3章　近代开平碉楼的发展和演变

前一章着重考证了开平碉楼的起源，论述了开平碉楼这种建筑出现的若干相关因素。同时，结合当时历史和社会环境，对早期开平碉楼的建造原因及概况进行了论述，并归纳了它们的特点。

　　但是，应该说，在现存两千余座开平碉楼中，早期开平碉楼从数量上只是凤毛麟角，从样式上也少有吸引人之处。真正为人惊叹的是那些遍布开平乡镇，带有明显异域风格，高大华丽的近代碉楼。在本章，笔者首先将要剖析近代如此大量的开平碉楼是如何出现在开平这片土地上的；接下来，笔者将会对近代开平碉楼在功能、材料、结构、样式及风格方面的发展进行分析。

　　谈到近代开平碉楼的兴盛，那要从开平华侨的历史以及近代开平侨乡的形成说起。开平所在的五邑地区是全国最主要的侨乡之一，据1998年统计，在世界107个国家和地区共有江门籍海外华侨华人❶ 2155890人，其中台山籍的最多，达867009人，开平籍的次之，为491403人；另据统计，在香港、澳门地区的开平籍人士有25万人。在外国及港澳的开平籍华侨华人的总数甚至超过开平市目前的人口总数❷。近代开始，华侨与侨资、侨汇在近代开平地区的社会、文化、经济生活中扮演了极为重要的角色，并且，与近代开平碉楼的大量兴建有着极为密切的关系。

1　"华侨"与"华人"是两个不同的概念。"华侨"是指定居在国外的中国公民，未加入当地国籍。"华人"有广义和狭义之分。广义的"华人"是对具有中国血统者的泛称；狭义的"华人"则是专指已取得外国国籍的原华侨及其后裔，又称"华裔"。具体来讲，一般第二次世界大战以前的在海外的中国人多未加入居住国国籍，基本属于华侨范畴。
2　统计数据来自参考文献 [11]。

3.1 近代开平侨乡的形成及开平碉楼的发展

3.1.1 开平华侨的历史和近代开平侨乡的形成

3.1.1.1 鸦片战争前，五邑地区早期的移民活动

古代，今天五邑一带面对浩瀚的南中国海，境内河网交织，在古代，相对当地极不方便的陆上交通而言，水上交通来得更加方便。便利的地理环境使这里的人民至少早在唐代以前便开始了对外的移民活动。唐朝时期，广州是重要的国际贸易港口，设有"蕃坊""市舶司"。开元二十三年（735年），新会划归广州管辖，成为广州通往东南亚的重要通道，不少人便经由此道，前往东南亚从事贸易活动，一部分人便在那里定居下来。

至明清时期（1840年鸦片战争爆发以前），今天五邑一带海外移民活动兴盛起来。如早在十六世纪中叶即明朝中期，今天开平一带就有人因生活所迫，乘木帆船远渡重洋去南洋群岛❸谋生。海外贸易的发展，促使五邑地区与海外的交流增多；明清时期的"禁海"与清初的"迁界"令及社会持续的动乱使得沿海大量农民和手工业者流离失所，生活困顿，不得不冒险前往海外谋生；持续不断的农民起义被残酷镇压之后也造成大批起义农民亡命海外。同时，自16世纪起，西方列强陆续在南洋建立了殖民地，为了获得更多的廉价劳工，他们对华人采取了各种招揽政策，这也是促使这一时期移民数量增加的重要因素。这一时期，今天五邑一带居民的出洋活动需要冒着死罪的危险，向海外移民目的地主要是距离较近的东南亚地区。

3.1.1.2 鸦片战争后，内推力和外拉力促成的出洋热潮

一方面，从明朝以来，今天江门五邑一带，历经战火，生灵涂炭，田地荒芜。鸦片战争后，政府要向战胜国赔款，广府❹滩负赔款最多，官府即对百姓压榨日甚，农村自然经济崩溃，农民种田无法养活自己，做生意又不堪赋税。1989年《开平县粮食志》描述当时农业的情况："粮食生产不能自给，清末只能供应全县四个月的口粮。"同时，田地占有也极不平衡，当时"总户数占5%的地主却占有70%的耕地，而占60%的贫雇农却只占有9%的耕地。"严峻的生存现实形成一股强大的推力，逼得许多走投无路的农民只好寻求别的出路。

另一方面，鸦片战争以后，全国农民生活越来越困窘，农民起义风起云涌。前文提到在广府地区，1854年爆发了天地会红兵起义，起义遭到清政府残酷镇压，祸及无辜，一年内杀人达百万。部分失败的起义军集体逃亡海外，去向主要还是东南亚地区。

---

3 旧时将东南亚地区各岛国称为南洋。
4 这里的广府地区指清朝广州府所辖地区。

此外，台山、开平、恩平一带1855—1867年的土客械斗，造成当地数年的生灵涂炭，族群积怨深重。土客双方把对方俘虏当做"猪仔"❺卖往海外的情况屡有发生。民国九年（1920年）《赤溪县志》❻记载：同治三年（1864年）前后，三万多客家人的村寨被土人摧毁，染病而死的有两万多人，其余的潜藏在赤溪、赤水❼田头，"有为土人所掳获者，于杀戮外，则择其年轻男子，悉载出澳门，卖往美洲秘鲁、古巴等埠做苦工，名曰卖猪仔。"《台山县志》记载，同治五年（1866年），广州巡抚命梅启超为参军，镇压客家人武装，6月，围客家人数万于那吉❽，梅启超写了一首《劝散歌》，其中有一段"更闻人从外国来，中国人多海外住，数十万人在金山，数十万人在印度。劝你早回头……"，劝客家人拿了政府发给的路费遣散，其中出洋做工也是官府推荐的一种出路。

以上都是来自故土的向外的推力，而与此同时，在海外也有强大的拉力吸引华工出洋。

1848年美国加利福尼亚州发现金矿；1863年美国中央太平洋铁路破土动工；1851年澳大利亚发现金矿；1858年加拿大发现金矿；1880年加拿大太平洋铁路动工。与此同时，西方帝国主义国家在南洋经营矿区和种植园，在拉丁美洲和非洲也在进行开发建设，这些地方由于对劳动力的大量需求，都把目光投向廉价的中国劳工（图3-1、图3-2）。这些消息传到广府，一传十，十传百，经过类似在美国金山❾"遍地有金执"❿的夸大，形成一股对邑地区掀起了出国寻出路的

图3-1 在雪中修建太平洋铁路的华工
（*Chinese Railroad Workers in Snow*引自维基百科 Wikimedia Foundation）

图3-2 19世纪修建的美国太平洋铁路示意
（*Transcontinental railroad route*，引自维基百科Wikimedia Foundation）

---

5 参见下文对"猪仔华工"的解释。
6 赤溪，即过去以今天台山市赤溪镇为中心的独立的县，同治六年（1867年）四月二十日成立赤溪厅，直属广东布政司。民国元年（1911年），赤溪厅改为赤溪县，隶属粤海道（即清朝之广肇罗道），1950—1952年并入台山县，现属于台山市。
7 即今天开平市赤水镇一带。
8 今天台山县那吉镇，当时属于恩平县。
9 中国人将圣弗兰西斯科称为旧金山，因为1848年美国在那一带发现金矿，华侨称之为金山，为与后来发现金矿的澳大利亚新金山相区别，才称之为旧金山。
10 美国发现金矿初期，番禺华侨陈明因淘金发财，便写信给故乡的好友，好友随即启程赴美，消息在广府传开，后来便发展成"遍地有金执"的传说。

热潮。走投无路的人们强劲的拉力，在广府及五当时开平人出洋主要的目的地是美国和加拿大，开平人把到美国、加拿大谋生称为"去出路"，因为他们视美、加为淘金之路，似乎是他们唯一的一条生路。当时的歌谣形象地表现了人们的心态："喜鹊喜，贺新年；爹爹去金山赚钱，赚得金银成万两，返来起屋兼买田" ⓫ （图3-3）。

中国人又有重视家族和血缘观念的传统，先出洋的人一有条件又努力把他们在国内的亲属及乡亲带出来，十九世纪后期，今天江门五邑一带"父携其子，兄挈其弟，几于无家无之，甚或一家而十数人" ⓬ ，背井离乡，出洋移民成为一股洪流，持续不断。从而形成了村村有华侨，绝大部分农户为侨眷的状况。至20世纪二三十年代，从开平出洋至海外的华侨已不下两万，有"涉重洋如履庭户" ⓭的说法。

而且，随着1860年，清朝政府在第二次鸦片战争中战败，签订《北京条约》。首先是英国，就"禁海"对清朝

图3-3　1924年乘船去美国的华工（引自*The Chinese American Family Album*，第34页）

11　Marlon Ko Hom. Songs of golden mountain-Cantonese rhymes from san Francisco Chinatown. University of California Press, Ltd. Oxford. England, 1987。
12　参见参考文献［3］。
13　参见参考文献［3］。

政府施加压力，使得清政府承诺与英国政府签订契约的华工可合法搭乘英国船只前往英国在世界各地的殖民地做工，随后去其他国家做工也逐渐变得合法。这便扫除了大批劳工出洋的障碍。

3.1.1.3 出洋华工在海外

出洋的劳工大部分是通过"猪仔华工""赊单华工"与自由移民三种方式出洋的。"猪仔华工"是西方殖民者通过诱骗、抓捕和绑架的方式，运送、贩卖到外国做苦力的华工，因在海船上吃饭时，采用广东人喂猪般的大盆集体吃饭的方式，广东话以"猪仔"相称，地位也类似原来非洲的黑人奴隶，命运非常悲惨，通常在海船上死亡率就很高。在清朝咸丰（1851—1862年）、同治（1862—1875年）年间这种形式达到高潮，到光绪年间基本消失。这种华工的去向主要是拉丁美洲和大洋洲。"赊单华工"是开平华工出洋的主要方式，"赊单"即劳工与经纪人签订一项数年（通常为5年）的合同，赴外国工作数年间每月收入的一定比例交经纪人，用以偿还路费等及出洋务工的高额中介费用（图3-4）。赴美国和加拿大做工的华工大部分采用这种方式。自由移民一般是条件较好的农民或破落地主，他们或变卖田产，或向亲友借债，或由亲友从外国寄钱回来凑足路费，去外国做工。

图3-4　华工出洋做工的契约书（引自*The Chinese American Family Album*，第25页）

到了外国后的华工，迎接他们的并不是遍地是黄金的天堂，而是异常繁重和安全得不到保障的工作。他们的工作为所在国作出了巨大的贡献，但是他们所得甚少，甚至在一些国家人格得不到起码的尊重。参加美国西太平洋筑路的华工最具代表性，他们拿比白种人少得多的工资，负责最困难和危险的路段，在完工时死亡数字超过一万两千人。但许多白人雇主眼里看重的只有他们吃苦耐劳这种价值，人格上对华工只有歧视。华工一踏上美国的土地，便遭遇歧视，Stuart Miller在《不受欢迎的移民》一书中如此描述：

"中国人穿着可笑，极度迷信，没有诚信，奸诈狡猾而且残忍，是人类所有种族中最差的族类……他们甘愿被奴役……" ❹

类似这种偏激的言论长时间左右着美国舆论和国会对华侨的看法。1876年到1877年间，美国加州经济不景气，这时太平铁路已经铺设完工，金矿也开采殆尽，美国舆论及许多议员把经济不景气归咎于华人劳工抢了白种人的饭碗（其实，在19世纪70年代中，移民美国华工人数只占总移民数的4.4%），1882年美国通过排华法案，规定十年间禁止华工移民美国，两年之后又出台更为苛刻的修正案。这项法案及之后一系列排华法案的出台，使在美华人更受歧视，华人工作与生活环境更加艰苦，并在社会上引起不断发生的排华暴力事件。由于美国政府限制华人活动区域，限制华人妇女入境，华人社会文化的发展也日益畸形。当时英属的几个国家，1885年加拿大，1855年澳大利亚，1881年新西兰也都颁布了排斥和限制华人的法案。美、加、澳的排华风潮直至二战后期才得到缓解。受这些排华浪潮的影响，开平一带人民出洋做工的人数一度急剧减少，回国的人逐渐增多。

3.1.1.4　华侨、侨资的回归及开平侨乡的繁盛

（1）华侨、侨资的回归潮

和鸦片战争后形成的出洋高潮相对应，19世纪末开始，华侨、侨资大量回归故土。

究其原因，一方面，中国人对家有一种强烈的归属感，自古就有落叶归根的说法。鸦片战争后出洋做工的华侨，在海外经过十几年或几十年的奋斗，对亲人和故土的思念可想而知，一旦条件允许便会踏上归乡路。

另一方面，当时华侨在海外寄人篱下和备受歧视的经历也使得他们只能把情思寄托于对家乡的思念上，辛辛苦苦积攒下来的收入也要想尽办法带回家乡。在异乡饱受歧视和人身限制的华工，终日是艰苦的工作和孤独的生活，而他们却是远在家乡生活困窘的家庭的希望，这种情况下，衣锦还乡当然是他们终极的梦

14　引自参考文献［39］第24页。

想。一个在美国的普通华工这样说：

"在这样的环境下，我如何能够说这是我的家，如果我把钱带回中国的乡下，谁又能责怪我呢？"❶

而在政府方面，1893年，清政府废除了禁海令，使出洋和归国完全合法化，"良善侨民，无论在洋久暂，娶妻生息"，一概准由出使大臣或领事给予护照，任其回国谋生置业，与内地人民一律看待；并听其随时经商出洋。❶ 打消了华侨回乡的顾虑。

这些客观条件促进了华侨和侨资的回归。另外，清末，资产阶级革命派的思想在海外的华侨中得到广泛的支持，1911年中华民国成立后，对新中国的希望也鼓舞着一大批华侨回乡创业。之后，尽管新移民赴美工作条件变得越来越苛刻，人数急剧减少，但返回故乡的侨资与侨汇始终没有中断。到了20世纪二三十年代，美国、加拿大等各国经济不景气，形成了又一次华侨和侨资的回归潮。

光绪二十四年（1898年）开平赤坎镇的立昌油糖铺就在兼营包括塘口镇一带的侨汇及兑换外币。清末宣统《开平乡土志·实业》记载：

"以北美一洲而论，每年汇归本国者实一千万美金有奇，可当我二千万有奇。而本邑实占八分之一。"

可见清末，1910年前后，开平地区每年华侨的侨汇可达1百多万美元的规模。

与开平相邻的台山县一组数据非常反映20世纪二三十年代当地吸引侨资的真实效果，台山县1929年以前每年的侨汇已在千万美元以上，占全国总数的八分之一（全国每年8100万美元），此后上升到每年3000万美元左右，占全国总数的三分之一（全国9500万美元）。❶

开平侨汇总量虽少于台山，但在当时数量也居全国前列。

（2）开平侨乡的繁盛

归国的华侨，在海外经过一番拼搏，多少有了一点积蓄，回来最急切要做的无非是置地，建房，娶妻，正如那首民谣"赚得金银成万两，返来起屋兼买田"。清光绪年间新宁知县李平书也评论，"自同治以来，出洋之人多获资回国，营造屋宇"❶ 原来出洋前地位卑微，回来要讲华丽、排场来显示自身地位的提升，于是在华侨和侨资大量返回开平之后，农村里建起大量气派的洋风别墅和碉楼（图3-5、图3-6）。

另外，华侨和侨资、侨汇的回归与华侨的出洋做工一样，在从19世纪后期到20世纪前期的几十年中是呈一定规模，持续不断的。到了20世纪初，许多华侨在

15　Lee Chew, The Biography of a Chinaman, 1903, 参见参考文献［39］第25页。

16　《光绪朝东华录》，光绪十九年九月，参见参考文献［22］第65页。

17　参见参考文献［9］第148页。

18　《光绪朝东华录》，光绪十九年九月，参见参考文献［22］第65页。

图3-5 开平赤坎镇护龙永安里的回乡华侨修建的成排的洋房（2004年）

图3-6 开平塘口镇强亚自力村回乡华侨修建的碉楼群（2004年）

改善了自家的条件之后，其中有条件的，深感家乡与外洋相比的落后，于是也有不少人向家乡投资，他们在家乡参与投资兴建公共性基础设施，如公路、桥梁、铁路，甚至机场；文化教育设施，如学校、医院、图书馆、电影院；创办报纸、侨刊。持续不断的侨资、侨汇的涌入，使得开平这个原先很贫穷的以自然农耕经济为主的广东省内陆县一时呈现出比较摩登和繁华的景象。

　　除此之外，长期不断地与海外进行大规模的人员交流也使来自外国的影响深入侨乡社会深处。在文化上时尚的开平人穿洋装、住洋楼，也引入了喝咖啡等饮食习惯，本地的语言中也引入大量外来语，甚至排球等新式体育运动也一度在开平风行；在思想上开平人比较开放，易于接受新的事物。开平的城乡也是较早接受资产阶级革命、维新思想的地方，一方面海外华侨捐钱捐物，支持资产阶级革命；另一方面，"民权宝贵，国体光荣"（图3-7），"文明发达，世界维新"这些反映民主进步思想的诗句，甚至都成为当时的开平农村住宅、碉楼的大门两侧常见的对联题材。

3.1.2　近代开平碉楼的兴盛

3.1.2.1　近代开平碉楼的界定

本文中不断出现"早期开平碉楼"与"近代开平碉楼"的概念，"早期"与"近代"如何界定呢？

如果简单地用一个时间点来界定，显然是非常不恰当的。因为在整个开平乃至周围的五邑地区，我们不可能划定一个清晰而且统一的时间点，认定这个时间点之后的开平碉楼就属于近代建筑的范畴。

如果简单地从样式与技术界定，例如带有西洋风格的与使用钢筋混凝土材料的划归"近代"范围，也不恰当。例如，到了清末民初，部分碉楼的个体，以及一些特别地域的碉楼的群体依然使用地方传统材料或沿用地方传统样式、风格，但是我们不难发现，近代化的建筑材料或西洋的建筑风格早已渗透到这些碉楼所在的村庄；仔细调查后，我们也会注意到，近代化的建筑材料或西洋的建筑风格的影响也会从这些碉楼的细节中体现出来，例如也许其中某座看似采用砖木结构的碉楼的砖墙其实采用了两匹砖内夹混凝土夹心的做法，或者某座地方传统样式的碉楼采用了外来样式的拱形窗楣。显然，简单以材料和样式的不同来界定"早

图3-7　开平塘口镇魁冈虾潮村淀海楼门口的对联（2004年）

期"与"近代"是不妥当的。

笔者认为，这里的"早期"和"近代"之间的界线，是和社会意识形态领域的近代化进程分不开的。开平一带，秦汉以来汉族移民与当地原住民不断冲突、融合，逐渐形成了地方传统的封建农耕文化，到了清末来自外部、特别是海外的近代文明对当地传统的社会形态带来巨大的冲击和影响，推动了当地社会意识形态领域的近代化。这种社会意识形态领域的近代化也必然影响到建筑领域，即当地传统建筑文化与西方近代建筑文化发生了碰撞与交流，西方近代建筑文化和制度对开平碉楼产生了影响，这之后建造的开平碉楼，即可以称之为"近代"开平碉楼。

从时间上，笔者大致将"早期"和"近代"的划分界线定在18世纪80—90年代。即在18世纪80年代华工所在国家相继发生排华风潮及1893年清政府废除禁海令这些促使华侨和侨资大规模返乡的事件发生了巨大实际影响的阶段，本书后面将用"19世纪末"来模糊的界定。

3.1.2.2 近代开平碉楼的建设高潮

五邑侨乡大规模地兴建碉楼开始于19世纪末期，1911年中华民国建立以后直至1938年抗日战争全面爆发以前达到了建造高峰，1938年之后建设迅速减少，至1941年太平洋战争爆发后建设基本停滞。目前开平现存的碉楼大多数是这个时期建造的。由上文中的统计我们可以看到，能够确定其建造年代的496座碉楼中有471座是1909—1939年间建造的，占到总数的95%，仅在1920—1929年建造的就达到301座，占总数的95%以上。

一方面，清末、民初开平碉楼建设的兴盛，是和返乡的华侨及侨资有非常直接的关系的。前面所述从19世纪最后的20年开始，侨资开始大规模返乡，但许多华侨并没有回乡定居，他们中许多人留在了海外并拉动其他亲友继续前往海外工作赚钱，之后的几十年间，返乡的侨资、侨汇一直作为侨乡归侨、侨眷重要的经济支柱，这些资金中许多被用在房屋建设上，其中一部分用来修建防御性的碉楼。20世纪20年代末至30年代，世界范围爆发了经济危机，在美国等各地工作的华侨也面临巨大的困难，这时有许多华侨选择回乡，开平碉楼的兴建也在这时达到了高峰。

另一方面，开平地区动荡不安的时局也是大量修建碉楼的客观动因。前面已经介绍，自明朝以来，开平一带社会就一直动乱，到了清末民初，国内政局持续动荡，各种苛捐杂税纷至沓来，紧接着广东省一带又军阀混战、军匪不分，使得这一时期开平社会更为动荡。华侨带着血汗钱回乡，即使并不算太多，在贫穷的开平农村也显得树大招风，急剧的贫富分化导致社会治安的进一步恶化，华侨对财富的张扬则引起了匪寇的歹心，华侨和侨眷成为了他们掠夺的主要目标。而这个时候，正是中国政治上最为羸弱、动荡的时期，官府自顾不暇，哪里会真正下工夫去整治地方的治安，对当时的社会状况，开平当地流传着所谓"一个脚印三个贼"的说法，可见当时人民，特别是拥有令人眼热的财产的华侨、侨眷处境之危险，建筑碉楼自保成为了紧迫的需要。另外，由于匪患日益严重，大批华侨、侨资的回归也使当地民众经济实力及防卫能力有所增强，许多村镇也有组织的修建了公共碉楼，形成一定的规模和防御网络以对抗四处作乱的匪徒，这也是这一时期碉楼数量激增的原因。

综合以上两方面的因素，不断涌入的外来资金和持续恶化的社会治安，这一对矛盾的相互作用，成为推动开平碉楼大量建设的直接原因。民国二十三年（1934年）的《开平县志·卷五·舆地志》记载：

"自时局纷更，匪风大炽，富家用铁枝、石子、士敏土建三四层楼以自卫，其艰于赀者，集合多家而成一楼。先后二十年间，全邑有楼千余座。"

3.2　近代开平碉楼在功能上的变化

上一章论述了早期开平碉楼的功能，主要是用于公共防御。一类如赤坎镇三门里迎龙楼，在危险事态发生时用于公共避难；而另一类如大沙镇大塘村迎龙楼，则用于村落的公共警戒，类似古代的望楼。

到了近代，根据使用目的的变化，开平碉楼在功能分工上也相应发生了变化，根据其防御功能分工上的不同，笔者将其分为更楼、众楼、居楼、铺楼四大类型。用于村落的公共警戒的更楼与在危险事态发生时用于公共避难的众楼是从早期开平碉楼延续下来的类别；而随着华侨和侨资的回归，部分归侨或侨眷成为乡里的新贵阶层，强烈需要建造为个体家庭防卫与居住服务的碉楼，这类碉楼就是近代开平碉楼中数量最多的一种类型——居楼；而随着近代侨乡城镇圩❶ 市建设的发展，商业的繁荣，一些经营典当、金融业的店铺在恶劣的治安条件下开始修建用作充当店铺保险库的碉楼，本书称之为铺楼。

3.2.1　更楼

更楼起源于古代的望楼，在中国，望楼的历史可以追溯到秦汉时期，其前身为城阙，阙是一种纪念性、标志性的建筑物，两座高大的阙可界定出位于它们之间的大门，城阙还可以登临瞭望，因此也有把"阙"称为"观"的（图3-8）。

19　圩即墟，是在农村的一种起源于集市的小型商业建筑群。开平一带圩市出现在宋、元时期，到清朝先后出现了波罗圩等36个圩市，民国时期又陆续出现茅冈圩等20个圩市。

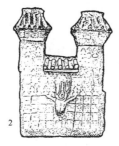

图3-8 "坞壁阙"（引自《中国建筑艺术史》，文物出版社，1999）

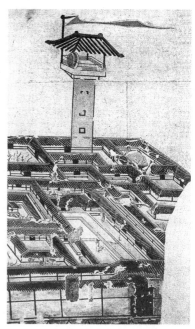

图3-9 河北安平汉墓壁画中的望楼（引自《中国建筑艺术史》，文物出版社，1999）

西汉以后，随着构架式的楼阁技术不断发展完善，望楼比较广泛的出现在邬堡(邬壁)庄园及军事营寨中，可以说是碉楼的早期形式。虽然已经没有实物遗存，但是望楼的形象常出现在汉代的明器、壁画及画像砖之中（图3-9）。

开平碉楼中的更楼是个广义的概念，泛指村落中或村落附近起守卫了望作用，夜间打更的更楼；在高地上修建的，眺望更广域的范围，在数个村落联防体系中起预警和联系作用的灯楼；建在村落入口处起预警及防御作用的门楼（闸楼）。在现存2019座开平碉楼中，更楼有173座。

（1）更楼

更楼，一般建于村子外围，或选择村口，或选择高地，或扼守交通要道、水路要冲。一般由一个或几个村子集资兴建，派更夫、乡勇驻守，眺望匪情，为乡亲报信。在开平更楼出现较早，道光《开平县志》"诸图"中出现的几种类似碉楼的建筑物都有可能是本地更楼的前身，现存建造于清朝后期的早期开平碉楼中，绝大部分都是更楼。

而在近代开平碉楼中赤坎镇的南楼与北楼（图3-10、图3-11）便是典型的更楼实例。

赤坎镇的南楼和北楼，分别扼守深堤洲两侧水道，保卫司徒氏族各乡安全

图3-10　开平市赤坎镇南楼（2004年）　　　图3-11　开平市赤坎镇北楼（2004年）

（图3-12）。赤坎司徒家族所办侨刊——《教伦月刊》1936年6月号载"南北楼建
立缘始"中称：

"民国后，四邑土匪蜂起，以深堤州附近四邻，当水陆之冲，伏莽尤众，司徒
族人以匪患迫近眉睫，因乘时亟谋防盗自卫……集众会议，以深堤州四面环海❷，
决定于洲之南面腾蛟地方司徒昭武将军祠旁，建一碉楼，名曰南楼，以控制三埠
通赤坎水道，由于本洲北面龙海口地方，建一碉楼，名曰北楼，以控制楼冈泥海
口赤坎一带水道，各置团防若干名，驻楼防守，议既决，即捐资兴建，两楼均于
民国二年建立，以故当时台开附近各乡，深受匪患，独深堤州司徒四乡，安度无
惊，一时腾蛟防之名，亦为远近所称誉。"

（2）灯楼

灯楼，其实是近代由建在村外山冈之上的更楼发展而来，从楼上可眺望更远
的范围。楼内驻守乡勇，为附近各乡提供预警和联络的功能。因为自民国后，随
着技术的发展，这类碉楼上安装了探照灯和为其供应电力的发电机，以增强其侦
查、预警的能力。因此俗称为"灯楼"。

《茅冈❷月刊》1948年4月号"提倡重建茅丛岭碉楼"一文记载：

"本乡于民国初年，因匪氛披猖，闾里不宁，古自民十一后，各村侨胞，为
保护家乡巩固自安起见，咸纷纷建筑碉楼，添置枪械，守望相助，厉行清乡，有
乡内贤达联络华侨，酿资❷建一碉楼于茅丛岭只巅，配有探照灯，夜间遣派团勇
看守，裨益于乡间治安极大。"

20　五邑人将江河较大的水面称为海。
21　茅冈，在现在的开平百合镇。
22　即筹资。

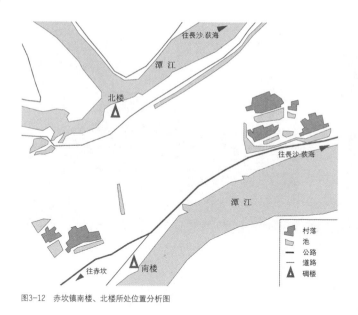

图3-12　赤坎镇南楼、北楼所处位置分析图

　　由此可以看出早年建造灯楼保护乡村治安的作用。

　　塘口镇的方氏灯楼（图3-13）是这类更楼的典型。它位于开平市塘口镇塘口圩北面的山坡上，由今天的宅群、强亚两村的方氏家族于民国九年（1920年）共同集资兴建，原名"古溪楼"，以方氏家族聚居的古宅地名和原来流经楼旁的小河命名，该楼楼高5层，钢筋混凝土结构，3层以下为驻守此楼的乡勇食宿之处，4层为挑台敞廊，第5层为西洋式穹窿顶的小亭，楼内配备值班预警的发电机、探照灯、报警器、枪械等，是典型的灯楼。该楼选址极佳，四周视野开阔，历史上为古宅乡的方氏民众防备北面马冈一带的土匪袭击起到了积极的预警防卫作用。

　　（3）门楼（闸楼）

　　在开平各村的村口处通常设有门闸，这种布局在中国传统村落中比较常见，有的地方设门楼，有的地方设牌坊。开平地区因为匪患严重，许多门闸被建造成坚固的碉楼形式，俗称为门楼或闸楼。门楼的出现应该是受到城郭的敌楼形式影响，在城郭的大门处设置敌楼在中国乃至世界各处都有广泛的例子（图3-14）。开平村落的门楼与当时村落的围墙及其他碉楼形成一个完整的防御体系（图3-15）。第二章所提及的大沙镇大塘村迎龙楼就是一座早期门楼的实例。

　　《教伦月刊》1932年7月号"贼过装枪"一文中对门楼的修建及使用做了详细地描述："沙洲回龙里教伦楼、自七月初午夜发生劫掠案后、该村人士、召集会议、讨论治安善后问题、昨定于夏历8月13日围村、每家献出一人担任工作、余

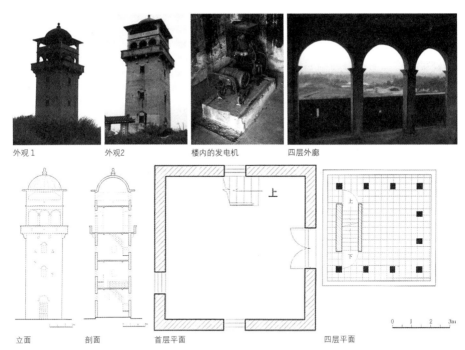

外观1   外观2   楼内的发电机   四层外廊

立面   剖面   首层平面   四层平面

图3-13　开平市塘口镇方氏灯楼（照片摄于2002年，测绘图来自国家文物局，申报文化遗产：开平碉楼，中国大百科全书出版社，2001）

图3-14　波兰克拉科夫城的佛罗里亚斯卡门楼间（引自　日本建筑学会，「空間要素　世界の建築·都市デザイン」第80页）

图3-15　开平市月山镇桥头中和村门楼（2004年）

如建筑闸楼、概招工投充……约需万元、除向各户口科出外、其不敷之处、由该村善心华侨借垫、务须完竣工程、并公定看更二名、每月给回公金、夜间逡巡打更、以免疏忽云。"

开平地区的村落一般于村前两侧设有入口，一部分村落于其中临近主要道路一侧设门楼；而更多的村落都建有两座门楼，对称布置，但是两座楼的造型却往往并不完全相同。

3.2.2 众楼

（1）关于众楼

众楼又称众人楼，由全村人或几户村民集资共建，为危难时众人临时御匪避灾之用，故称众楼。同时，部分众楼还担负着一定的更楼作用。众楼在开平历史上出现较早，现存建造最早的碉楼三门里迎龙楼就是一座早期的众楼，众楼在早期开平碉楼中也是一种主要的类型。

在功能上，开平早期的众楼与赣南，粤中的客家村落中独立建造的公共碉楼有很多相似之处，此外，也与晋陕堡寨中的一些公共碉楼功能十分接近，第一章所述山西皇城河山楼即是个十分相似的例子。

从建筑外观上，众楼的体量通常比较庞大，外形封闭、简单，主要突出其防御功能，简单、经济、有效的解决大量村民的公共防御与避难需求。

近代众楼发生了一些变化，从外观上，楼层建得更高，较多采用钢筋混凝土材料和比较简单的西洋风格样式（图3-16）。

从内部空间来看，有许多近代众楼都采用了设许多单间的布局，以适应被采用较多的入股集资或各人认购房间的建造方式。一般各层平面基本一致，每层分为若干房间，有的楼内还设有公共厨房、厕所甚至水井，以适应众多家庭同时避难的要求。

众楼的集资方式很多，主要有各人入股，村民均摊费用及楼建好后各人认购房间等方式。在普查的许多访谈中我

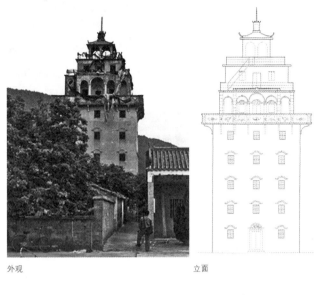

外观 立面

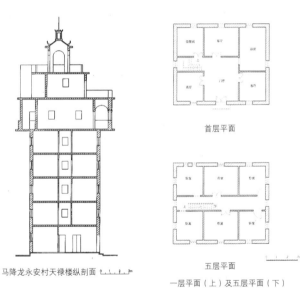

马降龙永安村天禄楼纵剖面

首层平面

五层平面

一层平面（上）及五层平面（下）

图3-16 开平市百合镇马降龙永安村的众楼——天禄楼（照片摄于2004年，测绘图来自国家文物局，申报文化遗产：开平碉楼，中国大百科全书出版社，2001）

们了解到，众楼在使用时，一旦遇上匪情，村中乡民就会躲进楼中，出资建楼的人家可以享受较好的位置，比如可以住在事先认购好的房间内；而没有出钱或出钱少的人家到时只能挤在顶层或楼梯间、过道等其他公共空间避难。

（2）众楼“广安楼”与《横安里广创建安楼小序》

塘口镇横安里广安楼是一座非常典型的众楼（图3-17），2004年普查小组在进行田野普查时，在开平塘口镇横安里建于1921年的广安楼中发现了一本《横安里创建广安楼小序》（图3-18），对此楼的建立原因、集资方式、分配办法及使用中的注意事项都有详细地说明，是现代人了解当年众楼的兴建与使用难得的文字资料，特录于下：

草坪洞横安里创建广安楼小序

盖自催符遍地，遐迩俱属狼烽，荆棘满途，日夜成鹤唳，官无能，捕拥盗，贼愈见猖狂。或则掠物劫财，其害人又浅，或则护人毙命其村又深，噫，惨无天日矣。斯时也，若欲迁居港澳难久居即使寄住市里只能暂住，处境为斯棘手设法以图安身独是欲避虎狼，何须彼适乐土。果求又惊难犬全在倡建岑楼燕厦难支一木，爰集里千少长，族内豪雄，分解蚨囊，认来巨股，助兴骏业。同此倾心构成宏大规模，托福星而广庇。立有公平条款亦甘愿以永行尊是为序。

图3-17　开平市塘口镇横安里广安楼（2004年）

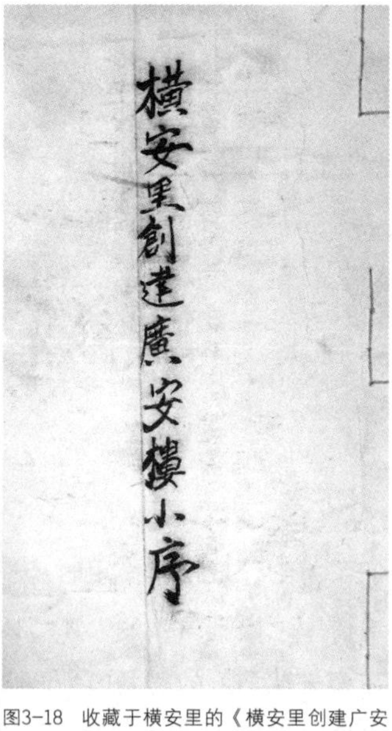

横安里創建廣安樓小序

图3-18　收藏于横安里的《横安里创建广安楼小序》

一，楼名拟称广安楼

一，说合股而建，良瑞各占二股；良深各占三股；良业各占二股；梁簪各占三股；良祺各占一股；良亿各占一股；良燃各占一股；良启各占一股；良君各占一股；良灼各占一股；显善各占一股；显强各占一股；显永各占一股；每股奉银____百____十____元整，得住房一间，房位由拈阄而定，以免争论。

一，楼之大门其钥匙论一千由股内人轮流管理，每日早晨六点钟始开楼门，午后六点钟即闭楼门，凡楼内住眷要早为预储应时而到以便出入不得借口事繁至有先到后到之弊。若地方上遇有大乱楼门启闭宜变更时刻则股友会议改定某时为限预先布告俾得执行也。

一，黑夜之间楼门既已紧闭无论何人到来叩门不准再开以免外匪乘机涌入

一，楼内公物私物宜彼协力互相看视倘有暗中窃去，一经当场捉获或事后查出有证据即召集股友商议罚款用物而足以示惩戒。

一，故内阁由县虽良民完一日后有流为匪党各位股友为清内匪起见得以集议筹款储巨款遵照前日认愿价承顶证匪楼份逊出外也。

一，各所占楼份原为万代基业或有别故致将股出售要先向股内人等各不称买方得卖出股外者，倘若故意卖过匪手以为累本楼而各位股友亦不得执理指据免至落匪手，如卖公证人亦不干涉也。

一，楼宜用重修或续置各物及各项杂费所资款盖由各位股友自派科合以照公允。

一，股友之兄弟亲朋有欲到来寄宿者要查证人果系品格端正方能准入内以免匪人籍端混进

一，楼内同居务要和谐勿得吵闹至于出入则相有守望则相助以成自治之行模。

一，抄小序及章程十三卷分交股友各执一卷日后储查存据

一，本楼股内有房出卖不得卖他别家外人乃系本家子信祖子孙方能入首，要本楼股份集众酌议，要寻各方端正妥当。

一，楼倘有风吹横祸勒____之事，须要股份爱集订要向他理论，倘若如有股份之人引外匪入室掠去财物须要为偿倍另罚革除先字布告

一，楼外四围地方，任从通行不得生端籍口，北边至良君之竹头系广安楼永远管业。

秉笔人：

民国十年旧历六月二十日横安里广安楼倡建者老等公订

总共眷房十九间共耗银五千三百零五元整，本楼乃将房一间同良君换地，实十八间房共来银五千零五十五元整，大四层，西北房一间银二百七十元整

出入楼门须要谨慎各人自谅，良亿领仅门口走龙锁匙二条，如有失漏不干本楼之事各人自理。

（3）特殊的众楼——附属于学校的碉楼

除了乡民集体避难用的众楼之外，在近代众楼中还有一种比较特殊的类型，就是学校或用于办学的祠堂所属的众楼，或用作私塾的碉楼，当地常称之为"碉楼学校"。

从清末开始，西方思想和文化逐步传入，使得当地人对于教育事业尤其关注，很多村镇都设立了学校，清末及民国时期，不少村落也开始利用原有祠堂办学，这些用于兴学的祠堂通常被命名为书室或家塾。

由于地方治安不靖，学校也常常成为土匪袭击的主要目标，开平县志和各种侨刊中多处记述了土匪袭击学校绑架师生索取赎金的惨案。为了维持学校的正常运转，保证师生的生命安全，各校纷纷筹建碉楼。

《厚山❷月刊》1925年10月号中"筹建绍宪碉楼之近况"一条载：

"绍宪学校之校舍，系原珪祖祠改建，因在村外，员生为避贼起见，莫敢在校寄宿，故管理设施不无窒碍，是以筹建碉楼，择定楼址在原珪祖祠后便空地，拟定楼高连顶项5层，楼阔三丈六尺，深二丈六尺，预算用款18000元，除在兴学会提支基本定金4000元外，余均募捐及报主，现时外洋昆仲捐款付汇者已有多起，亦已购备石仔约30万斤　　即可开工建筑云。"

各学校的碉楼中有的用作师生宿舍，如赤坎石溪学校旭庐，芦阳学校芦阳楼（图3-19）等；有的则当作教学楼使用，如金鸡镇大同学校（图3-20）、礼林学校（图3-21）等。因为内部空间要充作教室，因此这一类碉楼占地面积很大，层高也较一般碉楼为高，同时采用大窗以满足采光需要。因此常采用由钢筋混凝土柱梁支撑的框架结构。从外形上看则显得简洁而气派，带有公共建筑的特点。这些碉楼通常在主要立面高处制作宽大匾额书写楼名。这些特点在其他开平碉楼中是不多见的。

① 冠英楼

冠英楼（图3-22）坐落于赤水镇冲口圩，是一座建设年代较早的属于学校的碉楼，它旧时附属于当地的康文书院。康文书院建于光绪二十一年（1895年），光绪二十七年（1901年）科举制被废除，赤水籍海外华侨集资改建康文书院，命名为冠英高等学校，兴建高5层碉楼——冠英楼，作为教学楼。当时，远至东山，象栏，尖冈，牛汰等地的学生就读。

② 像吉楼

塘口镇强亚学校的碉楼——像吉楼，附属于当时作为强亚小学校的"九二方公祠"。现存的该公祠和碉楼是附近的自力村归侨方广方、方广朝于民国十三年（1924

---

23 厚山，在现在的开平百合镇。

图3-19 开平市赤坎镇芦阳学校芦阳楼（2004年）

图3-20 开平市金鸡镇大同学校碉楼（梁锦桥摄影，2004年）

图3-21 开平市金鸡镇礼林学校碉楼（梁锦桥摄影，2004年）

图3-22 开平市赤水镇冲口圩冠英楼（梁锦桥摄影，2004年）

年）主持创建的，二人在广州荔湾区和平中路87号买下铺面出租，租金用来负担部分建造强亚小学校校舍费用，碉楼——像吉楼是学校的宿舍和避难所，而碉楼前的公祠平日用作教室。值得一提的是，公祠前牌匾上"九二方公祠"几个字是曾任中华民国大总统的徐世昌题写的，据说是强亚籍华侨托人付钱请他题写的。❷

　　像吉楼位于学校后部，平面长方形，高5层，钢筋混凝土框架结构，四层正面为开敞的由柱间拱券构成的外廊，四角设有西方中世纪城堡中常见的圆柱形带有

24　根据2004年4月17日，对塘口镇强亚村委会祖宅村时年83岁老人方明杰的采访整理而成。

图3-23　开平市塘口镇强亚学校的"九二方公祠"与像吉楼（2004年）

　　小攒尖顶的悬挑角堡，这种角堡被当地人俗称为"燕子窝"❷。五层四面设可凭栏眺望的露台，屋顶为四坡屋顶，铺绿色琉璃瓦（图3-23）。

　　③ 宝树楼

　　坐落在塘口镇潭溪圩潭溪学校的碉楼——宝树楼（图3-24），附属于作为潭溪学校校舍的荣山公祠。原来的荣山公祠何时始建、现已无法确定。1920年荣山公裔各房长者，目睹祖祠年久失修，多处崩塌，济明、济众等❷ 八十多位宗长发起倡议，重修荣山宗祠，开办学校，增建宝树楼，保护本乡安全。济众出任总理，温圣、永瑜、永佩、美璋、汝纶、维炽、日瑞，维铭为协理。济众负责测量绘图、佑圣督理工程，本地民工建造。各房长者及倡议诸公当众决定，将用于奖励考取功名之书田与花红一律取消，转为修祠兴学之用。不足部分由华侨及众族人赞助。这一决定、族人拥护、积极捐资支持。1921年冬，荣山大宗祠、宝树楼两项工程竣工。1922年春，荣山公祠开办学校，定名广仁学校，十多年后又更名为潭溪学校。广仁学校开办起，宝树楼即用作师生宿舍，当时广仁学校有学生三佰多人，家长为了自己的孩子安全、基本选择在校住宿。

　　1922年12月，土塘贼首胡南、吴金仔等带领二百余人白天潜伏于赤坎圩，

25　燕子窝，详见下一章有关说明。
26　因潭溪一带为"谢"姓聚居区域，荣山公祠为谢氏公祠，因此此处人名如无特殊注明，均省略了"谢"姓姓氏。

晚上涌入开平一中、掳校长胡均及学生二十三人，途中被乡团发现堵截，赤坎鹰村、宝树楼、企谭堡碉楼三处探照灯互相配合照射，贼匪无处隐匿，各乡团合力堵截，生擒土匪十一人，校长胡均及多数学生获救，贼匪伏法，人心大快。各乡乡民和获救家属出钱购买金猪、美酒慰问各乡团和三座碉楼控制探照灯的勇士，并鸣炮和燃放炮竹庆贺。从此，鹰村、宝树楼、企谭堡碉楼声威大展，贼匪从此不敢犯境，潭溪附近和相邻各乡得以安宁，不少外姓学童也入广仁学校就读。❷

宝树楼长方形平面，高四层，钢筋混凝土框架结构，体量比开平一般的碉楼要大。有趣的是，该楼采用了类似伊斯兰清真寺的风格，四角建有清真寺光塔般的高塔，过去用于设置探照灯以在夜间监视匪情，屋顶采用类似拜占庭风格的盔顶样式，在开平碉楼中显得非常特别。

图3-24 开平市塘口镇潭溪学校和学校的碉楼——宝树楼（2004年）

27 根据2004年4月28日对时任《潭溪月报》编辑及作为塘口镇潭溪地方历史研究者与宝树楼管理者之一的谢敏驯老人的采访，及2004年5月谢敏驯老人提供的文字材料整理。文字材料根据荣山大宗祠碑记、开平县志、民国十一年拾月"潭溪广仁学校之报告与求助"、一九三六年六月"潭溪校刊"、潭溪月报复刊第八期、第十八期以及"宝树凌云"等记录、整理。

3.2.3 铺楼

铺楼是店铺的附属建筑，起到防卫的作用，相当于用于存放店铺中的贵重物品的保险库。这种碉楼通常为近代经营金融信贷、典当、金银首饰等行业的店铺所有。铺楼相对其他碉楼外观更为封闭，着重强调其防卫性能。铺楼相对于众楼与更楼，在开平地区出现较晚，一般分布于市镇、圩市。过去学者并没有特别注意这一类碉楼，随着本次普查的深入进行，我们发现开平的几个镇都有此类碉楼，这种类型的碉楼比较特殊，从功能上归于其他三类碉楼都相当牵强，因此笔者认为铺楼应该作为单独的一类碉楼。类似功能的碉楼在江门五邑地区之外的珠江三角洲的广州、澳门地区也有分布，如广州中山八路的押楼，澳门的连升大按碉楼及德成按碉楼[28]。当铺所拥有的碉楼在广东各地一般被称为押楼。

前文提到，19世纪末开始，由于华侨务工、经商所在各国的长期的排华，对华人歧视，因此当时开平的华侨大部分都会将自己的积蓄带回或寄回家乡投资置地建房，改善家人生活。因此，开平地区的金融业很早就十分发达，除了一般的银号之外，其他如当铺、首饰店等资金比较雄厚的店铺很多也兼有汇兑、找换等金融业务。于是这些平日流通着大量资金的店铺也很自然的成为土匪抢劫的重要目标，为了保护自家店铺及店内财产，店铺的主人便在铺内建筑碉楼，晚间由店内伙计驻楼内看守。同时，建有碉楼的店铺会被认为比较保险，从而容易获得更多的生意。赤坎镇关氏侨刊《光裕月刊》1930年1月号上就登载了一则赤坎"汇通祥记银号"的广告：

"本银号经营银业、金饰、汇兑、找换生意，接理侨胞书信银两，交收快捷，荷蒙各界见信用特意加奋勉将铺改建并筑碉楼以期巩固而广招来纸。"

铺楼通常由店铺主人出资或是由各股东集资建立，都位于较大的圩市之中，建在铺面的后部。铺楼大多高6 7层，造型都比较简单，没有什么过多的装饰，外形非常封闭，窗少而小，非常强调防御性。同时高耸的碉楼在圩镇中也比较突出，成为这些店铺招揽生意的广告。

位于赤水镇赤居村委会圩市中的同益押碉楼（图3-25），大约建于1910年，建楼人司徒达佑先生一直在当地开押铺（当铺），因为经常有贼人来抢劫，便在押铺的后面建了碉楼，并每晚都请专门的保安员值更，曾多次击退过前来打劫的贼人。这座碉楼高6层，钢筋混凝土建造，传统中式硬山屋顶。碉楼的防御性极强，门、窗都开口很小，每层设有10个枪眼，顶层西北和东南角还各建有一个"燕子窝"。该碉楼的东、西、南三面都匾额，竖向书写"同义押"三字，带有一定的商业建筑的特点。碉楼的一层现在还遗存有钢筋混凝土制造的储金柜，位

---

28 广州中山八路的押楼与澳门德成大按碉楼图片参见第1章，第23页。

图3-25　开平市赤水镇同益押碉楼（2004年）　图3-26　开平市赤坎镇上埠宝幸楼（2004年）

置非常隐秘。

另外，民国时期，赤坎镇有九家当铺，数量居全开平各镇之首。据开平碉楼办公室张健文先生回忆说："其父曾经租借过今上埠堤西路40、41号当铺（图3-26），铺面有铺设了麻石的当台，高愈两米，上面开有铁窗，设有铁丝防护网，典押品从铁窗进出，编号后存入后面的仓库。仓库是一座高五层的钢筋混凝土结构碉楼，内外墙用麻石砌筑，有的地方墙芯还夹有钢板，防弹防火，门口既矮又窄，并设有木枕、铁门和铁闸防护。"❷

开平现存的铺楼，有的直接用店铺名字命名，如"同益押""和兴押"，有的则使用其他寓意招财进宝的词语命名如"万宝成"。

3.2.4　居楼

居楼是在近代，由富有人家（多数是华侨家庭）独资兴建的，以避贼为主，兼有居住功能，保护其自身生命及财产的建筑。相对于众楼与更楼，开平地区的居楼出现较晚，具体出现时间尚无法详考，基本是在清光绪年间美、加、澳等地颁布排华法令及清政府废除了禁海令之后，华侨大规模合法返乡置业的情况下出现的，根据现存碉楼的普查结果可推测在19世纪90年代或20世纪00年代出现的，而真正形成建设高潮则是在民国初年。

《里讴华侨往美史话》讲述当时塘口镇"安荣里周荣遵归家，建一座堡垒式

29　参见参考文献［33］第63页。

的钢筋水泥石屎大楼防贼，墙厚一尺多，为塘口区华侨建楼先声。" ❸⓪

由于在防御的同时，居楼也具有一定的居住功能，因此与更楼、众楼和铺楼相比，居楼通常在平面与功能方面更接近于开平传统的三间两廊式民居❸❶ 建筑，多采用正面三开间布局，在顶层正中一般设有祭祀祖先的神龛。

普查中已知现存2019座碉楼中，居楼的数量占了1274座，远远超过其他几种碉楼，由于居楼属富裕人家的私有财产，因此兴建时投资相对充裕，一方面大量运用钢筋混凝土等近代的材料和技术，另一方面，造型也争奇斗艳，外观更加华丽，更多地反映出外来文化的影响。由于居楼的数量众多，更集中地体现了侨乡受到海外显著影响的近代文化，并且这种防御兼居住的功能也是在汉民族传统碉楼中十分罕见的，因此在今天，居楼的形象更吸引人，从某种程度上成为开平碉楼的典型代表。

塘口镇自立村的铭石楼是开平居楼中的典型代表（图3-27）。

铭石楼坐落在塘口镇强亚自立村，钢筋混凝土结构，高5层，顶层正面为开敞的连续拱券外廊，四角均设有"燕子窝"。屋顶作为眺望用的露台，露台正中建有一座六角攒尖的琉璃瓦屋顶洋风小亭。另外，碉楼四周修建有院墙，正面沿院墙修建有一座附属用房。

根据记载有修建铭石楼支出款项的账簿推定，铭石楼始建于1925年10月，至1927年10月竣工。修建铭石楼的是旅美华侨方润文家族。方润文生于1878年，早年赴美谋生，开过餐馆，之后经商致富，1948年底在美国病逝，遗体运回家乡下葬。

方润文修建铭石楼的来龙去脉多已无从考证，据其后人介绍仅可知其楼内房间的分配情况：

首层正中为厅堂，入门右侧为米粮杂物间，左侧一间可能是夫人吴氏（1937年去世）卧房；二层右大房为方润文的大儿子方广仁夫妇卧房；三层右大房为方润文的二儿子方广仲夫妇卧房，四层右大房为方润文的姜杨氏住房（注：方广仁、方广仲后来也赴美谋生）。

3.3 近代开平碉楼材料和结构的发展

早期开平碉楼采用传统的砖木、石木、夯土加木结构等，而到了近代，多数碉楼开始采用钢筋混凝土结构。一来华侨相对雄厚的财力使得他们可以支付这些价格昂贵的建筑材料；二来开平地区的建筑行业的不断发展壮大使得当地工匠

---

30 参见参考文献[49]。
31 三间两廊式民居，参见本章第五节相关部分。

外观　　　　　　　　　　　　外观

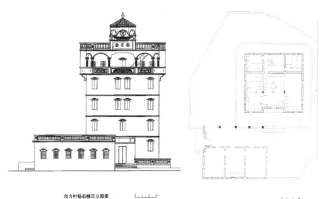

自力村铭石楼正立面图

立面　　　　　　　　　　　　首层平面

首层堂屋　　　　　　　　　　卧室

厨房　　　　　　　　　顶层祭祀祖先的场所

图3-27　开平市塘口镇自立村铭石楼（照片摄于2004年，测绘图来自国家文物局，申报文化
　　　　遗产：开平碉楼，中国大百科全书出版社，2001）

可以比较熟练的建造钢筋混凝土造碉楼；另外，这类碉楼坚固安全、外观新颖，比较符合归侨的心理及实际需要。由于施工技术的成熟碉楼的楼层也明显有所增加，普遍在4~6层左右，最高的碉楼达到了9层。

3.3.1 按建筑材料的分类

开平碉楼按主要承重结构的材料来分有以下几种：夯土造碉楼、石造碉楼、砖造碉楼、钢筋混凝土造碉楼。

3.3.1.1 夯土造碉楼

土是人们最早使用的建筑材料。在中国，新石器时代仰韶文化的淮安青莲岗遗址的文化层中，发现当时经人工夯打过的"居住面"，是我国最早的夯土；西安半坡遗址中，竖穴已有土墙痕迹。但这两处采用的是堆积的方法，还没有采用版筑技术。商汤时期（公元前17世纪）的都城亳（河南偃师）的夯土台基经过两次筑成（上为红夯土、下为花夯土），可算作我国目前发现的最早的一项巨大夯土工程。同时，商代在居住房屋方面也运用了夯土版筑技术。

夯土是开平一带建造房屋的一项传统技术，也是建造开平碉楼的传统技术之一，是在我国古代夯土技术基础上发展起来的。

建碉楼用土主要用黄泥、白石灰、砂以及红糖（据说有的还加糯米汁），按比例混合拌成。用两块厚木板作模板固定墙壁位置，将拌好的混合黄泥均匀倒入，用木椿夯实。夯土墙体碉楼一般高三至五层，厚约五十公分，夯筑时比较费工。筑楼的泥要和稻草搅拌后均匀后沤一年的时间以增加其黏性，其间还要经常翻动搅拌，以防出现板结。普查中许多老人介绍，当地普遍用水牛的踩踏来帮助搅拌筑楼用泥。开平当地多将此种碉楼称为"泥楼"或"黄泥楼"，其中现存夯土造碉楼中已知建造时间最早的一座为位于现在龙胜镇横巷村的西管子楼（图3-28），该楼据考始建于1881年，是村里的众楼，现在楼高四层，下面三层是夯土原构，最高一层为1916年用青砖加建。虽经一百年左右风雨侵蚀，目前仍有129座夯土造碉楼遗存下来。其中，百合镇虾边村适庐建造得比较精美，是近代开平夯土碉楼中比较有特色的（图3-29）。

另外，开平当地民间使用土坯砖的实例也很普遍，据当地老乡介绍，过去也有碉楼使用土坯砖作建筑材料，但普查中没有发现现存实例，仅在大沙镇发现部分石造碉楼，在局部使用土坯砖的实例。

3.3.1.2 石造碉楼

据普查结果统计，目前开平现存石造碉楼13座，全部分布在大沙镇的低山丘陵地区。这些现存的石造碉楼最早建造于民国初年，大多建造于20世纪二三十年代。

图3-28　开平市龙胜镇横巷村西管子碉楼的外观及夯土墙细部（2004年）

图3-29　开平市百合镇虾边村适庐碉楼的外观及夯土墙细部（2002年）

　　大沙镇石造碉楼的墙体采用天然石块自由垒放，石块之间填土粘接；或自由码放碎石，表面抹较厚的一层灰砂或水泥面层。这些石造碉楼的墙体一般都在40厘米以上。

　　石造碉楼建造时间通常比较早，外部造型都十分简单，内部各层设木梁板，屋顶为中国传统样式（或悬山顶或硬山顶），楼身上有的在个别部位作灰塑装饰。

　　大沙镇竹连塘村的两座碉楼竹称楼（图3-30）与竹连楼（图3-31）是比较典型的石造碉楼。

　　另外，如果将视野扩展到整个五邑范围，如今在台山县沿海地区，也遗存有由加工规则的石材砌筑而成的石楼（图3-32）。虽然普查中没有在开平发现这种石块砌筑碉楼的现存实例，但据当地乡民回忆，民国《开平县志》中所记载的寨楼即是一座由花岗岩块石砌筑的碉楼。寨楼虽经改建，但20世纪80年代才被最后

图3-30 开平市大沙镇竹连塘村竹称楼（2002年）

图3-31 开平市大沙镇竹连塘村竹称楼（2002年）

图3-32 台山市白石镇的石冈碉楼（引自《台山碉楼》
　　　 2002年）

拆毁，当地人的回忆应该是可信的，也就是至少说明开平也曾拥有由加工规则的石块砌筑的碉楼。

3.3.1.3 砖造碉楼

砖也是最早的人工建筑材料，从已知的实物看，中国的铺地砖在西周（约公元前11世纪—前771年）已产生，空心砖及条砖出现于战国（公元前475年—前221年）。最早的砖砌墙体的实例为河南新郑县战国时期的冶炼通气井井壁、陕西临潼秦始皇陵陶俑坑中的一段壁体。

在开平，用于墙体砌筑的砖有以下几种。

（1）明代大红砖造碉楼

据考证始建于十六世纪中叶的迎龙楼原构部分完全采用明代烧制的大红砖[32] 砌筑，红砖规格约为33厘米×15厘米×8厘米，远远大于近代工业规格的红砖砖块的质地很不均匀,有明显的分层（图3-33）。

由于在中国，建设中大量应用红砖是在近代由西洋传入工业化生产红砖的技术之后的事，目前中国现存砖造古建筑几乎都是用青砖建造的，很难找到古代遗存下来的完全用红砖建造的建筑实例。因此笔者认为迎龙楼使用的这种红砖在研究中国砖造建筑的历史方面很有意义，其建造的年代甚至要早于荷兰人最初在中国台湾地区建造的红砖建筑热兰遮堡（Fort Zeelandia）[33] （1624年，图3-34）。另外，笔者在江西省龙南县太平桥发现了极为相似的大红砖，不同的是，建于明朝正德年间（1506—1521年）的太平桥并非完全由红砖建造，而是用红砖间杂青砖建造的[34] 。稍早于迎龙楼始建的年代[35] 。

---

32 事实上，红砖和青砖烧制的过程只是最后一步不一样。青砖烧制后需乘热从窑顶加入水，水与碳反应生成还原性气体氢气和一氧化碳，氢气和一氧化碳将黏土中的三价铁还原为二价铁，使砖呈现为青色。而红砖在烧制时不加入水，所以显现出三价铁的红色。也就是说烧制红砖比青砖更简单。但普遍上，青砖质地更加紧密，在古代中国的青砖烧制技术已经达到较高的水准。

33 1624年，荷兰人（荷兰是在欧洲使用近代工业规格化砖来修建建筑较早的国家）在中国台湾地区使用红砖建造了的热兰遮堡，之后红砖造建筑陆续在台湾发展起来，开始是荷兰人修建的建筑，之后本地人也开始使用红砖建造城楼、店铺、祠堂、民居等建筑，和台湾距离与文化都接近的福建至今也有许多各类用途的红砖建筑遗存。在大陆，直接采用外国导入的近代技术制红砖修建的建筑出现在何时无法考证，较早的实例有1890年竣工的镇江英国领事馆。

34 由于烧制青砖要求比较高，如果各种条件不完备，最后的氧化过程不充分，也会生产出呈红色的砖。因此，在中国古代建筑中，青砖中杂有红砖的情况是有的。笔者推测太平桥砖壁青砖间杂红砖也是由于上述原因。

35 参见本文第51页相关论述。

图3-33　开平市赤坎镇三门里迎龙楼及使用大红砖的墙体细部（2002年）　图3-34　台湾热兰遮堡遗迹（出自《台湾历史图说》）

（2）青砖造碉楼

清末，开平百足尾、楼岗两地均有烧制青砖的行业，尤以楼岗青砖最为著名。楼岗砖窑设在平岗、马山至黄冲口一带，其青砖比东莞青砖略小，规格约为23厘米×7.8厘米×5厘米，砖体棱角分明，整齐美观，光泽良好，质地坚硬。1931年统计，开平有砖窑近40座[36]。

开平早期碉楼中，青砖是最普遍的砌筑承重墙材料，确信建于19世纪60年代的大沙镇大塘村迎龙楼便是开平现存最早的青砖建造的碉楼。到了近代，青砖造碉楼在当时所建碉楼中所占比例逐渐缩小，建造方法也有所改进，比如很多碉楼在青砖墙体砌筑时，都在两层砖墙中间浇筑混凝土，从而增强墙体的强度。早期的青砖碉楼一般架设木梁、木楼板，但到了近代也有不少青砖碉楼采用架设工字钢梁、钢筋混凝土楼板的做法（图3-35）。

据本次普查结果统计，目前开平现存青砖造碉楼246座。

（3）近代红砖造碉楼

据普查结果显示，在开平承重墙主体为近代红砖砌筑的碉楼有3座。其中估计于1934年前后所建的水口镇黎村东元村红楼为清水红砖外墙（图3-36）、而龙胜镇官渡兴隆村位英楼以及赤坎镇东和村树德学校楼（图3-37）采用红砖墙体外面作混凝土抹灰的手法。

36　参见参考文献［5］卷六·舆地下，第14页。

图3-35 开平市赤坎镇东坑下村居安楼（2004年）

图3-36 开平市水口镇黎村东元村红楼（梁锦桥摄影，2004年）

图3-37 开平赤坎镇东和村树德学校楼及墙体细部（2004年）

3.3.1.4 钢筋混凝土造碉楼

在当地俗称"石屎楼",又称"石米楼""士敏土楼"。

在开平,由于普查中大部分碉楼的建造年代得不到有力证实,因此最早使用钢筋混凝土建造的碉楼究竟出现于何时无法判定,普查结果显示大致是始于19世纪80年代左右。而钢筋混凝土被大量应用于碉楼的建设中,则是始于20世纪初。即使是在20世纪初,在中国农村建造钢筋混凝土建筑也是具有非同寻常的意义的。因为,在当时,用钢筋混凝土建造房屋即使在上海、广州这样的大城市也非常罕见。笔者尚无从查证中国最早使用钢筋混凝土的建筑始于何时。但国内比较早应用钢筋混凝土技术建造的建筑,如创建于1883年的上海自来水厂与1892年的湖北枪炮厂当时也才是刚刚出现,是稀罕的事物。[37] 即使是世界范围内,一般认为是1867年巴黎的造园家莫尼埃(Joseph Monier,1823—1906)发明了钢筋混凝土技术;法国建筑家佩里(August Perret,1874—1954)在1903年才建成世界上第一座全钢筋混凝土公寓建筑;而钢筋混凝土的科学的配置、搅拌技术则是到了1910年代才被确立起来。[38]

建造碉楼用的混凝土由水泥、石灰和卵石搅拌而成,由于当时当地工匠技术水平有限,混凝土的搅拌很不均匀。普查中了解到,早期建楼用的水泥多由英国进口(因水泥价值不高,长途运输又较困难,故笔者认为当时用的水泥应是英国公司出品,在距离开平较近的东南亚等地生产的产品[39]),因此当地人以对英国人的俗称"红毛"将水泥俗称为"红毛泥"(图3-38)。

钢筋混凝土造碉楼采用工字钢梁的较多,也有部分采用钢筋混凝土梁,钢筋混凝土楼板架设在承重墙与梁上,偶尔有梁跨度较大的会辅以承重柱支撑,平面面积更大的碉楼也有采用钢筋混凝土框架结构的。有少部分较小的碉楼为节省资金,外墙采用钢筋混凝土浇筑,而内部采用木梁、木楼板。钢筋一般多配于楼板内,偶尔也被配于外墙,通常配置相当随意,稀疏不一,显然未经过受力计算,基本只起到构造作用。

不少钢筋混凝土碉楼为节约混凝土,外墙采用较薄的混凝土墙内部紧贴着混凝土砌一匹砖。

钢筋混凝土碉楼的内隔墙、顶层的栏杆、"燕子窝"等非承重构造物通常用青砖砌筑,再在外面抹灰。

据普查结果统计,目前开平现存钢筋混凝土楼1636座,占碉楼的绝大部分。

---

37 参见参考文献 [14] 第346页。
38 参见参考文献 [16] 第128页。
39 参见本书第五章相关论述。

图3-38 开平市蚬冈镇联灯村联登楼（2004年）

3.3.2 不同建筑材料碉楼的分布特点

为了使读者一目了然，笔者将现存四大类材料的碉楼在开平的分布情况制成示意图（图3-39）。

开平现存夯土造碉楼129座，一般分布在丘陵地带。另外，现存这种下半部为夯土墙，上部为砖墙的碉楼在大沙镇、龙胜镇、沙冈镇、马冈镇等处有零星分布，这种碉楼通常是在原有较低矮的夯土碉楼基础上后期增建砖砌楼层的情况。

现存石造碉楼共13座，全部分布在大沙镇。

现存砖造碉楼最多的是月山镇，基本上以月山镇为分布中心，以至相邻的鹤山市址山镇一带也分布着许多砖造碉楼。

3.4 近代开平碉楼样式的发展

早期开平碉楼的样式与建筑风格大多比较简单朴素，与当地普通民居建筑的风格相似。到了近代，各种外来的建筑样式及装饰开始出现在开平碉楼中，根据楼主和建设者的经验与喜好自由的杂糅，使得开平碉楼的样式与风格非常丰富多彩。

3.4.1 近代开平碉楼丰富的样式

长期以来的建筑历史研究者，已经习惯于将所看到的建筑按照不同的样式类别进行分类，把建筑的样式构建到一套制度体系中去。

而在对开平碉楼的研究中，开平碉楼这种建筑给研究者们出了一个难题。相

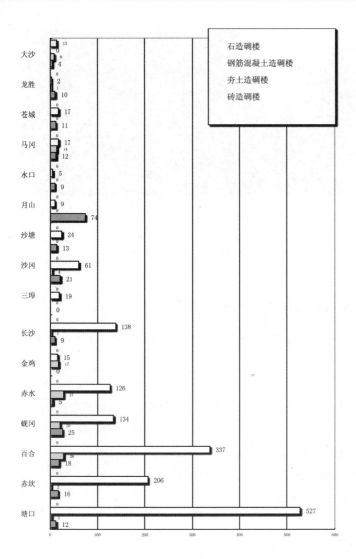

图3-39　开平市各镇不同建筑材料碉楼数量比较

对于训练有素的建筑师设计的经典建筑而言，开平碉楼这
种大多由民间工匠设计建造的防御性建筑，其类型是如此
的多样。从建筑样式上讲，多数碉楼都无法被划入教科书
中经典建筑样式的范畴中。它们的设计是如此的随意，更
多的带有业主的喜好的影响或带有工匠的个人风格，在继
承地方建筑传统文化和样式的同时，更多地引入外国的建
筑样式，将属于不同地域、不同文化、不同风格的元素随

意的拼贴，营造出所谓"中西合璧"的折衷主义风格，甚至在建筑学专业人士看起来"不伦不类"。以至我们在普查准备阶段制作调查表时，不敢贸然直接对开平碉楼按照建筑样式进行分类，而是将建筑的元素与装饰的样式分别用复项选择的方法进行登记。最后，在整个开平碉楼调查全部结束之后，作为建筑历史研究者的笔者，觉得有必要对开平碉楼的样式进行一个大致的分类，有利于对开平碉楼有兴趣的人更好地去了解它们。

在对所调查的开平约2000座碉楼宏观地进行分析与比较的基础上，笔者根据各座碉楼在建筑形态上表现出来的主要特征，试将开平碉楼在样式上分为六大类，在早期只有单一的地方传统式，到地方传统式得到延续与发展，而且又新出现了近代炮楼式、近代别墅式、外廊式、穹顶（攒尖顶）式、复合式五类样式为主的各种样式。

3.4.1.1 地方传统式

顾名思义，这是延续了地方传统建筑形态❹ 的碉楼样式，外观的特征集中体现在其屋顶的形式上，主要采用岭南民居传统的两坡屋顶：或为三角形硬山墙、或为卷棚屋顶、锅耳形硬山墙，也有在顶部四周设女儿墙，将两坡屋顶围于其中的（图3-40）。

早期开平碉楼基本都属于这种类型（图3-41）。这些地方传统式碉楼与贵州屯堡碉楼、陕晋庄园堡寨碉楼、客家的碉楼、川中地主庄园碉楼等在样式上和功能作用上都十分相近，它们都属于中国传统乡土建筑的范畴，只是开平的这些碉楼带有更浓郁的岭南传统乡土建筑风格（图3-42）。而到了近代，开平依然有不少碉楼继续采用地方传统样式，其原因有楼主或工匠的喜好及地域风尚等原因，但是近代的地方传统样式碉楼也已经潜移默化的受到来自西方的影响，在一些局部采用外来的装饰及近代的材料与技术。如金鸡镇寿传村五联楼的主体为传统的夯土材料筑成，采用传统硬山屋顶，但是其正面顶部正中却加了一个中国传统建筑中所没有的类似西方古典建筑顶部山花的装饰构件；顶部的挑台也采用了部分近代的钢筋混凝土材料（图3-43）。

地方传统式碉楼在建造材料上主要采用砖、夯土、垒石与木梁架、瓦屋面相结合，砖木造的地方传统样式碉楼广泛分布在开平各镇，在开平东部月山镇及水口镇等处有集中分布；夯土建造的则广泛分布于各镇，在赤水镇、金鸡镇、大沙镇、马冈镇、蚬冈镇、百合镇等低山丘陵地带有较多分布；石造的则集中分布在大沙镇低山丘陵地区。

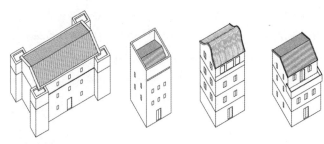

图3-40 地方传统样式碉楼示意

图3-41 开平市马冈镇马冈圩的水楼
（2004年）

图3-42 开平市大沙镇黎塘村的奎光阁楼（2004年）

图3-43 金鸡镇寿传村五联楼（梁锦桥摄影，2004年）

3.4.1.2 近代炮楼式

这是近代开平碉楼中一种相对最简单的样式，与地方传统式碉楼相近，其基本形式，类似于中国人一般知识中的炮楼。而与地方传统式碉楼相区别的是，这类碉楼不再采用传统的坡屋顶，要么采用更加简单的平顶形式，要么则模仿西方外来的建筑样式，并且在材料上大多数采用钢筋混凝土这种近代建筑材料。根据以上的特点，笔者将这类碉楼称为"近代炮楼式"。近代炮楼式碉楼是开平碉楼中数量较多的样式类型，更楼、众楼、铺楼多采用这种样式，另外也有不少由追求经济、实用的私人楼主建造的这种类型的居楼。这种样式的碉楼通常从楼身到楼顶部造型都比较简单，只在墙面、门窗、山花的装饰，及燕子窝的形态上有所变化（图3-44 图3-47）。

3.4.1.3 近代别墅式

这种类型的碉楼出现较晚，大约在20世纪二三十年代兴盛起来。近代别墅式碉楼在强调建筑防御性的同时，比较突出其居住的舒适性，即与其他碉楼相比，通常层数不太高，其各层平面面积通常更大，采光与通风更好，空间相对更开放（图3-48）。它与开平现存另一种主要近代建筑形式——"庐"（当地现存数量比碉楼更多的洋楼式近代别墅建筑，图3-49、图3-50）比较相近。而与"庐"相区别的是，通常别墅式碉楼相对"庐"更强调防御性，即楼层更高，外维护结构更加坚固、封闭，通常还设有"燕子窝"等构造物用以增强其防御能力（图3-51）。别墅式碉楼主要分布在开平市中部平原地区。从出现时间上来讲，近代别墅式碉楼整体上出现较晚。从建筑材料上主要采用钢筋混凝土或砖墙加钢筋混凝土梁板。

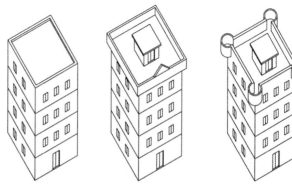

图3-44 近代炮楼样式碉楼示意

110

图3-45　开平塘口镇古巷楼（更楼）（2004年）　　图3-46　开平塘口镇安然楼（众楼）（2004年）　　图3-47　开平赤坎镇西隆押碉楼
（2004年）

3.4.1.4　外廊式

这类碉楼在近代炮楼式碉楼基本形式的基础上，于上部的一面或者数面设置外廊[41]空间。在开平碉楼的建造中采用外廊空间的历史至少可以追溯到19世纪90年代，建于光绪二十年（1894年）现存长沙儒林南村的红门楼应该是开平早期采用外廊样式的碉楼的实例之一（图3-52、图3-53）。到了20世纪初，特别是20世纪二三十年代，外廊式碉楼变得非常普遍，与近代炮楼式碉楼共同构成开平现存碉楼的主要形式。其广泛分布于开平市全境，中心部平原地区分布更为集中。以塘口镇、百合镇、赤坎镇为中心的平原地区分布的碉楼多采用连续拱券的外廊，而在今天长沙、沙冈街道办事处一带则集中分布着采用平拱外廊的碉楼。

许多别墅式碉楼以及少部分地方传统式碉楼也采用外廊样式，但它们均拥有各自显著的特点，与大多数外廊式碉楼相区别。简单说来，就是别墅式碉楼是比较接近"庐"的碉楼，强调居住的舒适性，相对比较开放；而外廊式碉楼则是在简单炮楼式碉楼的基础上，增加一个有外廊的上层部分，相对比较细高。

3.4.1.5　穹顶（攒尖顶）式

这种碉楼的特征是在近代炮楼式碉楼基础上，顶部中央建有穹顶（包括盔顶）或攒尖顶，或者在碉楼顶部设有较大的瞭望亭，瞭望亭的顶部为穹顶（盔顶）或攒尖顶（图3-54　图3-56）。

除了采用罗马、拜占庭、伊斯兰风格的顶部结构，也有部分碉楼采用中国古

41　外廊（Veranda）是指建筑外墙前附加的自由空间，外廊样式（Veranda Style）是广泛分布于东、南亚洲的近代建筑形式，也是中国近代建筑最初的样式。参见参考文献[44]。

图3-48　近代别墅样式碉楼示意

图3-49　近代别墅式碉楼——赤坎镇五龙沃秀村翰庐（2004年）

图3-50　开平赤坎镇仁庆村的"庐"（2004年）

图3-51　开平蚬冈镇石江村煜庐（2004年）

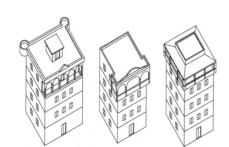

图3-52 外廊样式碉楼示意

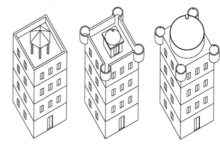

图3-54 穹顶（攒尖顶）样式碉楼示意

图3-53 开平市长沙镇儒林南村红门楼
（梁锦桥摄影，2005年）

图3-55 开平市蚬冈镇蚬北龙汰村
真奕楼（2004年）

图3-56 开平市长沙乙南村慈乐楼
（2005年）

典的攒尖顶形式，甚至有采用琉璃瓦的仿北方官式攒尖顶的做法，但由于北方官式风格并非开平当地传统的普遍形式，相对于整栋碉楼的主体而言，也并不是主导的风格，因此笔者认为它们也不应该归为地方传统式碉楼，而应属于攒尖顶式碉楼。

另外许多碉楼在其"燕子窝"顶部采用穹顶或者攒尖顶形式，这种局部、次要部位的特征也不作为是否属于穹顶（攒尖顶）式碉楼的判定标准。

3.4.1.6 复合式碉楼

此类碉楼是简单外廊式与穹顶（攒尖顶）式碉楼的复合体，既在上部结构采用外廊样式，同时也在其顶部中央建有穹顶、盔顶或攒尖顶。此类碉楼通常是富裕人家所建的居楼，高大精美，成为楼主具有丰厚经济实力，光宗耀祖的象征。复合式碉楼主要分布于开平中部平原地区，特别以蚬岗镇的平原各乡最为多见（图3-57 图3-59）。

3.4.1.7 其他样式

如塘口镇样式接近伊斯兰清真寺样式或说接近拜占庭样式的碉楼——宝树楼（图3-60），以及由风水楼等演变而来的多边形（大于四边）平面碉楼（图3-61、图3-62）。

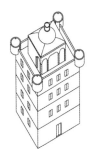

图3-57 复合样式碉楼示意

图3-58 开平市蚬冈镇锦宝村芳寄庐　　图3-59 开平市沙冈镇东溪村辉蓉楼（左）与郭睦楼
　　　　（2004年）　　　　　　　　　　　　　　（右）（梁锦桥摄影，2005年）

图3-60 开平市塘口镇潭溪圩宝树楼（2004年）

此外许多碉楼在基本样式类型的基础上，与低层民居建筑相结合，构成独特的裙式碉楼（图3-63~图3-65）。

3.4.2　开平碉楼各部位的样式

开平碉楼的样式千变万化，前文虽然将其概括成主要的六种样式，但在其中每种样式之中，不同部位又有不同的造型和装饰，而且同一座碉楼其各部分的装饰风格又往往不尽相同，而且完全由楼主及建楼者喜好而定，不拘泥于中、西或建筑史

图3-61　开平市赤水镇龙冈村六角亭碉楼　　图3-62　开平市月山镇荣图村八角更楼
　　　　（2004年）　　　　　　　　　　　　　　　（2004年）

图3-63　开平市赤坎镇编溪里村渥畴楼（2004年）　图3-64　开平市马冈镇陂头咀村接龙楼（2004年）　图3-65　开平市马冈镇烟堂村
　　兼善楼（2004年）

中各种风格流派的限制。这就使得开平碉楼的样式存在无穷的变化，像万花筒，稍稍一转，就又是另一幅画面。

　　笔者将高耸的碉楼上的造型构件和各种装饰分屋顶，燕子窝，外廊和柱式，外壁，大门，壁画、楹联及匾额这几部分来论述。试图通过这些论述，从样式的变化无穷中抓出几条主线。

开平市塘口镇中成村迪光楼

开平市塘口镇自力村（梁锦桥摄影）

3.4.2.1 屋顶

屋顶部分是开平碉楼中相当显著的部分，具有很强的标志性，因此楼主也喜欢利用屋顶的造型来显示自己的财富和与众不同。

屋顶的主要形式有地方传统的两坡屋顶、平顶、穹顶（盔顶）和攒尖顶，许多碉楼的屋顶平台上还另建有瞭望亭或楼梯间的顶层出口等建筑物，进一步丰富了碉楼的天际线。

① 传统的两坡屋顶

硬山，例如，月山大湾村西门楼；锅耳，例如，月山南阳村门楼；五花山，例如，大沙保安楼；波浪形山墙，例如，大沙全文楼。

② 平屋顶

平屋顶，例如，赤坎高咀村永昌楼；连续两层平屋顶，例如，赤坎红溪七星楼；有轻微坡度的平屋顶（主要分布于长沙、三埠、沙冈等地区），例如，长沙八一履安楼。

③ 穹顶和攒尖顶

穹顶，例如，蚬冈龙汰村真奕楼；半穹顶，例如，蚬冈龙汰村安和楼；攒尖顶（四边形平面），例如，赤水大同村翼云楼；攒尖顶（圆形平面），例如，赤坎雁湖村近竹轩；攒尖顶（中国传统样式），例如，蚬冈余头村孔怀楼。

④ 展望亭和展望台

展望亭，例如，蚬冈南兴村美南楼；展望台，例如，长沙南溪村众人楼。

⑤ 山花

三角形，例如，塘口永安楼；类三拱式，例如，苍城图南楼；类伯内特式，例如，塘口得宏安居；半圆形，例如，长沙树仁楼；与传统图案结合，例如，赤坎近竹轩，中国传统的代表吉祥的蝙蝠造型与三角形山花巧妙地结合，例如，塘口梵珩居庐，中国的吉祥结图案与山花结合。

⑥ 胸墙

胸墙主要以百合镇为中心分布，例如，百合光准楼与森庐。

⑦ 其他

旗竿，例如，百合璇景楼；雕塑，例如，赤坎定就书室顶部岭南地区传统的狮子形象圆雕；牌楼，赤水庚居楼；其他装饰，塘口横安村广安楼，村中许多人曾在印度做工，因此用印度风格的火焰形装饰装饰在碉楼顶部。

3.4.2.2 "燕子窝"

在普查中发现，在现存2019座碉楼中，拥有"燕子窝"这种构造的就有1016座。开平碉楼中的燕子窝一开始纯粹为防御而设置，到开平碉楼的兴盛期，其组合与造型越来越丰富，成为整个碉楼的装饰上一个重要的活泼元素。

① 传统的两坡屋顶

硬山

锅耳

五花山

波浪形山墙

② 平屋顶

平屋顶

连续两层平屋顶

有轻微坡度的平屋顶

③ 穹顶和攒尖顶

穹顶

半穹顶

攒尖顶（四边形平面）

攒尖顶（圆形平面）

攒尖顶（中国传统样式）

④ 展望亭和展望台　　　　　⑤ 山花

展望亭

展望台

三角形

类三拱式

类伯内特式

半圆形

与传统图案结合

与传统图案结合

⑥ 胸墙　　　⑦ 其他

胸墙

旗竿

雕塑

牌楼

其他装饰

圆形（三埠荻海中和炮楼）　方形　菱形（塘口南安村同忆楼）　八边形（水口东安楼）

切角方形
（塘口龙美村绪传楼）　六边形（塘口永隆里楼）　扇形（塘口国兴碉楼）　三角形（长沙镇昌楼）

圆角的三角形（龙胜黄氏楼）　复合式　半圆（角部的墙面）
（百合稳庐）　半圆（墙面）（长沙耀龙楼）

长方形（墙面）（塘口东西安村卫安楼）　梯形（墙面）（塘口亲义楼）　其他（塘口能耀楼）

"燕子窝"不同样式分析

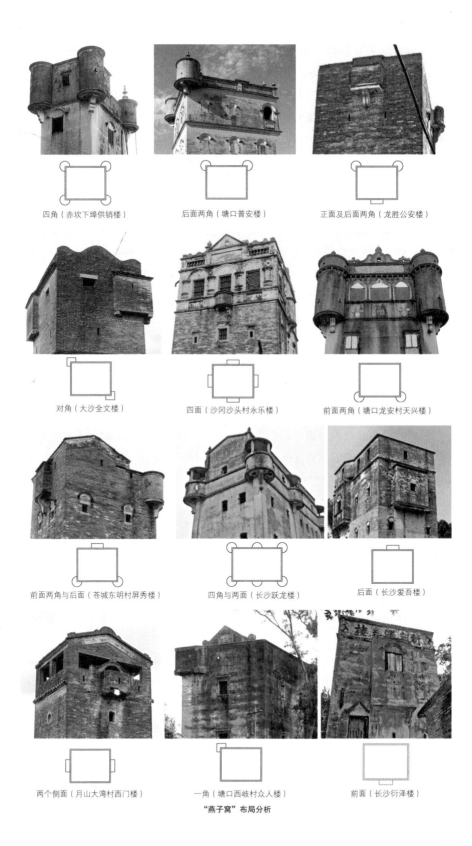

四角（赤坎下埠供销楼）　　　　后面两角（塘口普安楼）　　　　正面及后面两角（龙胜公安楼）

对角（大沙全文楼）　　　　四面（沙冈沙头村永乐楼）　　　　前面两角（塘口龙安村天兴楼）

前面两角与后面（苍城东明村屏秀楼）　　四角与两面（长沙跃龙楼）　　后面（长沙爱吾楼）

两个侧面（月山大湾村西门楼）　　一角（塘口西岐村众人楼）　　前面（长沙衍泽楼）

"燕子窝"布局分析

燕子窝的平面形式有圆形、扇形、方形、切角方形、三角形、抹圆角三角形、六边形和其他多边形等许多形式。

燕子窝的整体造型，从最初非常简单的方盒子或其他几何体模样，发展到变化多样的形式。在气派、豪华的近代碉楼上，特别热衷将燕子窝的造型建成中世纪欧洲古堡的侧堡与角堡模样，这样可以使整个碉楼看起来更具有异域风格。还有一些碉楼的燕子窝，与碉楼上层的结构进行组合，带有壁柱等装饰，或结合在外廊体系中，形式更加多变和丰富。

燕子窝的位置组合上，也可根据使用和造型的需要，随意组合。燕子窝设置在角部的（即角堡）情况较多，有位于四角的，有位于正面两角或背面两角的，也有位于对角两角的；此外也有位于墙面的燕子窝（即侧堡），侧堡的分布也比较随意，侧堡的组合中比较常见的是在碉楼的正面两角设角堡，背面设侧堡的组合。

3.4.2.3 外廊、柱式和拱券

外廊是近代开平碉楼常用的形式，根据此次普查的统计，现存开平碉楼中，设有外廊的碉楼达到1073座，占开平碉楼总数的53％。大多数开平碉楼的外廊都被设在碉楼上部悬挑出的一两层结构上。外廊是东亚、东南亚近代建筑中出现较早，也比较常见的形式。在开平碉楼中，具有轻巧、开放感的外廊的运用，成为相对封闭的碉楼建筑中一个活泼而富于变化的元素。

外廊的设置，既有一面外廊，也有正反两面外廊和四面外廊。外廊的设置，也常常与燕子窝的设置结合在一次，形成一个连续的整体。有的碉楼在上部连续两层都设置外廊，还有个别的碉楼，其正面设有从地面一直到上部的多层外廊。

构成外廊的元素，有栏板、柱子和拱券。

出于防御上安全性的考虑，开平碉楼外廊的栏板基本都是密闭的实体形式，很少采用栏杆。在密闭的栏板上通常还开有射击孔，栏板外侧上也常常装饰有几何纹样，花草纹样或传统的吉祥图案。

柱子一般采用圆柱，多数柱头和柱础采用圆形或方形的简单样式，但也有相当一部分比较讲究的碉楼采用模仿爱奥尼或科林斯样式的柱头。

外廊中拱券样式的变化比较多，从罗马风格的饱满圆拱、哥特风格的叶形尖券、伊斯兰风格的火焰券、到三角形尖拱、三心拱、多心拱或简单的平拱。外廊中这些拱券组合方式，基本上是中间对称的构图。比较常见的是以下三种组合：一种是采用跨度、形式都相同的连续拱券；一种是正中的一跨较大，而两侧各跨跨度相同，比较通常的做法是中间一跨采用靠近两侧柱子的位置抹角的平拱，两侧各跨均采用圆拱；另一种也是采用中间对称，但两边各跨组合相对自由，跨度和拱券形式都可以不同。而在长沙、沙冈一带，集中分布有大量采用平拱形外廊的碉楼。

由于大多数碉楼的设计者只是一般的民间泥水匠人或普通乡民，因此在建筑

外廊的位置和拱券的组合方式

相同的连续拱券

中间对称的分组拱券

间隔变化的连续拱券

单面外廊

双面外廊

四面外廊

连续两层设置外廊

连续多层设置外廊

仿爱奥尼式

仿科林斯式之一

仿科林斯式之二

仿多立克式

半圆拱券

扁平拱券

尖拱券

伊斯兰式拱券

花瓣式拱券

异形拱券

平拱券

123

史研究者看来，许多的柱式和拱券都不符合经典的西方古典建筑的样式，甚至比例非常滑稽。但同时这也形成碉楼不拘一格、富于戏剧性的表现形式。

（1）外廊

外廊的拱券组合方式。① 相同的连续拱券，例如，塘口寿田楼；② 中间对称的分组拱券，例如，塘口雅庐；③ 变化的连续拱券，例如，蚬冈瑞石楼。

外廊的位置。① 单面外廊，例如，塘口亲义楼；② 双面外廊，例如，马冈北兴楼；③ 四面外廊，例如，塘口岭南寄庐；④ 连续两层设置外廊，例如，塘口兰亭别墅；⑤ 连续多层外廊，例如，塘口深赖升平楼。

（2）柱式

① 仿爱奥尼式，例如，赤坎仁为美楼；② 仿科林斯式1，例如，赤水楼芸楼；③ 仿科林斯式2，例如，赤坎濂石居庐；④ 仿多立克式，例如，赤坎披云耕月楼。

（3）拱券

① 半圆拱券，例如，塘口天禄楼；② 扁平拱券，例如，塘口积庆楼；③ 尖券，例如，塘口东安楼；④ 伊斯兰拱券，例如，塘口普安楼；⑤ 多瓣形花拱券，例如，沙塘棠棣楼；⑥ 异形拱券，例如，龙胜仕介楼；⑦ 平拱，例如，三埠万国宝。

3.4.2.4　外壁——壁柱、腰线、窗

这里的碉楼外壁是指碉楼从首层起，平面尺寸基本一致的各层外壁，是形式较简单，相对比较封闭的部分，与大部分碉楼上部夸张的装饰形成对比。

壁柱　　　　　　　　　　腰线

窗套装饰

因为靠近地面的各层比较容易受到盗匪攻击，因此碉楼的这部分主要追求确保安全的防御能力，在装饰上就比较简单。对于首层来说，比较注重的是大门部分的装饰，下文将单独介绍；首层之外主要的装饰就在于窗户了。出于安全的考虑，碉楼的楼身开窗一般都较小，一般设向外平开的铁窗扇，里面还设栅栏，并没有什么装饰性。因此窗子装饰的重点就在于窗楣和窗套了。窗楣的变化较多，既有简单的平线脚，也有半圆弧、三角的几何形体，再配以蔓草、涡卷、花卉、水果等图案。窗套一般采用几道线脚，其间还可用传统的吉祥图案或西洋风格的图案作装饰。

此外，一些碉楼的外壁会在每层楼板的位置，设一条突出的腰线，打破墙面的单调感；还有在外壁四角作壁柱的做法，增加转角部位的细节，以强调转角的纵向线条。

壁柱，例如，百合璇景楼；腰线，例如，赤坎贺喜楼；窗，例如，塘口永馨居（左）赤坎明德楼（中）蚬冈升峰楼（右）；壁面其他，例如，塘口永馨居。

3.4.2.5 大门

碉楼的大门由于是防御上最重要的一道防线，因此首先强调的是厚实和坚固。开平碉楼的大门尺寸通常比较狭小，用厚实的铁板做门扇。

大多数的公共碉楼和部分普通的居楼，大门比较简单。由于大门也是人们从近处观察碉楼最直接、最频繁的部分，比较讲究碉楼装饰的楼主也多会花费许多

门楣装饰式

门楣及壁柱装饰式

门斗柱廊式

门廊式

入口带装饰性扶手的踏步

心思对大门加以装饰。

开平碉楼开门的方式分为在墙面上直接开门洞，在墙面上设一凹入的门斗而在门斗里面开门洞或在入口处设有门廊等几类形式。

在墙面上直接开门洞一类中，最简单的大门，门洞周围不做任何装饰。另外，多数的碉楼还是会略作装饰，装饰的部位分为门洞上方及两侧。门洞上方的装饰，比较常见的是在门洞上方做一个小型的半圆形灰塑门楣，门楣中有的作传统吉祥图案和文字的浮雕，最常用的题字为"鸿禧"；稍微讲究一些的于门洞上方的墙面，作一个类似古代意大利各豪门家徽的较大型灰塑图案作装饰。门洞两侧的装饰则以对联为主，对联可直接刻于墙上；也可于墙上用水泥砂浆模仿木制的对联牌匾；更加考究的作法是在门洞两侧设置壁柱，在壁柱上刻上对联。

门斗其实是五邑地区传统民居入口常见的形式，门斗有开在碉楼正面的，也有开在侧面的，开在两侧靠前位置的则是最忠实继承传统民居入口形制的一种。门斗的装饰，以门楣上的彩画、浮雕，以及门洞两侧的对联为主，仿意大利家徽式的装饰或传统装饰图案也可被用在门斗上方的墙面上。另外，比较讲究的碉楼还可在门斗外缘设柱以及拱券，形成柱廊式门斗。

比较豪华的碉楼常常在入口外侧设防雨遮阳的门廊，门廊的柱可带有精美的西洋柱式，门廊的踏步也可设置精美的栏杆，或做成巴洛克样式的弧线型阶梯。

3.4.2.6 壁画、楹联及匾额

碉楼的壁画一般都位于入口的门楣处，在上部通向外廊或屋顶平台的出口的门楣有时也绘有壁画。一部分碉楼依然继承了传统民居门楣上的彩画内容，即以传统的花鸟鱼虫、游龙彩凤等传统内容为主题，而大多数的碉楼则形成了以侨乡生活和西洋国家的面貌为主题的新式壁画。

楹联的位置一般也位于入口的两侧或上部外廊、天台出口的两侧，题材非

塘口强庐门楣壁画

塘口国兴碉楼匾额

赤坎仲毫别墅楹联

常丰富，既有像塘口虾潮村群安楼，直接表现对平和安全生活之渴望的"群居自乐，安业同欢"；也有如塘口的淀海楼，表现楼主对中华民国这全新的国家满怀憧憬的"民权可贵，国体光荣"；更有像塘口自立村云幻楼，表现楼主虽偏居乡野，但胸中依然装着大世界之豪情的"云龙风虎际会常怀怎奈壮志莫酬只赢得湖海生涯空山岁月；幻影昙花身世如梦何妨豪情自放无负此阳春烟景大块文章"。而且，值得注意的是，开平碉楼入口处的对联，其上下联的头一个字组合起来，通常正是这座碉楼的名字。

匾额通常都位于碉楼正面顶部（也有不只一面有匾额的），少部分匾额位于正面楼身稍高的位置。顶部设有山花的碉楼，其匾额多在山花下面。匾额一般都以传统的书法大字题写碉楼的楼名（开平碉楼中也有两例以大写罗马字母题写楼名匾额的个例），其中不少也会将碉楼竣工的年代以小字写在边上。

壁画，例如，塘口强庐；对联，例如，赤坎仲毫别墅楹联；匾额，例如，塘口国兴碉楼。

3.4.2.7　色彩

在开平碉楼大量兴建的年代，碉楼的楼身是涂有色彩的，在漫长历史岁月中，经过风吹、雨淋、日晒，这些色彩已经褪去，以至于现在在大多数的碉楼上，如不加注意，很难被发现。色彩的主色调以非常鲜艳的蓝色、黄色、红色及白色为主，也有少量橙色、绿色、粉色等。而在外廊的天棚、柱头、腰线、山花的轮廓等重点部位，还会辅以其他各种装饰性的颜色。在香港、澳门及东南亚各地的近代建筑中，这种给外墙刷上色彩的做法也比较常见。

关于开平碉楼的涂色，还有一个小插曲。抗战时期，开平城乡屡遭日军轰炸，开平人非常担心体量高大、外观华丽的碉楼成为日军飞机攻击目标，1939年的《小海[42] 月刊》中曾写道：

苍城接龙楼山墙彩画

长沙耀居楼檐下彩画

赤坎光裕堂楼身的蓝色粉刷

42　小海，在现在开平赤坎镇。

"抗战以来，敌机频飞我国各处城市，轰炸骚扰，至今犹然，即远处都市外之穷乡僻壤，亦时闻敌机光顾，各乡为预防轰炸起见，特告诫较为壮丽堂皇之高楼大厦所有者，将楼房尽涂保护色，免为敌人轰炸之目标……"

这也许可以解释，为什么我们在普查中发现，时间的冲刷下，有些碉楼外墙上渐渐褪去的一种暗淡色彩里面露出原来的另一种鲜艳色彩的痕迹。

3.5 开平碉楼空间的近代演变

3.5.1 对传统建筑空间的继承

3.5.1.1 "三间两廊"式传统民居

道光三年（1823年）《开平县志·卷三·风俗》中"居处"一段对当时开平民居如下描述：

"盖屋，以瓦横过三间，富厚之家自一进至数进不等。中为厅堂，上起平阁，以奉神祖；两边为房，上皆置平阁，以避水湿；屋内开天窗，以透日光；屋上密排木桁，以防盗贼。庭前三面以瓦为檐，谓之廊；天光下射，如井，谓之天井；置门多于左右廊，不开前垣，其有由前启门，别起围墙环之者，为兜金。"

道光《开平县志》中所描述的传统民居正是现在再开平依然有大量遗存的"三间两廊"式民居。"三间两廊"式是粤中、粤西民居中一种典型三合院式住宅，这种三合院的原型在广州汉墓出土明器中就有发现（图3-66），开平村落中的传统农村住宅基本上都是"三间两廊"式或者其变体。

传统的"三间两廊"式民居采用中国民居中常见的"一明两暗"三开间配置的三合院布局。如道光《开平县志》所述，正房三开间，中间一间是厅堂，设一个局部二层的平阁，二层平阁之上，正中供奉着祭祀祖先的神龛和牌位；边上两间为次间，通常是卧室。与北方三合院住宅不同，"三间两廊"式的布局非常紧凑，次间完全被前面的厢房遮挡；厅堂前两侧布置厢房，被称为"廊"，一般作为厨房和杂物房，两厢也设局部的二层空间，中间围合成两层共享的采光天井（庭院）。住宅入口一般设在"廊"（厢房）两侧，表示"横财顺利"；少数在正面开大门，门外另设相当于照壁的围墙，当地称为"兜金"，风水上说法，用于保住一家的财气不外泻。一般三间正房为硬山屋顶，而正房前面的中庭及"廊"上方为平屋顶，三面围以女儿墙，在中庭上方正中开一个小采光井，一般设有活动的井盖或铁栅用于防盗（图3-67）。

传统的"三间两廊"式民居（图3-68）在空间上有以下一些特点：

① 布局紧凑

"三间两廊"这种三合院式建筑,平面布局非常紧凑，三面房间围合成中庭，

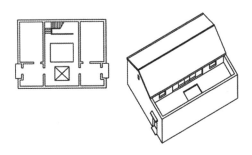

图3-66 传统的"三间两廊"式民居

图3-67 广州汉墓出土的明器(萧默,《中国建筑艺术史》,文物出版社,1999,第221页)

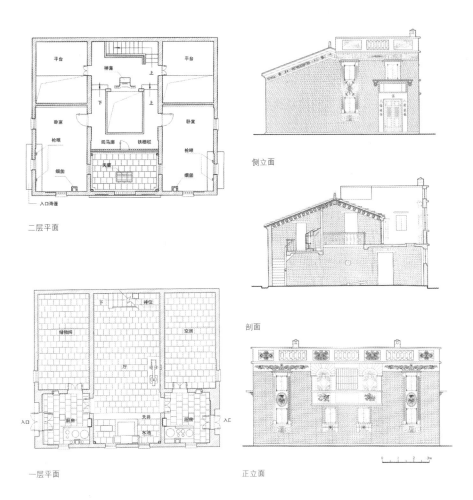

图3-68 开平市塘口镇自力村"三间两廊"式民居测绘图(引自《开平碉楼》申报世界遗产申报书,2002年)

采光井小得更像是一座天窗，与其说是三面房屋围合成为庭院，不如说是在一座房屋里挖出天井来。

② 空间封闭

三面房屋均围绕中庭布置，外墙很少开窗或几乎不开窗，形成完全内向的空间。

③ 防御性强

由于自古以来，本地社会持续动荡，"三间两廊"的住宅，表现出很强的防御性。房屋空间本身非常封闭，外侧基本是不开洞的砖墙。门很小，还设有被称为"横趄龙"的防御性门栅。另外，天井顶部开口也常常设有可开闭的铁栅栏。

④ 与环境相适应

开平地区，冬春季节潮湿，而夏季时间长，大半年都非常燥热，日照强烈。封闭紧凑的布局以及较小、较高的天井有利于减弱日照升温效应，及在天井处产生烟囱效应，降低室内温度。屋内局部的二层空间也可创造相对干燥的环境。

⑤ 模数化、标准化

在开平地区，同一村落的"三间两廊"住宅，通常实施标准化的建造，平面尺寸，尤其是横向总尺寸，是高度一致的，这样就可实现村落规矩的布局。而同时，房屋的建造又依据一定的模数，使平面尺寸的规格化成为可能。"椽距"是开间模数的基本单位，每个"椽距"为一"坑"❸，开间尺寸为瓦"坑"的奇数倍。明间（堂屋）的开间多为15~17"坑"，次间多为13~15"坑"。❹

⑥ 多变的空间组合

虽然"三间两廊"式住宅平面尺寸呈现高度的模数化和标准化。但是，空间变化却很多。在平面上万变不离其宗，唯一的变化是，在三合院基础上，前面可设"倒座"❺，形成四合院式，类似广东省潮汕地区的"四点金"式民居。而在竖向上却可形成各种变体，可根据各户的需要，建造成一层、两层、三层，各部分层高还可形成错落。许多开平村庄各户的宅基地都趋于一致，但各户的形式却几乎各不相同。

3.5.1.2 居楼在空间上对"三间两廊"式的继承

早期的开平碉楼，赤坎三门里迎龙楼的平面保持着与当地传统"三间两廊"式民居中轴对称的三开间传统平面布局的一致性，与普通民居相比，建造上着重增强了防御性：外墙加厚（93厘米）、四角设落地式塔楼（二、三层开射击孔）（图3-69）。

虽然开平碉楼，特别是近代碉楼的外在形式、内部结构与传统的"三间两廊"式住宅相比有了根本的变化，近代碉楼的防御功能也大大加强，但它们的平

---

43 四"坑"约为1米。
44 参见参考文献[19]第112页。
45 倒座，即背靠四合院式建筑的前墙，朝向内庭院的房间。

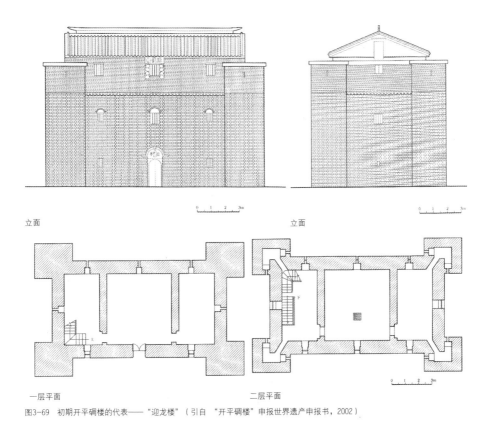

立面　　　　　　　　　　　　　　　　　　　　　立面

一层平面　　　　　　　　　　　　　　　二层平面

图3-69　初期开平碉楼的代表——"迎龙楼"（引自 "开平碉楼"申报世界遗产申报书，2002）

面变化无多。特别是作为近代开平碉楼主体的近代居楼，在空间布局上明显表现出地方民居三开间平面体系的延续。

近代的居楼以锦江里瑞石楼（图3-70）为例。

瑞石楼的平面同迎龙楼相比，虽然首层门厅的面积扩大，占据了明间和一个次间，打破了三间两廊式住宅的传统三开间平面布局，但在二至六层，仍严格遵守三开间的平面布局方式。尽管"三间正房"和作为两厢"两廊"的空间位置发生了互换，但依然在中间的明间设堂屋（厅），两侧的次间设卧室，而厨房，卫生间等次要房屋设于后面的两厢。这也代表了近代居楼普遍的布局方式。而且，无论近代的居楼其顶部造型如何变化，装饰如何华丽，其顶层中央的位置都留给了祭祀祖先的神龛（图3-71）。

3.5.1.3　公共碉楼对传统建筑空间的继承

对于开平碉楼中那些公共碉楼而言，它们在建筑空间上也继承了地方传统建筑的部分特征。

作为现存最古老的一座公众碉楼，建于16世纪中叶的赤坎三门里的迎龙楼

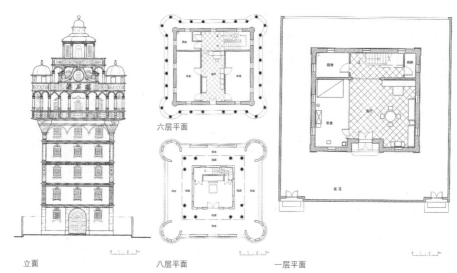

立面 八层平面 一层平面 六层平面

图3-70 近代开平碉楼的代表——"瑞石楼"（引自 "开平碉楼"申报世界遗产申报书，2002）

图3-71 在瑞石楼最高一层中央设置的祭祖空间（2004年）

（迓龙楼）是源于三开间的传统民居的，这种平面布局在近代开平比较大型的众楼中也有不少实例。

而建于19世纪60年代的大沙大塘村迎龙楼则体现着门楼的特征，建筑的首层是一个贯穿楼身的门洞。门楼遍布开平各地村落，在早期应该只是一个象征性的大门，比如一座牌坊，而随着村落防御要求的加强，大门演变成门楼，从空间上，大塘村迎龙楼等早期的门楼与如开平县城这样小型县城的城门楼有着很多相似之处，可以说就是一座小型的城门楼。而近代的门楼虽然在所用建筑材料和样式上有所变化，但空间特征并没有什么改变，只是由于材料的进步，门洞由过去常见的带拱券的门洞改为多采用钢筋混凝土横梁的平顶门洞。

至于开平其他的公众碉楼（更楼、众楼、铺楼），它们的空间形式相对简单，应该是受到明清开平军屯建筑中的碉楼（炮楼或望楼）影响。道光《开平县志》南境图中附属于"汛"的碉楼与村落后面的碉楼应该是其早期形式。

3.5.2　外来新型空间之引入

随着一批又一批走出去务工的华侨回归故乡，逐渐给开平社会各个领域带来深刻的变化，正如民国《开平县志·卷五·方言》中评述外来事务给开平带来的影响，"自洋风四簸，风俗六门有五门有判今昔者。"这种变化也深刻反映在民居领域，其中近代以私家的居楼为代表的开平碉楼以其拔地而起的高耸形态和带有浓郁外洋特征的张扬的建筑风格成为其中的代表，《开平县志》有如下评价，"……居处如几重城一旦为平地，百尺楼四处皆插天之类……"

当时的开平，作为地方新贵阶层的归侨及侨眷对自己的居住建筑有了新的要求，体现在追求居住的舒适性和近代化，表现个人的社会、经济地位，保护自身的生命及财产安全，引领时尚等几个方面。传统的"三间两廊"式民居及公共碉楼，都是结合明清开平地区自然条件、社会习俗和文化传统，对应地方经济低迷、治安恶化和耕地紧张的环境，形成的相对经济地满足居住和防御功能需求的建筑。它们已经无法满足富裕的归侨及侨眷阶层的要求。而开平碉楼一方面在满足其防御功能的基础上，还承担满足楼主对近代生活舒适性的要求，同时表现楼主社会地位的要求之功能。

近代碉楼与以"三间两廊"式为代表的传统民居，在空间上有以下几点显著的变化：

3.5.2.1　高层化

近代开平富裕的华侨阶层并不像中国传统殷富之家那样建造由许多院落组成

的平面展开的大宅，而是选择了碉楼或庐这些高层化的方式。

其一，开平地方人多地少，村落中各户宅基地面积有限，新辟村落可购入的土地面积也十分有限，建造高层的碉楼比建造平面铺开的大宅院现实得多；其二，更高的楼层也提高了碉楼的防御能力；其三，华侨在海外生活多年，华侨及其资金的回归，对开平社会各方面造成深刻地影响，形成崇尚近代化、城市化及西洋风情的社会风气，高大的楼房更能体现新贵阶层的价值观。同时，高层化的布局也创造了采光、通风良好的卫生环境，改变了传统"三间两廊"式住宅"四壁不通风"[46] 的状况（图3-72）。

但事实上，许多居楼的高度早已超出居住或者防御这些使用功能上的需求，位于高层的房间使用不便，长期闲置。

3.5.2.2 开放性空间的广泛引入

在近代碉楼中，引入了一些外来的开放性或半开放性空间形式（图3-73）。比较常见是露台和外廊，也有一些讲究的碉楼顶部会采用凉亭，而另一些会引入门廊空间，阳台在碉楼中比较罕见。

（1）外廊

外廊是指建筑物外墙前附加的自由空间。外廊空间发展自希腊神庙正面开放的列柱空间，逐渐形成一种生活性的半开放型空间，以西方列强在温暖地区的殖民地为中心，在世界范围内有广泛分布。随着1842年《南京条约》的签订，采用

图3-72 开平市赤坎镇草湾村濂石居庐（2004年）

图3-73 开平市蚬冈镇中和村煦庐（2004年）

---

46 参见参考文献［5］"卷五·居处"一段，对旧式的"三间两廊"民居的评价。

外廊样式的建筑就进入了中国大陆，首先出现在广州十三洋行街，从此之后外廊样式也成为中国人心目中洋风建筑的一种代表性形式❸。在开平，近代碉楼、庐及公共建筑中，外廊空间被广泛的采用，采用外廊的碉楼大部分是私家建造的居楼。根据普查的数据可知，采用外廊空间的碉楼多达1073栋。在开平碉楼中，外廊空间一般设于碉楼上部悬挑出来的楼层外侧。半开放的外廊空间，在不损害碉楼安全性的同时，使用者可居高凭栏眺望，同时在气候炎热的开平，外廊也创造了阴凉且通风良好的空间环境。具体的有设置于正面，设置于正面及背面，设置于正面及两侧，设置于四周等几种布局。有的碉楼上部连续两层采用外廊空间。而有的碉楼，其正面从地面层到顶层连续采用外廊空间，这样虽然居住环境更加舒适，但毕竟作为碉楼，其安全性存在重大隐患。

（2）露台

露台是在近代开平碉楼中另一种采用非常广泛的外来空间形式。说它是外来的空间形式，可能许多人会不以为然，但是笔者认为传统的开平乡土建筑，无论是以"三间两廊"式为代表的民居建筑，还是早期的传统碉楼都是采用坡屋顶形式的，即使民居中有小面积平屋顶，也是不上人的。而碉楼上出现可凭栏眺望的露台，是华侨和侨资大规模回乡之后的近代才有的事。在近代碉楼中，露台有的位于上层，作为外廊空间或亭、阁等半开放型空间的延伸；更多的则位于顶层。露台的功能主要是眺望，在遇到攻击时也可以由露台以围栏和"燕子窝"为掩护进行反击。

（3）凉亭

一些比较讲究的碉楼在露台上建造凉亭，凉亭一般采用攒尖式屋顶或穹顶，笔者认为其在功能上并没有太多意义，修建凉亭主要是张显碉楼不一般的样式。

（4）门廊

门廊形式是比较讲究的碉楼对其入口空间的特殊处理。门廊空间的意义在于为出入大门的人遮阳、避雨，而修建漂亮的门廊为相对封闭、单调的碉楼下部创造了一个视觉中心，显示楼主的品位和身份。

（5）阳台

在碉楼楼身上设置阳台非常罕见，阳台空间多出现在更强调居住舒适性的庐之中。

3.5.2.3 近代化生活功能空间的引入

近代，受到当地求新求变的社会风尚的影响，又有新材料、新技术的支持，建筑空间的设计基本摆脱了传统定式的禁锢，同时给继承下来的中轴对称、三开间的空间布局赋予了新的功能（图3-74）。

47 参见参考文献［44］。

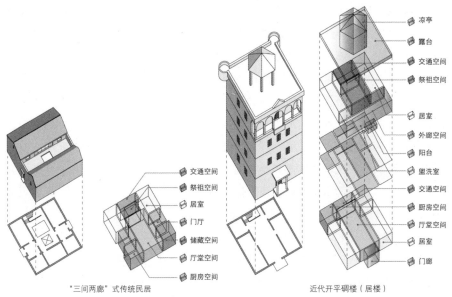

凉亭
露台
交通空间
祭祖空间

居室
外廊空间
阳台
盥洗室
交通空间
厨房空间
厅堂空间
居室
门廊

交通空间
祭祖空间
居室
门厅
储藏空间
厅堂空间
厨房空间

"三间两廊"式传统民居   近代开平碉楼（居楼）

图3-74　近代开平碉楼的空间演变说明（以"三间两廊"式民居和居楼为例）

　　随着海内外人员大规模的不断交流，以华侨、侨眷为主体的新贵阶层对其生活的质量有了新的要求，不再满足于基于传统耕读生活的"三间两廊"式住宅提供的狭小，封闭的空间。而取而代之的是碉楼或庐带来良好采光及空气对流的高层模式，楼的顶部外廊及凉亭等舒适的开放空间。内部空间比较突出的变化是近代化卫生设施空间的引入。中国传统住宅对卫生间的设置向来是不重视的，这种现象从帝王的宫殿到百姓的住宅无一例外，开平地区传统的"三间两廊"民居并没有设置专门的卫生间。而近代开平私家居楼的使用者是在海外生活多年的华侨与他们的家属。明亮、洁净、舒适的卫生间也成为他们享受近代式生活的必然要求。因此我们可以看到，比较豪华一些的碉楼楼内都设有卫生间，有的碉楼甚至在每一层都设卫生间。卫生间内一般都设置带化妆镜的盥洗台，还设有抽水马桶和浴缸等。甚至在一些公共性的众楼内也有设备较简单的公共卫生间。

3.6　结语

　　论文写到这里，有必要对第二章、第三章所论述的从开平碉楼的起源，到早期开平碉楼，到近代开平碉楼的发展和演变作一个总结。

　　（1）时间的参照点

　　现在可考开平碉楼起源的年代是16世纪中叶，即现存赤坎三门里迎龙楼始建的年代；道光三年（1823年）的《开平县志》的"南境图"为早期开平碉楼的研究提供了一定的线索；1890—1900年前后是由早期开平碉楼逐渐发展到近代开平碉楼的时期，从这以后华侨和侨资的大量回归很大程度上改变了开平碉楼的特征，开平碉楼的功能、建造材料、结构、形式、空间等各方面都发生了巨大的变化；近代开平碉楼成熟期是在1920—1930年，开平碉楼的兴建在这一时期达到高峰。

（2）开平碉楼的发展过程（图3-75）

为了追溯开平碉楼的源流，通过现存实物和文献记载，可以考证开平地区明朝及清朝前期存在两种乡土建筑类型——以"三间两廊"式民居为代表的"居住建筑"以及以赤坎三门里迎（迓）龙楼为代表的"公共防御建筑"。

明末清初，开平县建立，政府在开平推行屯兵制度，与之相关的军事防御建筑对开平碉楼的发展有所影响。

到清朝道光年间，当时编写的《开平县志》中的"南境图"向我们揭示了：当时公众碉楼已经存在，如建在图上标明了"沙冈村"的村落后面的细高的碉楼。此外"南境图"中的"汛"和炮台等描绘了屯兵用类似碉楼的军事建筑的形象。

到19世纪六七十年代建造的碉楼，如大塘村迎龙楼（门楼、更楼）、水楼（众楼）、南胜里楼（门楼）这些现存的实物告诉我们，在这个时期公共碉楼的

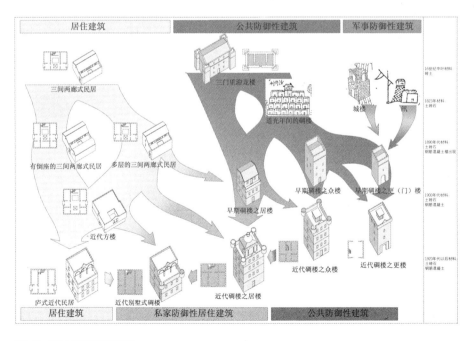

图3-75　开平市碉楼发展过程说明

几种形式（更楼、众楼）已经存在，它们的建筑形式比较朴素，延续地方传统的建筑样式。同一时期，传统的"三间两廊"式民居在其传统的平面基础上，衍生出许多不同的空间类型。

随着光绪之后，返乡华侨与侨资深刻影响了开平社会，包括碉楼在内的侨乡建筑也发生了很大变化。在砖、夯土、石等建筑材料被继续使用的同时，钢筋混凝土材料也被广泛地使用，新型空间形式被引入碉楼与民居建筑中，西洋风格的样式逐渐流行。首先在居住建筑方面，"三间两廊"式民居也开始引入外来的空间与装饰元素，并且以"三间两廊"式民居的各种变形为基础，发展出一种带有一定西洋风格的，平顶的楼房式民居——"方楼"。在碉楼方面，新的社会风尚与新材料的使用使碉楼造得越来越高大，西洋风格成为主流。华侨及侨眷构成的新贵阶层的形成，使得私家建造的居楼开始出现；侨汇的涌入，金融、典当业的兴盛，使得提供保卫店铺重要物品安全的铺楼开始出现。其中居楼的出现，形成了不同于传统的"居住建筑"及"公共防御建筑"的"私家防御性居住建筑"。

20世纪的二三十年代，是近代开平碉楼的成熟时期，这一时期，众楼、更楼（门楼）、铺楼具有了更多的近代特征，更大规模地被建造的则是居楼，居楼在形式上结合了传统碉楼的高耸特征，吸收了"方楼"延续下来的传统"三间两廊"式民居的居住性平面空间特征，并在高层部分广泛引入外来的外廊空间等开放型生活空间，形式上非常重视装饰，采用大量西洋风格的装饰，在建筑材料方面，采用钢筋混凝土建造的碉楼成为主流。几乎与此同时，在"方楼"的基础上，以传统"三间两廊"式的三开间空间体系为蓝本，形成了被称为"庐"的近代洋风别墅建筑。部分碉楼和庐在空间上十分相似，形式上区别也不明显。与庐的空间特征和样式都非常相近的居楼被笔者在样式上定位为别墅式碉楼❹。

参考文献

[1]（清）薛璧. 康熙十二年（1673年）. 开平县志[O].
[2]（清）王文骧. 道光三年（1823年）. 开平县志[O].
[3]（清）开平乡土志[O]. 宣统.
[4]（清）恩平县志[O]. 宣统.
[5] 余棨谋, 吴鼎新, 黄汉光, 张启煌. 民国二十二年刻本（1933年）. 开平县志[M]. 民生印书局.
[6] 赤溪县志[G]. 民国九年（1920年）.
[7] 开平县公署. 1929. 开平县事评论[G].
[8] 开平市地方志办公室. 2002. 开平县志[M]. 北京: 中华书局.
[9] 广东省地方史志编纂委员会. 1996. 广东省志·华侨志[M]. 广州: 广东人民出版社.

48　参见本文前面有关开平碉楼样式的分类。

[10] 台山县方志编纂委员会. 1998. 台山县志[M]. 广州：广东人民出版社.

[11] 江门市人民政府侨务办公室. 1999年. 江门市侨情资料[G].

[12] 开平县城乡建设志编写组. 1992. 开平县城乡建设志[G].

[13] 开平县粮食志编写组. 开平县粮食志[G].

[14] 潘谷西. 2001. 中国建筑史[M]. 第4版. 北京：中国建筑工业出版社.

[15] 铃木博之. 1998. 図説年表西洋建築の様式[M]. 東京：彰国社.

[16] 村松贞次郎. 1976.日本近代建築技术史[M]. 東京：彰国社.

[17] 中国科学院自然科学史研究所. 1985. 中国古代建筑技术史[M]. 北京：科学技术出版社.

[18] 村松伸.1991. 上海都市と建築一八四二———一九四九年[M]. 東京：PARCO出版.

[19] 黄为隽, 尚廓, 南舜薰, 潘家平, 陈瑜. 1992. 闽粤民宅[M]. 天津：天津科学技术出版社.

[20] 陆元鼎, 魏彦钧. 1990. 广东民居[M]. 北京：中国建筑工业出版社.

[21] 张国雄, 梅伟强. 五邑华侨华人史[M]. 广州：广东高等教育出版社, 2001.

[22] 张国雄, 刘兴邦, 张运华, 欧济霖. 1998. 五邑文化源流[M]. 广州：广东高等教育出版社.

[23] 吴玉成. 1996. 广东华侨史话[M]. 北京：世界出版社.

[24] 李春辉, 杨生茂. 1990. 美洲华侨华人史[M]. 北京：东方出版社.

[25] 陈翰笙. 1984. 华侨出国史料汇编[M]. 北京：中华书局.

[26] 龚伯洪. 2003. 广府华侨华人史[M]. 广州：广东高等教育出版社.

[27] 麦礼谦. 1992. 从华侨到华人：20世纪美国华人社会发展史[M]. 香港：三联书店（香港）有限公司.

[28] Dorothy & Thomas Hoobler. 1994. Chinese American-Family Album[M]. New York, USA: Oxford University Press.

[29] Iris Chang. 2003. The Chinese In American : A Narrative History[M]. New York, USA: Penguin Group.

[30] 郑德华. 2003. 广东侨乡建筑文化[M]. 香港：三联书店（香港）有限公司.

[31] 郝时远. 2002. 海外华人研究论集[M]. 北京：中国社会科学出版社.

[32]《开平侨乡文化丛书》编委会. 2001. 碉楼沧桑[M]. 广州：花城出版社.

[33] 张国雄. 2004. 赤坎古镇[M]. 石家庄：河北教育出版社.

[34] 林家劲等. 近代广东侨汇研究[M]. 广州：中山大学出版社,1999.

[35] 成露西. 1982. 美国华人历史与社会[M]. 华侨论文集. 第2辑. 广州：广东华侨历史学会.

[36] 周婉窈. 1998. 台湾历史图说：史前至一九四五年[M]. 台北：联经出版.

[37] 陈真, 姚洛. 1962. 中国近代工业史资料[M]. 北京：中国三联书店.

[38] 阚延鑫. 2004. 开平碉楼建筑与华侨[M]//中国近代建筑研究与保护（四）. 北京：清华大学出版社：3-16.

[39] 谭金花. 2004. 开平碉楼与民居鼎盛期华侨思想的形成及其对本土文化的影响[M]//中国近代建筑研究与保护（四）. 北京：清华大学出版社：17-42.

[40] 郑濡惠. 2004. 开平碉楼背后及反映的思想文化——论碉楼的"中西合璧"[M]//中国近代建筑研究与保护（四）. 北京：清华大学出版社：43-49.

[41] 李日明, 开平碉楼楼名及楹联文化初探[M]//中国近代建筑研究与保护（四）. 北京：清华大学出版社, 2004：55-64.

[42] 张复合, 钱毅, 杜凡丁. 2004. 从迎龙楼到瑞石楼——广东开平碉楼再考[M]//中国近代建筑研究与保护（四）. 北京：清华大学出版社：65-80.

[43] 张复合, 钱毅, 李冰. 2003. 广东开平碉楼初考——中国近代建筑史中的乡土建筑研究[M]//建筑史. 总第19辑. 北京：机械工业出版社：171-181.

[44] 藤森照信. 1993. 外廊样式——中国近代建筑的原点[M]//第四次中国近代建筑史研究讨论会论文集. 北京：中国建筑工业出版社：21-30.

[45] 杜凡丁. 2005. 广东开平碉楼历史研究[D]. 北京：清华大学建筑学院.

[46] 刘定涛. 2002. 开平碉楼建筑研究[D]. 广州：华南理工大学建筑系.

[47] 陈志华. 2003. 意大利古建筑散记 = Faggio full architettura Italiana[M]. 合肥：安徽教育出版社.

[48] 开平县档案局. 1984. 开平大事记[G]. 一至四卷.

[49] 开平县档案局. 1983. 开平文史[G]. 第十期.

[50] 横安里创建广安楼小序.

[51] 教伦月刊. 1936年6月号.

[52] 教伦月刊. 1932年7月号.

[53] 教伦月刊. 1946年6月号.

[54] 小海月刊. 1939年6月号.

[55] 茅冈月刊. 1948年4月号.

[56] 厚山月刊. 1925年10月号.

[57] 光裕月刊. 1930年1月号.

Defense and Symbolic Function of Kaiping Diaolou

第4章 开平碉楼的防御功能及象征性

在本章，笔者希望论述开平一带为什么有如此大量的碉楼的问题。开平碉楼的建造是与当时地方的社会背景息息相关的。碉楼的形式与结构也是为了满足修建碉楼的特定人群的特殊需要而服务的。这种需要一个是具体的，物理性的，即满足提供给碉楼使用者一个坚固的可以保卫自身安全的建筑。从建于16世纪的瑞云楼的建造原因"籍避社贼之扰"，到近代的塘口横安里建广安楼以"托福星而广庇"都是为了在乱世保得自身安全，建碉楼进行防御。而到了近代，大批华侨和侨资的回乡使得地方上出现了更多新兴的富裕人群。一方面这使得修建碉楼有了更多的资金支持；另一方面这些人长期的努力换来社会地位的骤然提升也需要以某种令人瞩目的形势炫耀一下，于是此时许多碉楼除了基本的防御功能之外，便承载了表现"衣锦还乡"这层意义的象征性。

4.1 开平碉楼的防御功能

4.1.1 防匪——建造开平碉楼的主要目的

4.1.1.1 猖獗的匪患

前文在论述开平碉楼起源、发展的背景中一个贯穿始终的线索就是社会的动乱，特别是猖獗的匪患。清宣统《开平乡土志》在论述开平县立县的迫切要求时，即将匪患列为开平最重要、最严峻的问题，文中写道："非水，非瘴，非兵，非吏，寇为之也。"立县之后经过几次镇压，匪患有所缓解，但始终未能清除，至清末又发生了红巾军起义与土客械斗等大规模流血冲突，生灵涂炭。民国建立之后，百废待兴，匪患却又再度猖獗起来。笔者将从开平碉楼从早期碉楼向近代碉楼转变的清朝光绪年间开始一直到1930年，开平匪患中比较严重的事件进行整理，总结成表4-1。

表4-1

时间	劫匪（匪首）	危害对象	危害地点	危害事项
1886年（光绪十二年）	不详	当铺	楼冈	纵火，死五人
1912年6月（民国元年）	张韶、劳木率数百人	县城	苍城县城	攻陷县城
1912年11月9日	张韶、胡南	楼冈学校	楼冈	掠走学生28人，后用万元赎回
1913年5月	张韶、张有兴	楼冈竹院学校	楼冈	劫走学生18人，教员2人
1913年7月	张韶、张有兴	县城	苍城县城	攻陷县城，掳走县长朱健章
1914年4月	不详		水口	据单水口
1914年6月	朱炳	乡民	棠红乡	纠党徒前人，洗劫棠红乡伐勇丁及乡民27人，掳男女20人，耕牛50余头
1914年8月	不详	乡民	侨尾乡	劫侨尾乡李姓全村，掳幼童20余人
1916年3月	胡南、朱炳	乡民		四出劫掳
1916年4月	不详	乡民、商店	龙胜、棠红	劫龙胜圩，火毁商店数十间、复围劫棠红
1916年6月	岑才（恩平县）	勤善堂		洗劫勤善堂
1916年10月	胡南、朱炳	乡民	四九独冈杨姓村	焚劫四九独冈杨姓村共百余家，掳杀数十人
1916年10月	胡南、邝耀南	乡民	齐塘堡	劫齐塘堡，掳杀黄姓男女数十人，美学校校长黄兰被害
1917年6月	不详	塾师、学生	三区龙蟠村	劫三区龙蟠村，掳塾师及学生十余人
1917年9月	不详	乡民	茅冈礼义庄	洗劫茅冈礼义庄掳去数十人
1919年11月	不详	育英学校	楼冈	劫楼冈育英学校
1920年3月	胡南	乡民	狗臂村	纠集团伙围劫狗臂村
1920年6月	吴金仔	学员及学生	城	匪劫城陷之，掳勤学所员林器及学生数人

时间	劫匪（匪首）	危害对象	危害地点	危害事项
1920年6月	吴庚有	乡民	大沙竹莲塘村	匪劫大沙竹莲塘村
1921年11月	胡南 吴金仔	乡民	赤水洞	洗劫赤水洞
1922年12月	胡南、谭钦 谭洪、吴金仔	学生、校长	开平中学	股匪大劫开平中学掳去学生6人，壮丁截回校长及学生17人，捉谭钦等土匪
1923年9月	不详	乡民	前岭黄、陈、梁姓	匪劫前岭黄、陈、梁三姓，掳去男、妇30余人
1923年10月	不详			匪劫五区黄琪塘村，掳男女30余人
1924年5月	不详	学生、塾师、乡民	城西上湾乡、冲澄三星村	匪劫城西上湾乡掳塾师及学生22人；劫冲澄三星村，掳男女9人，毙1人
1924年6月	不详	乘客	潭碧河道、马冈龙湾渡口	匪劫潭碧河道、马冈龙湾等渡，掳客38人，毙2人
1924年11月	胡南 红咀保	乡民	三区安塘村、马冈圣园村	匪劫三区安塘村，掳男、妇34人，比1人，又劫马冈圣园村，掳男、妇84人，毙7人，掳耕牛70头
1924年12月	不详	乡民	十区谢边村	匪劫十区谢边村，掳男、妇18人
1925年1月	谭洪 谭狗	乡民	海心洲榕树尾村	匪劫海心洲榕树尾村，掳男、妇80余人
1926年7月	不详	乡民	魁冈陈姓新村	匪劫魁冈陈姓新村，掳男、妇19余人，毙2人
1926年10月	不详	乡民	水边居由里、城西上莲塘村	匪劫水边居由里，掳男、妇19人，毙1人，劫城西上莲塘村，掳男、女21人，伤5人
1927年1月	不详	乡民、团警	勤善堡三步水村	匪劫勤善堡三步水村，掳男、女7人，毙1人。匪劫城东牛山村，掳男、女27人，毙2人，团警赴援伤5人，毙1人
1927年3月	不详	乡民	马冈企岭村、匪劫三区黄屋、匪劫三区彭屋	匪劫马冈企岭村，掳男、女17人，毙2人，掳耕牛20余头。匪劫三区黄屋，掳男、妇5人。匪劫三区彭屋，掳男6人
1927年6月	不详	乡民	古宅骑龙马方姓	匪劫古宅骑龙马方姓，掳男、妇20人，毙10余人，焚屋23间
1927年9月	不详	乡民	十区小朗村郭姓	匪劫十区小朗村郭姓，掳去18人
1928年1月	不详	乡民	四九潮阳里	匪劫四九潮阳里，掳男、妇17人
1928年7月	不详	乡民	同安堡太和里	匪劫同安堡太和里，掳幼童6人
1928年8月	不详	乡民	九区西坑村	匪劫九区西坑村，掳幼童6人，牛12头，匪劫长塘三合村，掳6人。匪劫四九朝阳里，掳男、妇9人
1928年9月	不详	乡民	三区李边村、赤水松木塘村、张桥六元市、护龙白木颈村	匪劫三区李边村，掳少女9人。匪劫赤水松木塘村，掳男、女14人，耕牛10头。匪劫张桥六元市，掳9人。匪劫护龙白木颈村，掳5人
1928年11月	梁高 佬猷	乡民	勤善堡牛路塘村	匪劫勤善堡牛路塘村，掳男、女25人，耕牛数十头，向恩平地界逃去
1929年4月	不详	乡民	北潭龙湾村	匪劫北潭龙湾村，掳男、妇6人
1929年6月	不详	店铺，市民	城南门昌利	匪劫城南门昌利，毙1人，掳2人
1929年7月	不详	乡民	二区松柏塘村	匪劫二区松柏塘村，掳男、女14人，伤2人，焚屋宇5间

续

时间	劫匪（匪首）	危害对象	危害地点	危害事项
1929年8月	不详	乡民、泥水匠	一区庞村、表海市	匪劫一区庞村，掳4人，毙2人，伤3人，匪劫一区表海市，掳建筑泥匠10人
1929年10月	不详	乡民	一区帽仔山樵、蛇脊村	匪劫一区帽仔山樵妇20于人，匪劫捕蛇脊村，掳男、女24人，毙2人，掳耕牛10头
1929年11月	不详	乡民	平安村、张桥沙湾里、锦湖大板桥村	匪劫城西平安村，掳男、女10余人。匪劫张桥沙湾里，掳男、女10余人，毙1人。匪劫锦湖大板桥村，掳男、女15人，耕牛13头
1930年1月	不详	乡民		匪劫二区台洞梁姓，掳12人。匪劫一区马冈梁姓，掳男、妇10余人
1930年2月	不详	乡民		匪劫四区莲蓬塘村，掳12人。匪劫六区余屋乡，掳男、妇6人
1930年4月	不详	乡民		匪劫九区西坑太平里，掳男、妇二十余人，毙1人。匪劫二区蛇脊村，掳3人，毙2人
1930年6月	大眼海	乡民	大沙竹莲塘村	匪劫大沙竹莲塘村
1930年7月	不详	乡民		匪劫马冈西隆里，掳男、妇19人。匪劫捕属东边河村，掳男、妇12人
1930年11月	不详	乡民		匪劫丽洞紫门巷里，掳男、妇38人，耕牛15头

据粗略统计，仅1912—1930年间，开平较大的匪劫事件约有七十多宗，有100余人被杀，1000余人被绑架，210余头耕牛被掳夺，其他被抢财物无数。土匪曾三次攻陷当时的县城苍城，有一次连县长朱建章也被掳去。

清末和民国时期，开平的匪患之严重，乡民建筑碉楼以防匪之迫切，笔者在普查中深有体会，普查组每到一处，向村中老人访谈当年碉楼的情况，老人们谈得最多的，即是当年猖獗的匪患。

4.1.1.2 匪患的成因

《教伦月报》1933年12月号有一篇名为"匪患问题的研究"，基本上可以概括当时开平匪患猖獗的原因："……孟子说：'仰不足以事父母，俯不足以蓄妻子，乐岁终身苦，凶年不免于死亡，此为救死而恐不胆，奚暇治礼义哉。'我国自甲午门户开放以来，外受帝国主义经济的侵略，内受军阀土劣的摧残，苛捐杂税（文中指出仅苛捐杂税一项开平农民种田就需交十二种税，其中十种为附加税）的暴政，天灾人祸的蹂躏，再足置民生于疾守蹙额而构成今日的匪患……"

开平立县之后，以"社贼之乱"为代表的动乱虽得到一定的弹压，但由于统治者并未解决社会下层民众生存的基本问题，到鸦片战争后，内忧外患，社会矛盾爆发，开平一带战乱、暴动、械斗不断出现，使贫苦的人民走投无路，一部分选择背井离乡出洋做工，也有不少人一旦有人起事，就不惜跟随铤而走险，甚至做土匪作乱。

而后，民国初始政局的混乱，革命力量中混杂的投机分子及军阀的割据也是成规模土匪集结的重要原因。例如上面所列表格中民国初年屡屡在开平作乱的土匪胡南、谭四、张韶等人在民国开国时都曾是所谓参与"革命"之人。宣统三年（1911年）3月29日，孙中山领导的资产阶级革命党人在广州起义，起义虽然失败却点燃了各处革命的烽火。同年9月21日，楼冈吴深率民军进驻当时设在苍城的开平县城，清朝末代知县州贡金挟县印潜逃。9月22日，已经成立的中华民国广东省政府委派黄衍堂任县民政长，吴深被封为营长。民国元年（1912年）1月，吴深请黄衍堂拨给军饷，黄衍堂拨不出，并逃往香港。吴深因无军饷，便率部返回楼冈自设营部，而儒南的胡南、秘洞的谭四、沙冈的张韶等也分别率领数支队伍，号称民军，民国政府遂派警卫队镇压，解散了吴深的营部，诱杀吴深，吴深旧部则投奔张韶、胡南。这些民国开国时期打着支持革命旗号的地方民军其中相当一部分便成了危害地方的土匪。土匪一起，之后几十年屡剿不绝，并且有愈演愈烈之势。

除此之外，民国初年，特别是民国十二年（1923年）到民国十三年（1924年）间，各派系军阀在当时开平县境内进退频繁，一些溃散的军阀武装也加剧了当地治安的恶化。

4.1.1.3 筑碉楼以防匪

开平碉楼的出现正是开平的民众为了应对危机四伏的生活环境作出的自我保护的对策。从16世纪中叶的保护赤坎关氏亲族的"迎（迓）龙楼"和"瑞云楼"，到清代中后期少量出现的乡民集资兴建的早期开平碉楼，一直到清末、民国华侨、乡民修建近代碉楼的热潮，无不是开平人民应对盗匪横行采取的自救措施。

这种建碉楼以图确保安全的心里也可以从当时给碉楼起的名字中体现出来，据普查结果显示，开平碉楼的楼名中带"安"字的楼名特别的多，根据普查结果统计，共两百多座。其中"镇安""保安""建安""靖安""联安""和安"等楼名常被用于各村落中公共碉楼的命名，体现了当时人民追求安全、安定的强烈愿望。

前一章提到的普查中在塘口镇横安里发现的《横安里创建广安楼小序》，其中描述全村集资建碉楼时写道：

"盖自催符遍地，遐迩俱属狼烽，荆棘满途，日夜成鹤唳，官无能，捕拥盗，贼愈见猖狂。或则掠物劫财，其害人又浅，或则护人毙命其村又深，噫，惨无天日矣。斯时也，若欲迁居港澳难久居即使寄住市里只能暂住，处境为斯棘手设法以图安身独是欲避虎狼，何须彼适乐土。果求又惊难犬全在倡建岑楼燕厦难支一木，爰集里千少长，族内豪雄，分解蚨囊，认来巨股，助兴骏业。同此倾心构成宏大规模，托福星而广庇。"

其中对横安里乡民筹资修建广安楼的原因讲述得很清楚，即当时强盗横行，官府无能保护乡民，横安里居民只好集资，兴建公共碉楼，以求自保。

对民国时期开平碉楼的建筑热潮及其原因，民国《开平县志》便记载：

"自时局纷更，匪风大炽，富家用铁枝、石子、士敏土建三、四层楼以自卫，其艰于赀者，集合多家而成一楼。先后二十年间，全邑有楼千余座。"

与开平相邻的恩平县也有这方面的文字记载，宣统《恩平县志·卷四·舆地志》中记载：

"本邑地瘠民贫，向少楼台建筑。迩因匪风猖獗，劫掳频仍，惟建楼居住，匪不易逞。且附近楼台之家，匪亦有所顾虑。故薄有赀产及从外洋归国，无不百计张罗勉筹建筑，师古人坚壁清野之意。当夕阳西下，挈眷登楼。甚至贫苦小户，家无长物，仅有妻儿，亦通力合作，粗筑泥楼，用资守望。"

从这些记述中我们可以看出，促使开平以及更为广域的五邑地区民众大量兴建碉楼的主要原因，是当地社会治安的恶化，劫匪横行，华侨、侨眷或非侨眷，不分贫富，纷纷筑楼以自卫。在五邑的恩平地区有"村村有碉楼，村村有更夫"的民间俗语，台山也有民国碉楼数逾五千的传说。在开平更是有"无碉不成村"的说法，通过这次普查，我们发现仅仅在现在仅有自然村264条的塘口镇，现存碉楼数量就达到542座，如塘口镇联冈村，一条村竟然现存碉楼20座。

4.1.2　开平碉楼的防御体系及作用

4.1.2.1　单体碉楼的防御

（1）封闭高耸的建筑外壁

开平碉楼采用高耸的建筑形式。高塔般的形式，造成防御上的居高临下，这是在人类经验中早已被证明的防御建筑的理想模式。

碉楼的外墙相当厚重，采用砖、石、夯土建造的碉楼，墙厚一般都超过40厘米，像早期的三门里迓龙楼墙厚达到90厘米，而使用钢筋混凝土建造的碉楼墙厚也多在30厘米以上。这样的厚墙，用来防御土匪使用的一般枪支的弹头显然毫无问题。在抗日战争的后期，侵华日军在入侵开平地区的时候，不少碉楼曾经遭到日军的山炮轰击，那些钢筋混凝土建造的墙体都没有被穿透，青砖砌筑的赤坎南楼墙体虽被打了几个洞，但也没有到足以破坏墙体结构的程度（图4-1）。我们现在无法确认当时日军使用的火炮种类和口径，但作为一种民间主要用来防御土匪的建筑，开平碉楼的墙体防御能力还是可以被信任的。

开平碉楼的外壁，特别是低层部分，相当封闭。门窗相对于一般民居要小得多，并且设有铁栅栏和铁门扇及窗扇，紧闭后可以说是固若金汤。

碉楼的大门，这里是碉楼防御的重中之重。门板通常采用厚钢板铆接在角钢做成的框架之上，门轴一般用圆铁柱制成，或采用铁门框，采用花岗岩砌筑门框，门关闭后门框与门板间非常紧密。楼内无人时，楼外上结实的明锁或暗锁。

图4-1 开平市赤坎镇南楼外墙被炮弹攻击留下的弹痕（2004年）

有人在楼内避难时，内部一般都可以上几道铁制门锁和门闩，将门板与门框及地面固定在一起，使门板在上下左右各方面可以均匀的抵抗来自外面的冲击。为进一步增强防御效果，防御中，通常在门外，还会加一道可推拉的粗铁条栅栏，与岭南民居中常见的木制横趟龙❶的做法相似（图4-2）。另外，也有在门的内部将几根木门杠插入地面上开好的深槽的做法。有的碉楼对大门进行更好的保护，还会在入口上方天棚，即二层挑出部分的地面上设射击孔，土匪攻击时可从内部对大门外面进行火力封锁。

碉楼的窗，窗洞尺寸通常要明显小于一般民居，首层通常开窗较少，窗的位置也较高。各层窗一般都设有向外平推的铁窗扇（图4-3），遇到危险可以锁死，里面还设有一层铁栅栏，铁栅栏内部才是玻璃窗扇。设计的比较考究的碉楼还会将门正上方二层窗的铁栅栏设计成从内部可以打开的形式，作为应急时，内部人员的逃生出口。

对于碉楼上部通向露台或外廊的出口，同样也有铁门进行防御（图4-4）。

大部分碉楼，会视需要在外墙上开射击孔，射击孔一般都是外小内大，射击孔的形状以矩形、"T"字形、倒"T"字形为主，也有圆形的。

（2）挑台及"燕子窝"

许多开平的碉楼，在其顶部都设有出挑的部分，或是平台，或是挑出的数层。在这些出挑部分的地面及护栏上通常都设有射击孔。

---

1 横趟栊，即躺龙，粤中地区的一种用圆木组成的横栅滑门，既可通风，又可防盗。

图4-2　开平市塘口镇淀海楼门内的铁栅　　图4-3　开平市塘口镇焕庐的铁窗　　　图4-4　开平市赤水镇楼芸楼屋顶出口
　　　　（2004年）　　　　　　　　　　　　　　　（2004年）　　　　　　　　　　　的铁门（梁锦桥摄影，2004年）

　　为了进一步加强碉楼的防御功能，许多碉楼在其顶部还设有突出于墙面的悬挑角堡或者侧堡，作用是增加楼内向外的射击控制范围，消除防御死角，它们的平面形状各异，有圆形、也有多边形，样式有的表现为西洋风格、有的则表现为地方传统风格。这种构造物并非为开平碉楼所独有，在贵州屯堡碉楼、川中碉楼和赣南客家围屋碉楼中，笔者也曾看到类似的构造物；并且，在欧洲的城堡建筑中也有形式、功能相类似的构造物，在法语中角堡被称为Echauguette，侧堡被称为Flanquement，而在开平当地，这种构造物则被形象地通称为"燕子窝"。

　　开平早期碉楼的"燕子窝"与中国其他地区传统碉楼的做法非常相似，一般出挑部分设于石条或木制的梁上，受建筑材料限制，出挑距离都比较小。随着近代的建筑材料的使用，出挑部分一般由钢筋混凝土梁、牛腿❷，或工字钢梁支撑，出挑距离较远，防御范围也随之扩大（图4-5）。

　　（3）其他建筑特征

　　一部分众楼或更楼内部还设有一级防御体系，地面层通向二层的楼梯是活动的，一旦碉楼大门被攻破，楼内人员撤往二层，楼梯被收起。有的碉楼二楼地面开有方孔，位置正好在一层一进门的上方，楼门被攻破后，可立即从二楼形成向下对入口的火力压制。

　　（4）武器和日常储备

　　为防土匪，开平有条件的村落，甚至家庭都拥有枪支，本次普查采访中了解到，当时乡民拥有的主要是一般步枪、手枪、土枪，甚至还有机关枪。这些武器，既有经政府批准组建乡村自卫武装所采购的，也有不少是以走私等非法手段拥有的。1936—1941年《小海月报》题为"有枪阶级可以无恙"一文载：

2　牛腿，即支撑出挑部分的托座。

图4-5 开平市塘口镇靖波楼顶部的挑台、"燕子窝"及枪眼（2004年）

"十月间县府派人来登记烙印发照，有枪者纷纷持枪到公所遵令登记烙印，护龙一乡受烙长短枪共二百余杆　　　"

护龙仅是当时赤坎镇的由几个村庄组成的一个乡，从这则新闻我们可以看到，拥有枪支在当时的开平是多么的普遍。

在对碉楼所在村落的老人的访谈中，我们了解到，除了枪支，个别碉楼的防御中还备有小型山炮、土炮、炸药、手雷等重武器，同时也有许多碉楼依然在使用刀、枪等冷兵器，锄头、斧子等农具，甚至石块、石灰等也广泛地作为防御的武器。

除此之外，为了保证即使被土匪围困，楼内依然可以维持起码的生活，一般在碉楼内（特别是众楼与居楼），都会储存一些必要的后勤补给用品。一般储存的物资有粮食、水、柴草。很多居楼内部都设有厨房，卫生间，甚至部分众楼也设有厨房，长沙宝源坊吉光楼，每层有厕所和厨房。

同时，碉楼对防火也有考虑，一般在顶层上面的露台，都设有连接着排水管的储水箱，楼内也常备有灭火用水枪。

（5）碉楼的防御实例和作用

大沙镇夹水竹连塘村的竹称楼（图4-6）是一座其貌不扬的小型碉楼。墙体并非采用结实的钢筋混凝土，而是就地取材，用大沙山区遍地都有的大石块垒筑。这样一座普通的碉楼，却因竹连塘村民两次凭借它击溃来犯的土匪而远近闻名。据村民回忆，该楼从民国七年（1918年）开始建造，至民国九年（1920年）眼看要完工时，旧历六月十五日（大沙圩圩日）下午三时左右，大沙镇苏村一带土匪头"吴庚有"率领一百多土匪来竹连塘村抢劫，村民迅速关起村闸，以竹称楼为掩护用土枪等武器顽强抵抗，虽然全村当时只有五六十人，敌众我寡，但村民凭借这座碉楼居高临下，非常英勇，击毙击伤几名土匪，而土匪始终无法攻进村里，最后与村民交涉，索走一些白银了事。而巧合的是十年后同一天，民国十九年（1930年）旧历六月十五日，阳春县号称"大眼贼"的土匪头带领400多土匪来抢劫，十多名村民进入竹称楼，使用集资买来的枪支进行还击，当场毙伤土匪数人，土匪见攻进村无望，最终撤走。❸

信城楼（图4-7）是长沙幕村信城村的一座众楼，在普查中对村中老人的访谈中，我们了解到，当年，由于地方不安定，积善德堂祖用卖掉十多亩田地的钱建成此楼，村民自愿出钱认购楼内房间，遇到匪患，村民就进楼避难，认购了房间的村民住各自房间，没有出钱的村民集中在顶层和地下室。村里买了4支枪，土匪来就用枪支射击，为节省子弹，有时也用事先储存于楼中的石块、瓦罐砸、泼石灰，击退匪贼。在普查过程中大量的访谈记录之中，这份访谈记录的内容带有相当的普遍性。

赤坎镇南楼内七名乡勇与日军作战的事例也充分说明了碉楼在防御上的作用。前文提到南楼（图4-8）是赤坎司徒氏族为扼守潭江水路与临江的干线公路建造的，碉楼外墙采用内外两匹青砖中间夹层浇筑混凝土的做法。1945年7月16日，从广东省西南部雷州方向来的侵华日军沿潭江水旱两路，由三埠出发，进攻赤坎，受到固守南楼和北楼的赤坎司徒氏自卫队及台山的抗日武装的顽强抵抗。

图4-6　开平市大沙镇竹莲塘村的竹称楼（2004年）

图4-7　开平市长沙镇幕村信城楼（梁锦桥摄影，2005年）

3　根据集结开平当地研究者调查成果的《碉楼沧桑》29页"竹称楼二拒悍匪"一文内容整理而成。

图4-8 开平市赤坎镇南楼外观及从南楼顶部外廊眺望潭江（2004年）

据《教伦月刊》1946年6月号记载：

"　　一队，扼守北楼，二队扼守南楼，各附轻机一挺，土炮数门，严阵以待　　预选队附司徒煦等七人，准备于危急时，凭楼拒敌，与阵地共存亡。"

南楼防线经日军进攻数天，司徒煦等七人被包围于南楼内，这七人凭借碉楼固守，日军用枪炮攻击，到第七天，日军久攻不下，使用毒气弹将七人毒倒，南楼才告失守。之后，这司徒氏七人被日军俘获，残酷杀害，这是后话。❹民间武装扼守一座碉楼与正规军作战，可坚守数日，足以证明开平碉楼的防御能力，现存的南楼楼身上依然有当年作战的弹坑、弹孔（参见图4-1）。

以上的一些实例，都足以证明碉楼为村民提供了非常有效的防御平台，更重要的是久而久之，碉楼的威力对土匪产生了震慑作用，普查中采访了各乡村的很多老人，他们都回忆说，自从这些村落建造了碉楼之后，土匪知道碉楼的利害，就没有再来过，这种情况普遍存在，足以说明碉楼对土匪具有非常有效的威慑力。

4.1.2.2 碉楼与乡村、圩镇、学校的防御

（1）碉楼和村落的防御系统

在清末和民国时期，开平村落的防御系统通常由碉楼和围墙以及村落周围的山丘与水池、河流共同构成（图4-9）。

在普查的访谈中我们了解到，民国时期的开平村落，与现在有所不同，当时的村落多建有围墙，开平村落的围墙有的采用夯土筑成，也有的用杉木或是竹子结成栅栏。

前面介绍过村落内的碉楼一般有更楼（包括更楼及门楼）、众楼及居楼三种，更

---

4 根据参考文献[42]所刊登的公审日军指挥官田中久一的报道，及法庭上原司徒氏自卫队首领之一，事件发生时在南楼附近作战的司徒克罗的报告等整理而成。

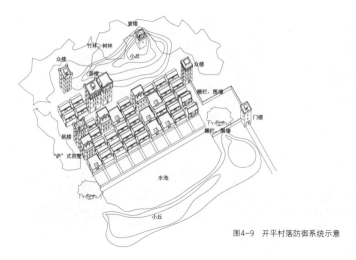

图4-9 开平村落防御系统示意

楼，一般建于村旁或村后眺望条件较好的高地，乡勇轮流驻扎其中，眺望周围匪情，为村落提供安全预警；门楼把住村子的入口，门楼及院墙构成村落防御的第一道防线，在普查时的采访中，笔者了解到，匪情严重时，晚间，开平村落就紧闭大门，夜间想进村的人在门口要说出暗语，证明无误后才可入村；如果发现土匪来袭，乡勇则一边敲锣呐喊通知村民做好准备，一边拿起武器准备应战。赤水镇塘美村委会东湖村有一南一北两座更楼（门楼）（图4-10），扼守着村落的入口，据村民讲述，20世纪40年代，一晚有乡勇在北楼内看更，突然听到附近黑暗中有动静，就举枪朝声音方向胡乱射击，第二天天亮才发现，村落的竹围上挂着一具贼人的尸体❺。

众楼为乡民提供危险情况下的避难场所，一般都建于村后，这样，在紧急事态发生时，村民可以沿数条贯通村落前后的巷道更需迅速撤退到楼中，有些村子有两座以上的众楼，则通常位于村子偏后部两侧。这些公共碉楼与村落围墙组成了村落公共防御体系。在匪情严重的年代，通常村内各户早早就吃过晚饭，妇女、儿童和老人就带家中值钱的东西进入碉楼，一旦土匪来骚扰，青壮年男人们便带上武器，进入各碉楼做好战斗准备。有条件的家族自建的居楼，在楼主愿意与乡亲共同抵御匪贼的情况下，也可以让其他村民进楼避贼，同时作为村落防御体系的补充。更楼、门楼、众楼这些公共碉楼之间的功能界限并不十分明确，有的村落的门楼本身就承担更楼的眺望、预警作用；而有些村落的更楼也承担供村民集体避难的众楼的作用。

在村落的防御中，更楼（门楼）、围墙、众楼和居楼形成一个体系，乡民凭借这个体系保卫自己，给来犯的土匪以打击。

在赤水镇黄狮村委会鹤溪村的调查中了解到，1934年，土匪袭击鹤溪村，本村乡勇在村口的更楼鹤溪里楼（图4-11）及村后小山上的众楼（兼更楼）——光

---

5 根据普查小组在2004年10月14日在赤水镇东湖村的访谈记录整理而成。

远楼（图4-12）中，开枪，居高临下，两面夹击，击退了贼人❻。

塘口镇卫星的朝阳村是一个典型的开平村落，碉楼培庐的始建人张培偶之孙张锦耀老人告诉我们，张培偶12岁去美国，作过军队的炊事员，五十岁左右回乡买田地，盖房子。当时朝阳村有很多华侨，很富裕。附近的楼冈常有土匪盘踞，朝阳村的华侨经常成为土匪的洗劫、绑架、杀害的目标，他的儿子张光裕也曾被土匪绑架，后来他用出卖田地的钱才将其赎回。碉楼培庐（图4-13）大约1921年左右建成，承建人是附近的泥水师傅人称泥水迪，培庐建成之后，遇到土匪来抢劫，不仅张培偶一家，其他村民也常常到培庐中躲避。大约1932年，张培偶的亲人在美国去世，遗体运回国时，在棺木中偷藏有两挺汤姆森机关枪。后来机关枪一挺送给四九的团防队，一挺就留在村内，设于临近村外道路的门楼（如图4-14）中，乡勇曾经用这挺机枪毙伤过土匪，土匪知道朝阳村有机枪之后，就再也没有来骚扰过❼。

（2）灯楼、更楼的早期预警和村落间的协防

在动乱年代，开平人民与土匪的斗争中，家庭或一座自然村落的乡民往往势单力孤，往往一个族姓或者一个乡数条村落的人民团结起来，聚众集资组成团防，或成立白天务农，夜晚守夜巡逻的更夫队。筹建团防和更夫队资金往往由本

图4-10　开平市赤水镇塘美村委会东湖村南、北更楼（2004年）

图4-11　开平市赤水镇鹤溪村的鹤溪里楼（梁锦桥摄影，2004年）　图4-12　开平市赤水镇鹤溪村村后的光远楼（梁锦桥摄影，2004年）

6　根据普查小组2004年11月5日在赤水镇鹤溪村的访谈记录整理而成。
7　根据普查小组2004年4月5日在塘口镇朝阳村对时年82岁的张锦耀老人的访谈记录整理而成。

图4-13 开平市塘口镇朝阳村培庐（2004年） 图4-14 开平市塘口镇朝阳村的门楼（2004年）

地华侨及在港同胞捐助。

为增强各村落在集体防御中的协同防御能力，除了个村落的院墙及碉楼这些设施外，也有在该地区重要位置建碉楼扼守水陆通道的，也有于重要位置的山头建灯楼与更楼观察匪情，为周围村落提供预警的。

另有前文提到的《茅冈月刊》1948年4月号"提倡重建茅叢岭碉楼"一文记载：

"　　　有乡内贤达联络华侨，酿资建一碉楼于茅叢岭只巅，配有探照灯，夜间遣派团勇看守，裨益于乡间治安极大。"

在赤水镇瓦片坑村委会有一座团防楼（图4-15），据村民介绍，建此楼之前，这一带（当时属于羊路西乡）经常有些土匪或贼人来骚扰，在瓦片坑，龙内等村进行打家劫舍。这一带的村民为了防御贼人、土匪，于是集资在瓦片坑与龙冈之间的山头上建立此楼，取名叫团防楼，又组织一些村民成立民防队，轮批在此楼值更，长期夜间用探照灯对周围村庄在照射，使贼人的行动可较早被发现，逐渐不敢在此周围的村庄抢劫。因此，此楼对改善羊路西乡的治安状况起了很大的作用❽。

匪患严重的地区，为增强联防效果，会在相近数个山丘的制高点上均建设灯楼派乡勇驻防，互相呼应，像古长城连续的烽火台一般，形成有效的预警与联防系统。

当时马冈与塘口交界处土塘，是当时出了名的贼窝，靠近土塘一带的村庄，被称为"贼佬碗头"（即贼的饭碗之意），贼人无食无用时，便四处搜掠。因此，塘口四九、卫星、龙和一带的村前防卫特别森严，兴建的碉楼也特别的多，特别坚固。

塘口镇卫星山毛岭附近山冈上遗存有三座碉楼（更楼与灯楼），牛山楼（图4-16）、象山楼（图4-17）、葫芦山楼（图4-18）、成品字形护卫着公路，

8　根据普查小组2004年6月29日在赤水镇龙冈村的访谈记录整理而成。

图4-15 开平市赤水镇瓦片坑的团防楼（2004年）

合称"三和楼"。三和楼为附近几个村庄山茅岭村、太和村等村庄集资兴建，各村乡勇轮流镇守，这几座碉楼可以及早发现来自土塘土匪的动向并告知各乡村，使各村民众提前做好准备（图4-19）。

开平市政府组织编写的《碉楼沧桑》一书中记述了金鸡镇金鸡山西北部的"锦湖四堡"的故事：二十世纪初的金鸡地处开平、台山、恩平三县交界偏僻的地方，土匪活动非常猖獗。于是，各村纷纷组织团防队维护治安。由于土匪势力很大，金鸡当地的团防队在1921年一次和恩平土匪的战斗中，伤亡惨重。之后各村集资，1923—1925年间先后在锦湖信和村建锦湖堡，大同横山村建横山堡、联庆黄泥湖村建天善堡、新民圩潭村建中和堡着四座灯楼，楼上设有探照灯、石头、石灰、碱水、水枪、火枪等武器，后来又购入十连发洋枪等先进武器，各派乡勇镇守。锦湖乡长亲自统领四村四支团防队和这四座碉楼，一堡有难，三方支援，保护锦湖地区。1935年，四堡联防队更是攻克附近的土匪据点，将本地土匪赶出开平县境。这四座碉楼现在只有钢筋混凝土建的锦湖堡一座留存下来，另外三座夯土造碉楼已经被拆除❾。

另一个村落协防对付土匪的例子是宏裔楼、宝树楼等合力救助被劫开平一中师生的事件。1922年12月，土塘贼

---

9 根据普查小组2004年4月5日在塘口镇卫星山茅岭村等处访谈记录整理而成。

图4-16 开平市塘口镇牛山楼（2004年）

图4-17 开平市塘口镇象山楼（2004年）

图4-18 开平市塘口镇葫芦山楼（2004年）

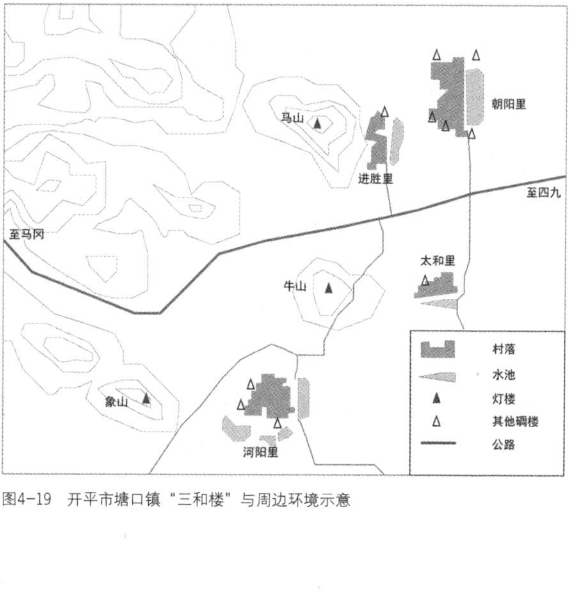

图4-19 开平市塘口镇"三和楼"与周边环境示意

首胡南、侯亚晚、谭洪、谭钦、吴金仔等匪首带领贼仔二百余人白天化妆潜藏于赤坎圩，晚上涌入开平一中，掳校长胡均及学生二十三人。土匪押解师生回土塘途中被驻防赤坎镇红溪鹰村宏裔楼（图4-20）的更夫发现，拉响警报，点亮探照灯。

鹰村是关氏聚居村，在美华侨关崇悦、关崇俊等出资在村内建树作碉楼，并在美购买发电机、探照灯、警报器、枪支弹药等武装村民以防匪患。这夜警报一响，附近的宝树楼、企谭堡碉楼也点亮探照灯互相配合照射，贼匪无处隐藏，各乡团枪炮齐鸣合力堵截，校长胡均及多数学生逃脱，生擒土匪谭钦等十一人，贼匪伏法、人心大快。从此，鹰村、宝树楼、企谭堡碉楼声威大展，贼匪从此不敢犯境[10]。

（3）圩镇、学校的防御

开平各圩镇以及大多位于圩镇附近的学校，其防御体系，主要以官督民办的地方武装在圩镇的驻防及更夫的巡逻为基础。笔者把民国初期从县政府直辖到官督民办的各级地方武装状况列表，见表4-2。

表4-2[11]　各级地方武装状况

名称	性质	成立时间	编制	人员	经费来源
游击总队	县政府直辖	民国初期		人数不稳定	县公署行政经费
县兵总队	县政府直辖	1927年	辖3个分队，后来有扩编。驻苍城与长沙	70人左右，后来有扩编	由开平旅香港治安会筹集资金
县兵总队	县政府直辖	1931年	辖4个小队	120人	
县兵总队（县兵中队）	县政府直辖	1935年	辖3个小队，没小队辖3个分队。驻四九、苍城、长沙等地	99人	
县兵总队（县兵中队）	县政府直辖	1936年	裁减2个分队	77人	裁减经费
县政务警察总队（原县兵总队）	县政府直辖	1937年	辖3个分队，每队3个班	90人	
开平县合邑保安局民团	官督民办	1912年不到一年便解散			由旅港开平商会筹集资金
各区团保局民团	官督民办	1914年			各级团保局自行筹集资金
开平县合邑保安团总局游击队	官督民办	1918年		40人	由开平旅美华侨和旅港人士等集资
各商团	官督民办	1923—1924年	先后成立水口、长沙、赤坎等商团		由各商会向商户摊派
开平县联防警备队	官督民办	1928年		150人	由旅港开平治安会和十个区分担
开平县地方警卫队基干队	官督民办	1928年		150人	由旅港开平治安会筹集资金
各区常备警卫队	官督民办	1928年	全县辖30个小队	910人	各区自筹经费
各区警卫队后备队	官督民办	1928年	全县辖30个小队，平时各营各业，农闲时集中训练		无给养，各区自筹经费

此外，各种碉楼也是整个防御体系的重要组成部分。一般有条件的圩镇会集资建更楼或灯楼把守出入圩镇的交通要道。

如前文提到的赤坎镇南楼和北楼便是赤坎司徒氏族在进入本族居住区域和赤坎镇中心赤坎圩的重要水、陆通道边上建造的更楼，《教伦月刊》1936年6月号载"南北楼建立缘始"一文中宣称："两楼均于民国二年建立，以故当时台开附近各乡，深受匪患，独深堤州司徒四乡，安度无惊，一时腾蛟[12]防之名，亦为远近所称誉。"可见这两座碉楼在拱卫以赤坎圩下埠为中心的司徒氏族生活区域的防御中，起到的重要作用。

10　根据《碉楼沧桑》第20页之《鹰村碉楼退贼记》，2004年5月11日普查小组在赤坎镇鹰村的访谈记录，2004年4月28日对塘口镇潭溪圩谢敏驯老人的采访，2004年5月谢敏驯老人提供的文字材料，民国《开平县志·卷二十二·前事》十六页相关内容整理而成。

11　参考文献［8］第1224-1225页有关内容做成。

12　腾蛟，旧时赤坎镇司徒氏族聚居地域的称谓。

图4-20　开平市赤坎镇鹰村宏裔楼
　　　　（2004年）

图4-21　　开平市塘口镇四九圩的旭江楼（2004年）

　　圩镇中，那些需要重点防御的存有大量贵重物品的银号、当铺则常建有自己的碉楼用来防御（图4-21）。

　　开平的学校是匪贼经常袭击的目标，他们常常到学校掳走学生然后索要赎金。为此，许多学校甚至私塾建有碉楼。上一章提到的，绍宪碉楼、冠英楼、像吉楼、宝树楼等都属于这类实例。

4.2　开平碉楼形式的象征性

4.2.1　华侨光宗耀祖，衣锦还乡的理想

4.2.1.1　开平华侨强烈的宗族归属感

　　对于开平人来说，祖先与家族具有非同一般的意义。如前文所谈到，近代的五邑居民基本上是历代从各地移民而来的宗族的后裔。他们的移民过程并不是简单地从宗族发源地到作为目的地的五邑地区，而是经历成百上千年，几度辗转。这也使得，开平人对真正的宗族发源地的幽思并不那么强烈，甚至谈及自己宗族的起源，用"纪元必称咸淳年，述故乡必称珠玑巷"的泛泛说法一带而过。五邑人真正刻骨铭心的家族的概念，是对自身居住地的宗族或者更小范围的家庭的归属感，依恋感。这种归属感和依恋感来自于在长期以来动荡不安的环境中这个家庭或宗族给其个体成员提供的支持和保护。早期开平村落的形成，多以姓氏而聚集，即使在不同年代移民而来，彼此血缘已远，只要姓氏相同便经常聚在一起。比如赤坎镇的两大氏族关姓和司徒姓经过数百年的时间，几次分批迁入，到民国以赤坎镇赤坎圩正中心为界，各自形成了本族的城乡生存范围。他们有各自建立

宗祠、学校、侨刊、图书馆，各自组织氏族武装，保卫自己氏族的安全。

在海外，五邑籍华人依旧沿袭了这种传统，各大家族都有自己的侨社和"堂"（图4-22），给飘零在外的华侨个体以家的感觉，遇到纠纷，这些侨社和"堂"也常常为本族兄弟出头。梁启超1903年在其《新大陆❸游记》中，对这种现象颇为不满：

"既已脱离其乡井，以个人之资格，来往于自由之大市，顾其所齐来所建设者，仍舍家族制度外无他物。　此可见数千年之遗传，根植深厚。"

梁启超作为一个维新运动的倡导者，纵然如此批评很符合大道理。但客观来看，羸弱的国家当时无力维护海外华侨的利益，独身飘零海外的华侨饱受被看做劣等民族的歧视和逆境中生存的痛苦，只能依靠这样的宗族帮会组织用血泪争得他们自己生活的空间。这"千年之遗传"，不但"根植深厚"，而且事实上海外华侨的宗族意识反而更加的浓重。

4.2.1.2 落叶归根的传统及华侨对家的眷恋

1870年《沙家棉度报道》上有一篇关于在修筑美国太平洋铁路中丧生的华工的题为《尸骨搬迁》的文章，写道：

"昨天从东部来的火车上载着约有一万两千具中国人的尸骨（以前有很多研究者认为死亡人数只是约两千），约重两万磅。这些尸骨原是中太平洋铁路沿线死亡的建筑工人，几乎都是该公司的员工。根据这些东方人的宗教传统，只要有可能，他们都要把尸骨回归出生地，他们这种对传统的严格遵守不比寻常。"❹

华侨的思乡情节除了受中国传统的"落叶归根"文化的影响，在海外务工、经商艰苦的环境以及所遭受的歧视更是重要的催化剂。许多美国人认为，华人移民保守，固守传统文化，很难融入美国社会，挣了钱也不在美国消费，千方百计带回中国去。事实上，这种说法有些偏激，以在东南亚的华侨为例，他们就安心地在当地定居下来，逐渐本地化，成为当地重要的民族。华人并非不想融入美国社会，而是美国人对其严重的歧视将其拒之主流社会之外。美、加、澳各地当时都接连出台排华的法律，将华人挤出主流社会（图4-23）。华人长期寄人篱下，更加深了对故乡和亲人的思念。有华工在旧金山登出自己的观点：

"很多（华人）已经接受了你们的信仰，而且会成为好公民；现在在这个国家已有很好的中国人，如果今后允许有学问有财富的中国人把他们的家属带来，那么它们定将成为一个更好的阶层。"❺

例如，华侨务工各国对华人女性入境的苛刻的限制也助长了华侨与其所在国家

13　指美洲。
14　Sacramento Reporter, Bones in Transit, July 30, 1870，引自参考文献［29］第17页。
15　参见参考文献［20］。

图4-22　美国的华人会馆（引自郑德华《广东　图4-23　C.P.R.（加拿大太平洋铁路公司）工地的华工（厦门市华侨博物馆藏）
　　　　侨乡建筑文化》，2003，第14页）

社会间的隔阂。如美国，1860年华侨男女比例18∶1，1890年扩大到20∶1[16]　，而20世纪初，纽约唐人街男女比例为110∶1[17]　，这种情况使华人社会畸形的发展，在美华人无法把美国当成自己的家。

华侨史学者吴玉成在其《广东华侨史话》中谈到开平华侨对家的感情时写道：

"我国过去旧社会的传统，一般人认为生平幸福，常常寄托在家庭儿女身上，故无论怎样，都甘为父母子孙打算，他们之所以远走重洋，其出发点，几乎可以说是全在此。美加华侨，因种种条件限制（指过去），不能携眷出国，而在彼方娶妻生子极少，故他们终生精神始终在祖国家庭上，吾犹记得在抗战时期，因侨汇不通，有人焦虑祖国家人，无以为活，竟到发狂，有纽约一位侨胞，因饿死在家的人而自杀。"[18]

成露西在其《美国华人历史与社会》一文中引用当年美国华侨写的一首诗：

"日用行需宜省俭，无为奢侈误青年。幸我同胞牢紧念，得些薄利早回旋。"[19]这首诗反映的心情应该在当时在美、加华侨中具有很强的代表性[20]　。

4.2.1.3　光宗耀祖、衣锦还乡的人生理想

第三章对开平地区华侨的出洋作了相当篇幅的论述，当时穷困潦倒的穷人，背井离乡远渡重洋似乎是人生唯一的出路。五邑的民谣唱道：

"当初一文冇[21]　，痞极泰来到。旋过个边就富豪，移步何难财主佬。诗运

16　李家劲等，《近代广东侨汇研究》；邝治中《新唐人街》中认为是27∶1。麦礼谦：《从华侨到华人》结论与邝基本相同，认为是26.79∶1。参见参考文献［12］第453页。

17　周敏《唐人街——深具社会经济潜质的华人社区》，参见参考文献［12］第453页。

18　参考文献［14］第328页。

19　华侨衣锦还乡，如同凯旋，开平地区以前将归侨称为旋侨，华侨的回乡称为"旋"。

20　参考文献［12］第453页。

21　开平话中表示没有。

高，老天庇佑我。卖票霎时中仔宝，腰缠十万力唔㉒ 劳。"

他们渴望通过出洋改变自己的命运。他们中很多人，除了是为自己寻出路，还满载着家庭的希望。"喜鹊喜，贺新年；爹爹去金山赚钱，赚得金银成万两，返来起屋兼买田"中所讲的，他们的家人在盼着他们有一天衣锦还乡，改变一家穷苦的面貌。他们就是怀着这样的理想踏上去异乡的路。

他们在海外忍辱负重，辛勤工作，节衣缩食，没有享受到什么做人的乐趣，甚至体会不到做人的尊严。似乎最大的精神支柱，就是等到回乡的那一天。那一天他们会带着他们辛苦打拼所积攒下的钱财，体面的回到故乡。他们的财富会带给他们和家人从未享受到过的地位，他们会受到乡亲的羡慕和尊重，连自家的亲族、祖宗都会被人高看一等，这种状态充满诱惑。

开平马冈牛山籍华侨张思逸，英文名Sam Chang，出身地主商人家庭，民国初年曾在广州警察局任高级警官，但因时局动荡不安，他便赴美国管理他父亲的小农场。他的四个子女都被他送回国读书，然后再赴美上大学。他写给子女的书信可以反映当时华侨的心态。1922年5月24日，他在写给正在南开读书的儿子的信中说："如果你想出人头地，美国不是一个合适的地方。但是如果你想赚钱帮助家人渡过难关，则没有任何国家的货币比美元更值钱了。"在他1925年2月4日写给儿子的信中，他说及自己回到中国的三弟的事情："如果你叔叔回到美国，他或许能够赚多一点的钱，但将没有名誉，社会地位低微，他的知识也会浪费，美国是一个种族主义社会，对黄种人尤其歧视。因此他将是一个毫无名声的低层公民，永远也不可能像美国人那样受尊敬。"㉓

我们国人对与周围人的对比和竞争，及其对于社会地位的提升向来非常看重，甚至互相攀比之风广泛存在。早期衣锦还乡的华侨对留在村中的人及更年轻的一代又会形成压力和刺激，似乎只有出洋赚钱才会有出息，因此出洋做苦工，然后衣锦还乡这条道路成了一种开平民众追求的人生理想。

美、加、澳等地相继推出排华法案后，出洋做工越来越难，但开平人出洋的热潮却丝毫不见退去，宣统《开平乡土志》称：

"今虽美严入境之禁，英增入口之税，而多方营求假道者、偷关者，骈肩接踵，虽千金不惜。"

22　开平话中表示不，不用。
23　Sam Chang, *Collection, Chinese Historical Society of Southern California*. 引自参考文献［29］第17页。

图4-24 开平市塘口镇四九圩的（旋侨俱乐部）（2004年）

以1882年美国颁布排华法案之后赴美华人的情况为例，当时赴美的一种人是已经在美合法务工华人的子女；另一种人是家境富裕的商人或留学生；还有一种人，是不惜高价买出生纸❷ ，以纸面儿子的身份进入美国。现在在塘口镇的四九圩还遗存有一座碉楼式的俱乐部名叫"旋侨俱乐部"（图4-24），当时这座俱乐部就是相互交流移民政策及交换买卖"出生纸"信息的地方❷ 。

与之类似的人生追求至今在我国人民中依然存在，浩浩荡荡的民工大军与这种思想脱不开干系。比较极端的例子，就是东南沿海某些地区的偷渡出洋成风。因为国内与发达国家收入存在较大差距，往往这些偷渡客冒险出去做几年工回家可抵上在家乡做工一辈子的收入，也相当于衣锦还乡，他们用所赚的钱建洋楼，做生意，在大城市买房定居。很多羡慕的人也跟着效仿，从而形成非法出国的循环。这是题外话。

4.2.2 开平碉楼与华侨的地位

4.2.2.1 近代华侨在开平社会的地位

1882年开始，美国等国相继颁布了排华法案，1893年，清政府废除了禁海令，使出洋和归国合法化，形成了华资和侨汇持续的回乡。之后，华侨带回的资金使长时间以来可以说是处于垂死状态的开平地区的经济出现了一定程度的繁荣。

---

24 参考第1章注释37。
25 参见参考文献［34］。

宣统《开平乡土志·实业》记载：

"以北美一洲而论，每年汇归本国者实一千万美金有奇，可当我二千万有奇。而本邑实占八分之一。"

民国《开平县志·卷二·生计》中也叙述道：

"开平人富于冒险性质，五洲各地均有邑人足迹，盖由内地农工商事业未能振兴，故近年以来，而家号称小康者，全恃出洋汇款以为挹。"

文中根据1922年因为设立开侨中学校及治匪筹款而走访美国、加拿大调查开平华侨情况的吴鼎新的报告估计，美国当时有开平华侨五千人余人，加拿大有六千人余人，这些华侨每年收入粗略估计折合省币❷ 三千数百万元。

"其影响生计故大，对于邑内维持治安，推广教育裨益弥多，此邑民以前之生计情形也。"

可见，华侨回乡后购地、建房，创办工商实业，投资建设城乡基础设施，兴办教育，推动新文化建设。改变了侨乡的面貌，深刻地影响了侨乡社会经济生活，在侨乡的各个领域都处于举足轻重的地位（图4-25）。

"在民国时期，归侨的经济条件，不管在出国前如何，回家乡以后，都能为其家庭提高地位。在加拿大时，他们赚取比出国以前更多的金钱，有一些在经商方

图4-25 开平市塘口镇李村朝阳里森庐内陈列的早年碉楼主人在美国的工作照与在学校的毕业照

26 省币，当时广东省发行的货币。

面做得成功的，便回家乡买地，成为地主，并借贷予族人和聘用同一宗族的妇女做佣人，很多华侨都盼着回乡的一天，因为他们可与留在家乡的族人比较，以显示自己的社会地位提升了，并较族人为高。……他们的地位被提升为新绅士。" ❷

4.2.2.2　侨乡人民对华侨的羡慕及对西洋文化的憧憬

归国的华侨，多少都有些积蓄，比起留在家乡的穷人，便显得相当富有了，于是富裕的华侨和他们的家族成了开平地方的新贵阶层，得到乡亲的赞赏与羡慕。当时侨乡的民谣反映了这种羡慕之情,有民谣唱道：

"金山客，冇一千有八百；南洋伯，荷包❷ '大伯大伯'；香港仔，香港揾❷ 钱香港洗❸ 。""有女毋嫁读书郎，自己闩门自己趼；有女毋嫁做饼郎，一年趼❸ 唔到半边床；有女毋嫁耕田人，满脚牛屎满头尘；有女要嫁金山客，打转船头百算百。"

而且他们把资金带回侨乡，也把西方先进的火车、汽车、电灯、电话带到了侨乡，他们创办工厂、新式学校、报社，等等。这一切，都给家乡人民以巨大的冲击。甚至，华侨在开平推广新式化学农药，连素来开平人赖以生活的农业领域都体会到外来的影响。一开始，人们还对这些外来的事务有抵触心理，或不太接受，但亲身体验了这些新生事物的好处之后就接受了华侨带回来的一切。

并没有受过更多教育的开平人民将对华侨的羡慕归结为对西洋的崇尚甚至是崇拜。一时间，模仿西洋的生活成了开平侨乡的时尚。随着民国的建立，开平民众毫不犹豫地换上洋装，男士穿西服西裤、中山装、学生装，穿皮鞋，戴礼帽；女士穿对胸衫、T恤、夏威夷西裤、纱笼裙。市镇餐厅开始推出西餐和西式点心；咖啡、牛奶、巧克力也进入平民家庭。人们追求的住宅不再是封闭的三和院❸ ，而是高大气派的洋楼，主动模仿国外的建筑风格竞相建造造型独特的碉楼和"庐"似乎已形成一种社会风气，是时尚之举（图4-26~图4-29）；甚至传统的祠堂和"三间两廊"式的住宅也添加了很多西洋风格的装饰。人们出行的方式也发生了改变，轮船早已不是新鲜的事物；相邻的台山县华侨投资修建了铁路；在开平，巴士也开到了乡间；甚至赤坎镇计划修建一座飞机场；而自行车、摩托车也成为有钱人家身份的象征。在语言方面，大量的外来语进入了开平地方的语言中，如将商标称为"麦头"，来自英文mark，"麦"表音，"头"是后缀；将邮票叫"士担"，胶卷叫"菲林"，将扳手叫"士巴拉"。

民国《开平县志·卷二·生计》针对当时民众对当时互相攀比与崇尚外洋的

27　参见Woon Yuen-fong,Social Organization in South China, 1911-1949:The Case of the Kuan Lineage in K'ai-p'ing County[M]. Ann Arbor: Centre for Chinese Studies, The University of Michigan, 1984, 引自参考文献 [30] 第45页。
28　开平话中指钱包。
29　发音为"问"，原意是揭开，开平话中是寻找的意思。
30　开平话中表示花钱。
31　开平话中表示睡觉。
32　即指五邑地区传统的"三间两廊"式三合院住宅。

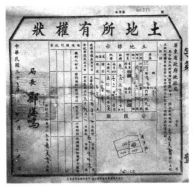

图4-26 朝阳里森庐内陈列的土地所有权证书　　图4-27 朝阳里森庐内陈列的森庐
　　　　　　　　　　　　　　　　　　　　　　　　　　　　早年照片

图4-28 朝阳里森庐内陈列的楼主家人在楼　　图4-29 朝阳里森庐内陈列的楼主人的合影
　　　　门口的合影

风气评述道：

"谚云无一千有八百羡之也。至光绪初年，侨外寖盛，财力渐涨，工商杂作，各有所营。……侨民工值所得愈丰，捆载以归者愈多，而衣食住行无一不资外洋。凡有旧俗则门户争胜，凡有新装则邯郸学步……"

现在，从遗存下来的许多洋楼集仿各种西洋风格的装饰，以及民居中留存下来的门楣彩画和壁画对国外风景、建筑、交通工具等内容的描绘，也可看出当时人们对异国风情的向往，成为"衣食住行无一不资外洋"的写照（图4-30）。

4.2.2.3　开平碉楼——衣锦还乡的纪念

如果说开平碉楼初始期所建的碉楼完全出于对治安的无奈，纯粹为了村民应急避难之用，进入兴盛期后，各乡村集建的更楼、众楼也主要追求坚不可破的防御能力，那么从20世纪初期以来，自家兴建的明显带有西洋风格的居楼，作为开平碉楼的主体，其形式可以说是争奇斗艳，其兴建的意义并不是单纯的防御了。那

图4-30　开平市蚬冈镇联灯村民居门楣彩画（2002年）

图4-31　意大利圣杰米尼亚诺的高塔群（2014年）

么这些碉楼为什么而"争"奇、为什么而"斗"艳呢？

　　汉代名臣萧何曾经对汉高祖刘邦说，"非壮丽无以重威"❸，古代人相信，作为一代帝王，没有一座宏大华丽的宫殿是不足以体现帝王的威严的。民家也是如此，人类总是通过建造华丽的住宅或高耸的纪念物来表现自己所具有的金钱和地位。当我们看到那一座座到处是精美雕刻的巨大宅院时，不难想象徽商和晋商曾经的辉煌；看看意大利圣杰米尼亚诺（San Gimignano）的山丘上那一座座高塔（图4-31），便可知道当时那些贵族的荣耀。

　　"当初穷过鬼，霎时富且贵，唔难屋润又家肥，回忆囊空因命水。运次催，黄白❹从心遂。否极泰来财积聚，腰缠万贯锦衣归。"

　　正像上面这首民谣里唱的，开平华侨通过他们在外洋艰辛的奋斗，终于"衣锦还乡"，成为家乡的新贵阶层。这时候，他们也需要他们的住宅看起来更体面一些，才与他们

33　参见参考文献[1]。
34　这里，黄白指黄金和白银。

"新绅士"的身份相称，才能让他们"光宗耀祖"。这种情况下，似乎没有什么建筑形式比碉楼更能体现他们的身份了。一开始仅仅为了防御土匪侵扰而建造的碉楼，以其颇具象征性并且令人瞩目的高耸形态配合华丽的西洋风格装饰，成为体现华侨的地位以及华侨文化特征的最好的纪念碑。

这时候的碉楼，其功能除了防御之外，更多的是象征拥有碉楼家庭的富裕。《开平县大事记》中记载"（1925年）3月，开征碉楼捐，认为有碉楼之家为殷富之户……"，由此看出，在当时建筑碉楼通常被认为是家庭富裕的一种表现。碉楼建得越高、越华丽，便可以说明楼主越富裕。在普查的访谈中我们了解到，有时同一地区两座碉楼先后兴工建造，楼主会担心对方抄袭自己碉楼的样式，因此会将工地用棚围起来，不让对方窥视。这个细节也说明，当时碉楼在功能上被赋予了更浓重的象征性与纪念性，成为楼主炫耀财富的工具。

位于今天蚬冈镇西南村村委会塘湾村的碉楼灿庐有这样一则故事。灿庐的始建人黄灿秀是经营杂货的美国广和降公司董事长，据说当时蚬冈镇一带有钱华侨都曾在此公司入股，除此之外，黄灿秀还曾分别任广东、广西两省参议员，据说其儿子黄香兰与孙中山之子孙科是结拜兄弟。该碉楼为黄灿秀请美籍开平华侨设计，由恩平县泥水匠主持施工。黄灿秀所建灿庐与其同辈亲戚黄炯秀的炯庐几乎同时建造，只是炯庐稍晚，但黄灿秀为攀比，特意下令停工，待炯庐完成后再建，以保证灿庐比炯庐更气派豪华❸❺（图4-32）。

4.2.2.4 建瑞石楼以争"最高"的传说

开平的居楼中，最华丽、气派的要属蚬冈镇锦江里的瑞石楼（图4-33）。在建瑞石楼的过程中，有一段故事很能代表那些欲借高大华丽的碉楼来象征自己地位的楼主的心理。

瑞石楼位于锦江里村的后部，坐落在村落民居的主轴线上，两个院门分别对着村巷，建于民国十二年至十四年（1923—1925年），是典型的居楼式碉楼。当时的楼主黄璧秀在香港经营钱庄和药材生意，致富以后，为保护家乡亲人的生命财产安全，回乡建设了这座碉楼。瑞石楼是由黄璧秀在香港谋生、爱好建筑艺术的侄儿黄滋南设计的，建设者有开平苍城的泥水匠、恩平的铁工，小工多为本村人。建楼所用的水泥、钢筋、玻璃、木材等均是经香港进口，建筑当时耗费3万港币。

该楼以黄璧秀的号"瑞石"命名，为钢筋混凝土结构，楼高9层。第1层是客厅，2~6层每层都配备设施完整的厅房、卧室、卫生间、厨房和家具。第6层外部为柱廊，7层为平台，平台四角各伸出一个圆形了望、防卫用的"燕子窝"，南北面则设置巴洛克风格的山花，8层内部放置祖先神龛，为家人祭祖的精神空间，室

---

35 根据普查小组2004年5月27日在蚬冈镇塘湾村对灿庐现在主要管理者黄巩武的访谈记录整理而成。

图4-32 开平市蚬岗镇塘湾村的灿庐（右）和炯庐（左）（杜凡丁摄影，2004年）

图4-33 开平市蚬冈镇锦江里瑞石楼（笔者、张复合摄影；2002年）

外则是一周观景平台，9层是堡垒式的了望塔，整体建筑呈现出欧洲中世纪的城堡风格。同时，在立面上运用西洋式窗楣线脚、柱廊造型，大量的灰塑图案中，融入了中国传统的福、禄、寿、喜等内容，在西洋的外表下蕴涵着浓郁的传统文化气息。楼内家具形式与陈设表现出十足的传统

开平市塘口镇自力村（梁锦桥摄影）

格调，酸枝木的几案、椅凳、床柜，柚木的屏风，坤甸木的楼梯、窗户等，用材讲究，做工精致，格调高雅。特别是用篆、隶、行、草、楷等多种中国书法刻写的屏联，更是洋溢着浓浓的传统风韵。瑞石楼以它高大秀丽的风采和内涵丰富的装修，成为开平碉楼的佼佼者，有"开平第一楼"的美誉。

在建楼过程中，黄璧秀与其父黄贻桂为楼高有一场争执。当瑞石楼建到第七

图4-34　开平市蚬冈镇中兴里庆云楼（2004年）

层时，黄贻桂就骂儿子：

"起该高做乜？三层就得。你系唔系想从楼顶上去可❸　雷公大佬的'春古蛋'❸ 呀？"（这句话的意思就是：造这么高的楼做什么？三层就够了。你是不是想爬上楼顶去摘雷公的睾丸啊？）黄璧秀不听父言，"我就是要建最高的楼！"❸

瑞石楼最后建成9层的高楼。他确实造了一座开平乃至五邑地区最华丽和漂亮的碉楼。

关于瑞石楼还有另外一个插曲，在瑞石楼所在的锦江里附近的蚬南中兴里，有一座叫做庆云楼的碉楼（图4-34），比瑞石楼规模稍小，造型稍显逊色，但壁柱的处理，悬挑的"燕子窝"下面的托座的设计以及顶部的形式，都可以明显地看出模仿瑞石楼的痕迹。据当地人回忆说，这座碉楼的建设比瑞石楼稍晚，楼主希望模仿瑞石楼建设，但因为建筑规模、资金、工匠水平等各种原因，建成之后比瑞石楼要逊色。

4.3　结语

本章论述了开平碉楼建造的原因。

开平碉楼作为一种防御性建筑物，其建设主要是为了防御土匪。

而除了防御土匪的作用之外，近代的碉楼，特别是近代的居楼。其高大华丽

36　可，当地方言，摘取之意。

37　春古蛋，当地方言，睾丸之意。

38　参见张国雄、梅伟强等人对瑞石楼的调查报告及对黄璧秀曾孙黄耀富的采访记录。

的形式，还起到一种象征的作用，炫耀了归侨与侨眷这一近代开平新贵阶层在当时的经济实力和令人瞩目的社会地位。

参考文献

［1］（东汉）司马迁. 史记·卷八·高祖本记[O].

［2］（清）薛璧. 康熙十二年（1673年）. 开平志[O].

［3］（清）王文骧. 道光三年（1823年）. 开平县志[O].

［4］（清）开平乡土志[O]. 宣统.

［5］（清）恩平县志[O]. 宣统.

［6］余荣谋, 吴鼎新, 黄汉光, 张启煌. 民国二十二年刻本（1933年）. 开平县志[M]. 民生印书局.

［7］开平县公署. 1929. 开平县事评论[G].

［8］开平市地方志办公室. 2002. 开平县志[M]. 北京：中华书局.

［9］恩平县地方志编纂委员会. 2004. 恩平县志[M]. 北京：方志出版社.

［10］台山县方志编纂委员会. 1998. 台山县志[M]. 广州，广东人民出版社.

［11］陆元鼎, 魏彦钧. 1990. 广东民居[M]. 北京：中国建筑工业出版社.

［12］张国雄, 梅伟强. 2001. 五邑华侨华人史[M]. 广州：广东高等教育出版社.

［13］张国雄, 刘兴邦, 张运华, 欧济霖. 1998. 五邑文化源流[M]. 广州：广东高等教育出版社.

［14］吴玉成. 1996. 广东华侨史话[M]. 北京：世界出版社.

［15］李春辉, 杨生茂. 1990. 美洲华侨华人史[M]. 北京：东方出版社.

［16］陈翰笙. 1984. 华侨出国史料汇编[M]. 北京：中华书局.

［17］龚伯洪. 2003. 广府华侨华人史[M]. 广州：广东高等教育出版社.

［18］麦礼谦. 1992. 从华侨到华人：二十世纪美国华人社会发展史[M]. 香港：三联书店（香港）有限公司.

［19］Dorothy & Thomas Hoobler. 1994. Chinese American-Family Album[M]. New York, USA: Oxford University Press.

［20］Iris Chang. 2003. The Chinese In American : A Narrative History[M]. New York, USA: Penguin Group.

［21］瀬川昌久. 1996. 族譜　華南漢族の宗族·風水·移住[M]. 東京：風響社.

［22］郑德华. 2003. 广东侨乡建筑文化[M]. 香港：三联书店（香港）有限公司.

［23］郝时远. 2002. 海外华人研究论集[M]. 北京：中国社会科学出版社.

［24］《开平侨乡文化丛书》编委会. 2001. 碉楼沧桑[M]. 广州：花城出版社.

［25］赵春晨, 何大进, 冷东. 2004. 中西文化交流与岭南文化变迁[M]. 北京：中国社会科学出版社.

［26］林家劲 等. 1999. 近代广东侨汇研究[M]. 广州：中山大学出版社.

［27］成露西. 1982. 美国华人历史与社会[M]//华侨论文集. 第二辑. 广州：广东华侨历史学会.

［28］阚延鑫. 2004. 开平碉楼建筑与华侨[M]//中国近代建筑研究与保护（四）. 北京：清华大学出版社：3-16.

［29］谭金花. 2004. 开平碉楼与民居鼎盛期华侨思想的形成及其对本土文化的影响//中国近代建筑研究与保护（四）. 北京：清华大学出版社：17-42.

［30］郑濡蕙. 2004. 开平碉楼背后及反映的思想文化——论碉楼的"中西合璧"//中国近代建筑研究与保护（四）. 北京：清华大学出版社：43-49.

［31］李日明. 2004. 开平碉楼名及楹联文化初探//中国近代建筑研究与保护（四）. 北京：清华大学出版社：55-64.

［32］张复合, 钱毅, 杜凡丁. 2004. 从迎龙楼到瑞石楼——广东开平碉楼再考. 见《中国近代建筑研究与保护》（四）. 北京：清华大学出版社：65-80.

［33］张复合, 钱毅, 李冰. 2003. 东开平碉楼初考——中国近代建筑史中的乡土建筑研究[M]//建筑史. 总第19辑. 北京：机械工业出版社：171-181.

［34］吴就良. 移民信息交流中心——旋侨俱乐部[G]. 开平市政府碉楼文化办公室内部资料.

［35］杜凡丁. 2005. 广东开平碉楼历史研究[D]. 北京：清华大学.

［36］刘定涛. 2002. 开平碉楼建筑研究[D]. 广州：华南理工大学.

［37］陈志华. 2003. 意大利古建筑散记[M]. 合肥：安徽教育出版社.

［38］开平县档案局. 1984. 开平大事记[G]. 一至四卷.

［39］横安里创建广安楼小序.

［40］教伦月报. 1933年12月号.

［41］教伦月刊. 1936年6月号.

［42］教伦月刊. 1946年6月号.

［43］小海月报. 1936-1941年.

［44］茅冈月刊. 1948年4月号.

The Construction of the Kaiping Diaolou

第 5 章　开平碉楼的建造

开平碉楼尤其是其中占大部分的近代碉楼，在样式上非常复杂，应用了拱券、柱式、山花等西洋建筑元素；在建造技术上，又大量采用了具有近代化特征的钢筋混凝土为建造材料。这样的碉楼，在近代中国的农村地区被如此大规模的建造起来，是那么令人不可思议。那么，这些碉楼到底由何人设计，又如何建造的呢？这是目前研究开平碉楼的各个领域的学者都非常关心的问题。在2004—2005年开平碉楼普查过程中，在田野调查和碉楼文献资料的收集过程中，寻找碉楼的设计图、施工图，一直是普查小组工作的重点之一。遗憾的是，尽管访谈中根据一些参与当年碉楼施工的乡民或泥水匠人家人、后代的追忆，碉楼的设计图纸曾经广泛存在，但大多在漫长的历史岁月中散失，比如有一些原泥水匠人在文革中担心受牵连，匆忙将以前自己绘制的图纸资料全部烧掉。这使得迄今为止，各方面仍没有发现当年遗留下的开平碉楼设计图纸或建造过程的完整文字记录。但通过此次碉楼普查过程中积累的大量数据和访谈资料、文献资料及其他专家和学者的研究成果，还是可以通过许多相关的线索，来了解开平碉楼建造的状况。

　　本章试图通过对所掌握线索的整理分析，从开平碉楼建造的过程中资金的筹集、承建人的选定、碉楼的设计、建筑材料的来源、施工过程与技术、施工监理等各方面向读者尽量清晰地展现当时开平碉楼建造的各个方面。

　　本章内容多处参考了张国雄先生在2004中国近代建筑研讨会上发表的论文《开平碉楼的营造》以及2004—2005年开平碉楼普查的共同参与者，也是笔者的共同研究者杜凡丁的硕士论文《开平碉楼历史研究》中第四章"开平碉楼的建造过程"中有关内容。

5.1 建造碉楼所需资金规模与资金的筹集

5.1.1 建造碉楼所需资金规模

5.1.1.1 建造碉楼所需资金数额的调查

　　普查小组2004年在开平进行田野调查时，通过对现存碉楼管理者与知情者的采访，了解到了一些关于建造碉楼所花费金额的情况（表5-1）。

表5-1　建造碉楼所花费金额

碉楼名（及所在地）	类型	规模	建造年代	建造所需费用
赤水镇茶坑村委会大旭村羡世楼	众楼	4层	1931年	约10000元
苍城镇旺岗村委会西堡村以信楼	众楼	4层	1927年	每个男丁出20斤石头（或出钱）
苍城镇莲塘村委会上莲塘村焕章楼	居楼	5层	1928年	贩卖每季可收割170斗粮食规模的田产所得资金
沙塘镇塘浪村委会南庄村同安楼	众楼			分六股，每股300元（白银）
沙塘镇塘浪村委会新胜村西安楼	众楼（学校）	5层	1924年	约7800元
沙塘镇塘浪村委会旭边村承启楼	众楼	4层	1925年	村子卖年产五斗粮的田作资金，另外全村每丁负责100斤石仔
赤坎镇芦阳村委会朝阳村发安楼	居楼	4层	1927年	约6000元
赤坎镇两堡村委会世兴村景隆楼	居楼	3层	1935年	约20000元
赤坎镇塘美村委会高咀村披云耕月楼	居楼			8000双毫银
长沙街道办事处幕村村委会开方龙村安福楼	众楼	5层	1924年	约6400元
长沙街道办事处冲澄村委会龙平村新庐楼	居楼	4层	1920年	6000双毫银
塘口镇升平村委会黄村竹逸居	居楼	4层	1923年	800~1000双毫银❶
塘口镇宅群村委会荣桂坊村滋庐	居楼	4层	1948年	17万港元❷
塘口镇四九村委会四九圩旋侨俱乐部	众楼	3层	1917年	集股建成，共351股，总投资双毫银共10712.38元
塘口镇四九村委会五星村永华楼	居楼	6层	1915年	2000白银❸
三埠街道办事处迳头村委会高塘基村成进楼				9999元
百合镇厚山村委会咀头村绍宪楼				18000元
百合镇马降龙村委会永安村的天禄楼	众楼	7层	1925年	12000大洋
百合镇齐塘雁平楼	居楼	5层	1923年	30000双毫银
蚬冈镇锦江里瑞石楼	居楼	9层		30000港币

　　由于普查中了解的信息受被采访人的记忆力等各种条件影响，应该不尽准确。另外，在近代各种侨刊中也可以找到一些关于碉楼建造费用的描述，也可作为参考。

　　《厚山月刊》1925年10月号"筹建绍宪碉楼之近况"条载：

1　笔者认为800~1000双毫银数额过少，疑有误。
2　比兴建其他碉楼所需资金高出数倍，其原因或数据准确性值得怀疑；也可能其修建年代为1948年，当时内地通货膨胀相当严重，物价暴涨，修建碉楼费用也比过去高出几倍。
3　笔者根据金额数量推测此处的白银应是指银元。

"绍宪学校之校舍，系原珪祖祠改建，因在村外，员生为避贼起见，莫敢在校寄宿，故管理设施不无窒碍，是以筹建碉楼，择定楼址在原珪祖祠后便空地，拟定楼高连顶顶5层，楼阔三丈六尺，深二丈六尺，预算用款18000元。"

《潭溪青年先锋》1927年第8期"华侨回埠"条记载：

"（春塘里）世任君，经商克列，于去年为旋后，建一碉楼，用去建筑费万余元，规模为潭溪之冠。"

《光裕月刊》1930年1月号"新楼出现"条载：

"大同南和里国秀，壮年游美洲、晚年经商香江，一富翁也、因土匪之乱建碉楼一座……闻该楼要用建筑费用18000余元。"

《教伦月刊》1932年7月号"贼过装枪"条载：

"沙洲回龙里教伦楼、自七月初午夜发生劫掠案后，该村人士、召集会议、讨论治安善后问题、昨定于夏历8月13日围村、每家献出一人担任工作、余如建筑闸楼、概招工投充……约需万元。"

《教伦月报》第47期"族闻"栏，"族侨返美调查"条记载："黄其塘族人俊超、俊燦、俊瑞三君，前数年由美旋家，各建碉楼屋宇，用资几及万元。"

《晨钟旬报》1933年第34期"永兴里筹筑闸阁"条记载：建造永兴里两个闸楼开销是千余元❹。

《儒良月刊》1934年第11期，"儒良学校建筑碉楼最后决议之章程布告""建筑炮楼招股及劝捐章程"中记载，百合镇儒良学校民国十二年（1923年）为学生住宿而建的安定楼共5层高，1~4层是宿舍，以认股形式筹资，共集1500股，每股为10元双毫银，总计18000元双毫银。

5.1.1.2 建造碉楼所需资金数额分析

采访中村民们所说的"元"与侨刊中提到的"元"大多指的是双毫银，它是清末至19世纪30年代广东自铸使用的货币，因为币值比较稳定而成为了包括开平的广东省许多地方的主要流通货币，广东的双毫银与全国流通的银元换算，是5个双毫银约为一个银元（大洋）。

从上面所获得的数据我们基本可以了解20世纪前期在开平修建一座碉楼的一般花费少则双毫银五六千元，多则一至三万元。

再来看看在开平碉楼中，样式相当复杂、华美的百合镇齐塘雁平楼（图5-1），据建楼者后代黄宗晃回忆，民国十二年（1923年）夏动工兴建雁平楼的资金是其父黄锐蘭亲赴香港提款，耗资3万元双毫银❺。

有开平碉楼第一楼美誉的蚬冈锦江里的瑞石楼（图5-2），高9层，据建造者黄

4　笔者认为此处所记载修建两个闸楼开销千余元，数额过少，因此这两座闸楼应该不是指碉楼，只是小型的门闸。

5　参见2002年夏黄宗晃至开平市碉楼文化办公室张建文主任信。

图5-1 开平市百合镇雁平楼（2002年）

图5-2 开平市蚬冈镇锦江里瑞石楼（2002年）

壁秀的孙子黄炳洪和重孙、现在的管理人黄耀铿回忆，造价是港币3万元。由于笔者尚未查知当时双毫银与港币的比价，无法得知瑞石楼与雁平楼的造价谁高谁低。

百合镇马降龙永安村和南安村的天禄楼高7层，建于民国十四年（1925年）它是由29户华侨家庭认股集资修建的，共耗大洋12000元❻，约合60000双毫银，由于天禄楼虽较高，但复杂、精美程度与瑞石楼以及雁平楼都无法相提并论，其耗资数额如此巨大值得怀疑。

张国雄先生在其文章《开平碉楼的营造》中认为，民国19世纪30年代1个银元在价格上约合今天的40元人民币，也就是说修建一座碉楼大约花费是50000人民币（6000双毫银）到24万人民币（30000双毫银）。但由于现在与当年的物价、整个社会收入水平等各种因素相差甚远，这种数据的比较还不能直观反应修建碉楼所花费钱财在当时是如何的水平。

近代开平当地的物价可从在当时侨刊上经常出现的物价调查表中了解到，如《教伦月刊》1933年9月号"物价调查表"显示，当时开平赤坎镇每斤猪肉为四毫五，即每公斤猪肉为0.9元双毫银；广东本地产水泥——五羊泥每桶11.7元。可能这还不足以使读者了解到建造碉楼所需资金到底是怎样一种概念。笔者了解到下面一组数据，在20世纪30年代中期的广东省，当时广州政府一般雇员月工资收入分5级，最低双毫银30元，最高50元；政府有职者最低60元，最高180元；教师工资分20级，最低30元，最高185元；一般工人收入30元左右。1938年6月由当时的"中国旅行社"编辑出版的《粤港澳导游》手册中可以窥见当时物价水平一斑，当时广州最高档的爱群酒店住宿一晚为2.5～20元，而档次也不低的位于沙面的域多利酒店只需1元。手册中详列了广州各种饮食店铺100余家，饮食的价格高

---

6 引自张国雄先生2001年8月28日，在永安村采访黄均森（80岁）、黄锡昂（75岁）记录。

的如数十元一围的宴席，低的到一毫❼ 一件的茶点。那么，在当时的开平县百合镇农村修建雁平楼所需的30000元双毫银相当于一个省城广州普通工人1000个月的薪水，就算政府高级职员，也需要14年的全部收入。

5.1.2 资金的筹集

前文所分析的建造碉楼所需如此巨额的资金是如何筹集的呢？开平碉楼建造的集资方式主要有个人（家庭）独资和众人集资两种。

5.1.2.1 个人独资修建碉楼

开平碉楼中的居楼中大部分是由个人（家庭）出资修建的。普查中了解到，居楼的兴建者大部分是经济实力相对雄厚的归侨、侨眷阶层。华侨在海外或经营餐饮业、洗衣业、农业，或做生意，修建碉楼的资金正是华侨们在海外数年到数十年间含辛茹苦积攒下来的。如前文提到的铭石楼、雁平楼都是具体的实例。

表5-2列出普查小组在开平市长沙街道办事处一地普查中了解到的华侨独资兴建碉楼的情况，以长沙一地为例，在普查中可知具体始建人的案例中，华侨独资兴建碉楼的例子占了其中绝大部分。

表5-2　华侨独资兴建的碉楼

碉楼名（及所在地）	始建人	建造年代	出洋做工国家（地区）	出洋从事工种
长沙平岗村委会东和村仁煦楼	吴仁煦	1926年	加拿大	不详
长沙平原村委会桂芳村楼	吴始观	1920年	加拿大	不详
长沙爱民村委会龙昌村共和楼	谭昌厚及其六个儿子	1922年	美国、加拿大	不详
长沙爱民村委会集成村大观楼	谭家拔	不详	不详	不详
长沙爱民村委会大垯村同益楼	谭广均	1900—1910年间	加拿大	不详
长沙新民村委会新屋厦村广安楼	谭昌美、谭昌义	不详	加拿大	不详
长沙西安村委会永昌村重民楼	周重民	不详	美国	
长沙东乐村委会岗咀村成美楼	周道美	不详	美国	
长沙幕村村委会新填村树仁楼	伍于笛	1915年	美国	不详
长沙三江村委会宝源村五合楼	陈亮景等五兄弟	1921年	美国	
长沙三江村委会祝华坊村振声楼	胡和稚、胡和升	不详	美国	
长沙三江村委会富善坊村福星楼	胡维熹	1926年	美国	
长沙冲澄村委会龙平村新庐楼	李伟爱	1920年	美国	
长沙八一村委会南苏村 孖楼(左)	吴谦的父亲	不详	美国	药材生意
长沙八一村委会南苏村 孖楼(右)	吴谦的父亲	不详	美国	药材生意

7　相当于十分之一元。

近代各类侨刊中也有很多华侨独资兴建碉楼的记载，如：

《小海月报》1938年1月号，"二十六年❽度建筑统计"条中共记载1937年小海地区❾以华侨为主体的建设活动34宗，其中改建旧屋、楼屋❿、家塾14宗；建屋3宗；建楼屋12人，建楼5宗，建门楼1宗。

《教伦月报》第47期"族闻"栏，"族侨返美调查"条记载：

"黄其塘族人俊超、俊燦、俊瑞三君，前数年由美旋家，各建碉楼屋宇，用资几及万元。"

同刊，"碉楼落成"条记载：

"澄溪里族人文厚君，父子经商于美，积有余资。现在该乡建造碉楼，业经完竣。"

《光裕月刊》1930年1月号，"花旗⓫客汇款回归建筑大厦"一条中记载：

"东安堡崇祺翁长子珍发谋于美国，克勤克俭，以故大有积蓄，鉴于目前建筑物料相宜，所以汇归款项一大宗，由崇祺翁在家支理，购备各种材料，于今秋大兴土木，从事建筑楼屋一座。"

同刊，"裕安楼"（图5-3）条记载：

"岐岭里勋铨，年逾不惑，经商英国，获利颇丰，早二十年前，发达荣归，置田立宅，筑一楼于村侧，名曰裕安楼。"

《儒良月刊》1928年第5期"家乡消息"栏，"吾族又多一保障矣"条记载：

"边汤遵植之子持允君，上数年由红毛还乡，缔造华厦一间、书馆一所，堂堂大雅，尽可安居。惟感于时局之多变，若不建筑碉楼，万一肘腋变生，事后之悔过何及。所以去岁归来乡井，决心碉楼宏敞，以垂久大之规，血汗之资非所计，而但得保障一方，费去之钱文何惜。持允君之意，可谓按不忘危，能弭事变于未形者也。"

《儒良月刊》1930年第3期"本族新闻"栏记载：

"（圈村）蘭和，向往墨国⓬，于旧岁秋间，满载回唐⓭，为保护安全起见，现在该村后方，大兴土木，建造碉楼一座，闻落成之期，行将不远云。"

开平地区的一部分居楼是由家庭内部成员集资兴建的，如前面表5-2中所列陈亮景等五兄弟所建之五合楼（图5-4）。又如，苍城镇旺岗村委会西阳村的五昌庐（图5-5），是由许氏五兄弟合资建成，楼高五层，五兄弟按排行每人占用一层，各层都有自己独立的厨房和厕所。而赤水镇冲口村委会桥头村两兄弟合资

8　即民国二十六年，1937年。
9　今赤坎镇小海村委会附近地区。
10　侨刊中经常提到的"楼屋"具体所指不详，笔者推测其2层以上的普通民居建筑，含"庐"式洋风别墅。
11　指美国。
12　指墨西哥。
13　指中国，当时华侨称中国为唐山。

图5-3 开平市赤坎镇裕安楼（2004年）

图5-4 开平市长沙三江宝源村五合楼（梁锦桥摄影，2005年）

图5-5 开平市苍城镇旺岗西阳村的五昌庐（2004年）

图5-6 开平市赤水镇冲口桥头村兄弟楼（梁锦桥摄影，2004年）

建造的碉楼则直接起名为兄弟楼（图5-6）。

有钱建得起碉楼的个人或家庭基本上都是华侨或侨眷，《沙冈新闻》1948年11月号，刊登了一户非华侨兴建两层楼屋的消息：

"（本社讯）龙潭村在人民穷困，物质困难的时候，突现新建两层楼屋一所，把这村反映出鲜明起来。我和友人从村前走进，友人不假思索地说：'它是新近回国华侨建的。'后经探访，这个揣测完全是错误的，乃是农民张锦寿，本着我国农民的优点，克勤克俭，耐劳刻苦，一角一分积蓄下来的结晶品，到本月二十六日才出现在我们眼前。"

这则消息中对一座两层新建楼屋的主人并非归侨或侨眷之惊讶，可见当时不要说碉楼，就是规模更小的民居建筑，也多数只有华侨、侨眷才有足够资金去建造。

但是，还是有少部分碉楼是由本地比较富有的非华侨人家独资修建的，如1928年3月出版的《厚山月刊》"建筑崇楼"条记载：

"来树梧祖之子名浣君，承受其祖及父大宗遗产，建筑一宏伟之碉楼云。"

除了居楼之外，有铺楼及一部分作为私塾的碉楼也是由本地商人或归侨等富庶之人独自修建的。

5.1.2.2　众人集资修建碉楼

开平碉楼中的众楼和更楼则基本是家族或村内集资修建的，集资的方式很多，有利用公共款项、自愿集资、村民均摊、认股、募捐等。

（1）利用公共款项

利用公共款项指的是变卖属于家族或村庄的公共物品以取得资金，例如表5-2中沙塘镇塘浪村委会旭边村承启楼是由村中公议卖掉公有的五斗田❶ 作为资金建立起来的。

（2）自愿集资

自愿集资一般是村里一户或几户比较富裕的人家自愿出资兴建公共性碉楼，例如有四百多年历史的赤坎三门里迎龙楼（逛龙楼）即是关圣徒出资兴建，出现危险时，全村人共同避难的碉楼。

（3）村民均摊

均摊则是指由全村人平均分摊建楼费用，如苍城镇田心村委会田心村在1919年遭到土匪抢劫后，由全村每户出资6银元建立了瑞龙楼（图5-7）。在早期或是近代经济相对落后的山区这种均摊有时以实物的形式进行，例如，苍城镇旺岗村委会西堡村在建造以信楼时规定村内每个男丁出20斤石头或是与之价值相等的金钱。

因为在当时开平地区贫富差距较大，因此很多村庄在建筑公共碉楼时采取自愿出资的形式，即在集资时村民根据自己的财力量力而为。同时，出资较多的人家在碉楼使用上享有较多的权益，例如，在楼内避难时出钱多的人家睡在床上，而出钱少或是没有出钱的人家则睡在地上。但是这样的集资方式容易发生纠纷，《楼冈月刊》1925年3卷"族闻"栏，"建楼不成"条记载：

"锦洲人士，拟捐疑在大头田附近，用山坭建筑碉楼，以资守卫，详情业纪上卷。近闻因村中住户，贫富不一，人心涣散，疑项难筹，已成泡影云。"

这从一个侧面反映了近代当地贫富差距增大给传统的集资形式带来的困难。

14　指每一季可收获粮食五斗的田地。

（4）认购股份

认股是在开平相对发达的地区采取的一种比较先进的集资方式。将建楼所需的费用分为若干股，由众人自愿认购股份，例如，长沙街道办事处西安村委会永盛村民安楼（图5-8），采取用田产认购股份的方式，出三斗田可得碉楼内一个房间。又如沙塘镇塘浪村委会南庄村同安楼（图5-9），集资时共分为6股，每股300银元，建于塘口四九墟中的旋侨俱乐部总投资为双毫银10712.38元，分为351股，参与出资者最少的占有1股最多的占有7股。依据股份制的原则，占股份较多的人拥有更多的权益，如前文所述的横安里广安楼，共分为19股，每购买一股则可在楼内占有一个房间。在调查中发现，通过认股集资建成的碉楼绝大多数股东都是华侨或侨眷，而认股建楼这种带有明显的近代经济模式特征的集资方式很可能就是由开平华侨开始推行的。另外，出于朴素的人道主义及乡邻感情，危险的事态发生时，这些以股份制集资建成的碉楼也接纳没有参股的村民进楼避难，只是他们只能待在楼内公共空间。

（5）募捐

募捐则是开平近代普遍采用的另外一种集资方式，特别是更楼、学校碉楼等带有较强的公益性的碉楼，很多都是

图5-7 开平市苍城镇田心村瑞龙楼（2004年）　图5-8 开平市长沙西安永盛村民安楼
（梁锦桥摄影，2005年）

图5-9　开平市沙塘镇塘浪南庄村同安楼（梁锦桥摄影，2005年）　　　图5-10　开平市赤水镇瓦片坑龙冈村六角亭碉楼
　　　　　　　　　　　　　　　　　　　　　　　　　　　　　　　　　　（梁锦桥摄影，2004年）

通过募捐的方式筹款建立起来的。例如赤水镇瓦片坑村委会龙冈村六角亭碉楼（图5-10）就是在当地张俊溢、张培暖、张春耀等几位父老的组织下，靠捐款集资兴建的，现在在碉楼的首层还可看到记录个人捐款数额的功德碑。前文所述的塘口潭溪宝树楼内也存有记录募捐建楼情况的石碑。旅居海外的本地华侨和侨眷通常是主要募捐者，例如《晨钟旬报》1933年第34期"永兴里筹筑闸阁"条记载：

"（六区）永兴里人多出洋，素称殷富，最近冬防吃紧，闾里堪虞。该村父兄利某雨等，召集全村公民会议，即席议决通过，分部额捐千余元，以备兴工建筑最完善之闸阁两座，俾固村场而壮观瞻。"

而开平地区的近代学校中的碉楼则几乎全部都是依靠华侨捐款建立的，如由金鸡镇锦湖村委会锦湖圩村礼林学校，赤水镇冲口村委会冲口圩村冠英学校等。《风采月刊》1930年第8期"乡闻"栏，"乡民筹建校舍"条记载：

"荻海雀困堡圣操高级小学校校董会，以校址狭迫，教师不敷分配，现特拟具图则，筹建校舍炮楼，为栽培人才之所。当即釐定章程，编纂募捐缘部，分发海外侨胞募捐，其募疑数额，为一万四千元。"

有些地方在捐款时甚至特别规定了华侨家属的捐款数额，例如，1927年出版的《儒良月刊》总65期"乡族新闻"栏，"均安里捐疑筑公楼"条记载：

"均安里非千万户之巨乡，现有碉楼三座，可以捍卫而有余。然前建之碉楼，乃村人集股而成，可为私人之住眷，不可为全村设防之地点。于是集众会议，议决于村中衝要处，另建一更楼……而建筑之费，计将安出借箸筹之，仍以募捐之法为最良。于是发布题签，务望诸公鼎力。凡英美两属侨商，每人额捐十元为底，余则随人乐助。"

通过以上分析，我们可以看出，随着当地经济的发展和社会结构的变化，开平碉楼的集资方式逐渐趋于近代化。而侨资是开平近代碉楼建筑的主要资金来源。

5.2 碉楼承建人的选定

有关开平碉楼承建人的选定，普查采访与各种文献中可找到的线索不是很多。中国乡村的建设工程大多是委托熟识的本乡工匠或经人介绍的优秀工匠来建造，笔者估计在开平碉楼的建设中，这种委托方式也应该比较常见，但在近代的开平，值得一提的是由许多线索可见，近代开平侨乡各种建筑工程承建人的选定，常采用招投标方式，最后中标者获得承建委托，并与业主签订合同，一些碉楼的建设委托也采取类似方式。下面对此进行详细论述。

5.2.1 委托建设

委托建设是中国农村建筑活动指定承建人常用的方式。一般建设业主自己认识或经人介绍认识承建人，与之达成承建协议既可。

笔者在普查与文献研究中搜集到这种委托活动的相关资料很少。

《五堡月刊》1949年第六期"泥水匠与泥水匠轇輵[15] "一文叙述了一则因承建人违约，业主另请他人引发的纠纷：

"长庆里金刚因重修旧屋，于旧岁年尾曾与司徒壬订价连工包料，经有成议，当时先交港银十元，用作定金，但因事未果，至今年三月，金刚又以司徒壬粗鲁，将定金弃去，改雇梁泥水荣，经于日前开工，泥水壬又以先有成议，不肯甘休，阿荣又以东家请我，见工做工不理其他，互相纠缠，双方各持理由，未知作何究竟。"

5.2.2 招投标

20世纪初期，开平的建筑工程就形成了招标的管理模式，大至学校、家族祠堂，小至村落书社、民宅，一般都要向社会公布，邀请投承。

大宗的招投标，如开平中学新校舍工程，《教伦月报》1934年第128期，"开中开投建校公司，一二两阄均为族人投得"一文，描述了民国二十三年

---

15 音为焦格，意思是交错纠缠。

（1934年）开平中学新校舍工程于6月14日开投，"到投者颇为拥挤，省港以及内地之建筑公司参加投承者，计工十四处。开投结果，以美和公司投价七万四千九百元为最低，达成公司投价七万七千元次之，三票则为七万八千元。查一二两阄均为本族族人所得，美和公司主事人为书楼族侨俊织、尚义两君，达成公司则为塘边乡梓荣君之姪某君。开投后，昨经建校委员会审查，决议交与二阄达成公司承建，承价仍减为七万四千九百元"。

开平中学是一个比较大的建筑工程，吸引了远至广州、香港的建筑公司，招标的程序比较完整。有意思的是美和公司不是开平当地的公司，美和公司很可能是在香港，但它由司徒氏的外埠亲族（文中说的"族侨"）司徒俊织和司徒尚义组建的。达成公司或者在广州或者就在开平当地。中标的既不是投标时提出造价最低的公司，也不是最高的公司，但是最后的造价则取了最低标准。

小规模的如厕所也有进行招投标的，《光裕月刊》1938年第九卷一二期，"厕所改建竣工，出投价值四百九十余员"一文记述：

"（赤坎）上埠"墟地北边塘口之厕所，乃缘德祖堂属业，向也陈旧不堪，极失观瞻，因此该堂当事人员，乃于十一月尾议决将之开投工程，重新改建，后卒大隆村族人崇梅以毫券四百六十员承建，闻现已建筑完竣，批与源利号为厕，每年取回租银毫券四百九十一员以五年为期云，噫该厕之出息可谓大矣。"

在建筑工程的招标中，有的是分项目招标。比如《晨钟旬报》1928年第33期，"月山书院重修投充工程"一文记述：民国十七年（1928年）月山镇的月山书院重修工程总造价是1025元，12月3日在书院开投，"泥水三百六十五元，许旗投充；木工二百七十元，苏泽投充中；篷厂二百二十元、漆工百七十元，公益埠元昌投充"。

不管是哪种投标形式，都反映了当时开平建筑招投标的普遍性。

由于碉楼的建设不如公共建筑的建设受人关注，侨刊中对碉楼建造前的招投标报道很少，但也偶有描述。《齐塘月刊》1927年第2卷第3期，"龙凝里建闸阁已积极进行"一文，叙述民国十六年（1927年）百合镇齐塘龙凝里建造村口的闸楼，"以壮观瞻兼资守禦，而建阁工程，係陈巨取价一百二十元，接得办理"。通过侨刊的记载，可以发现这个陈巨是一个当时长期活跃在乡间的工匠，民国二十五年（1936年）中，他同样以120元的报价投得赤坎脾冲里元六祖祠堂修复工程的泥水部分项目❶ 。

---

16 民国二十五年《光裕月报》第8卷第9期，"元六祖祠焕然一新"。

5.2.3 合同

从侨刊的记载来看，通常招投标确定出建设工程的承建方，业主就会和承建人签订合同。

普查人员在百合镇马降龙的"庐"式别墅——林庐（图5-11）中发现一份林庐建设前业主关定林与承建人吴波签订的合约及设计图纸及图纸说明一份。虽然不是碉楼的建设合约和图纸，难免有些遗憾，但同是近代西洋风格建筑，对我们了解近代开平碉楼的建设合约以及建造过程均有重要的参考价值。本文特将合约内容全文记录如下：

> 《林庐建筑合约》
>
> 立合约人关定林、吴波，今因关定林有屋楼一座，招人投承新建屋楼一座三层其长短阔窄高低款式劃有图则及说明书详注，所有蓬厂坭水木匠散工毛坭砖砂石灰木料门扇铁料铁闸石仔等及各样使作应有尽有，一概连工包料。现吴波与关定林二傢面订价双毛银七千五佰员正，由业主派人监督建筑，其工程订明立约日起，限壹佰壹拾天完竣，不得延悮。如过期内，每日罚银伍元。其屋楼长短阔窄高低及地□[17]之填高俱用英尺与打椿所用材料全□内外□格装修款式要依

图5-11 开平百合镇马降龙"林庐"（2004年）

---

17 □符号代表其中不能确认的字，下文引用的文献资料中不能确认识别的字用同样方法表示。

图则及说明书做到妥当，至竣工时要承建人与业主及监督人口同到场验明确系依照图则及说明书做妥，倘有工程不符倾侧崩漏并藉端悬期半途停工逃匿等情，不特将该银留候如至建筑期内或有以外事发生，係为承建人支理与业主无涉。以上之工程材料与同监督人协同查对与说明书相符方能合法，此係大傢情愿，双方允协，各无异议。恐口无凭，特口合同约式两张口签，各执为据。

计开章程图则说明书❶ 粘列于后

担保口

民国廿五年新历七月十二日、旧历五月廿四日立合同约人：业主：关定林、承建人吴波、吴坡

这份合同对整个建造"庐"式别墅工程中业主与承建人的责权利均作了严格说明，如违反合同，违约一方将依法受到处罚。

正如《教伦月刊》1926年第五卷第九号"催促南强公司复工"一文载：

"承建私立侨中学校校舍工程之南强公司，日前无故停工……如仍不复工，则依照工程合约所规定，与该公司解除和约，另招别人承建，所有续筑工程费，均向该公司所存建筑及保证金扣除云。"

另有《风采月刊》❶ 1923年第十期"承建人违约解县"一文载：

"邑人李金钊，将税地建筑铺屋，经于本年六月间，与承建人余坤中订立合同，订明合共建筑费九千五百元……如交定后二十日仍未动土建筑，则追回定银，并取消合同……但迄今逾限日久，该承建人并未依约履行，亦不允将定银交回……特于前月二十二日，将该承建人余坤中扭解县府讯办云。"

5.3　碉楼的设计者——从泥水匠人到建筑师

本次普查中对碉楼的设计者进行了重点的访谈，搜集到一些线索汇集如表5-3。

表5-3　对碉楼设计者的普查

楼名（及所在地）	设计及建造者	建造用时
马冈镇龙冈村委会龙冈村德润楼	长沙楼冈及本村的泥水匠	
马冈镇陂头咀村委会陂头咀村接龙楼	本村木匠吴同福、吴日彩设计施工	
金鸡镇大同村委会南和村楼庐		约一年
赤水镇羊路村委会李屋村楼芸楼	石刻："民国27年开平第三区岗义村伍琨记造"	
赤水镇冲口村委会桥头村兄弟楼	恩平县泥水常	

18　合约所附图则说明书另列于下文中。

19　《风采月刊》是近代荻海一带侨刊，荻海今天属开平市三埠街道办事处，当时荻海一带则归属台山县。

楼名（及所在地）	设计及建造者	建造用时
赤水镇冲口村委会桥头村昌就楼	沙塘镇和安乡平湖村泥水林	
赤水镇瓦片坑村委会龙冈村龙冈里六角亭	施工头为在广州从事建筑业的"崩口满"。泥水匠为本村人张春满，木匠为本村的张文恒	
赤水镇茶坑村委会大旭村羡世楼	恩平泥水匠，楼主曾带他去参观了其他的楼，并要他按其模样模仿建造。参与施工的约有30人	约半年
赤水镇赤居村委会芝兰路村同益押	大津村大同里泥水匠建造	
苍城镇旺岗村委会西阳村五昌庐	沙塘镇塘浪泥水匠杨炳	
苍城镇楼田村委会那朗村捷龙楼	马冈镇郭村泥水匠设计施工	
苍城镇莲塘村委会上莲塘村焕章楼	沙塘镇泥水匠建造，姓杨	约半年
沙塘镇西村村委会南兴村和安楼	塘浪泥水炳	
沙塘镇西村村委会西兴村大安楼	泥水华，泥水海	
赤坎镇下埠村委会海塘村裕安楼	郁秀里泥水耀建造	
赤坎镇五龙村委会沃秀村彪楼	五龙原村泥水泽	
赤坎镇五龙村委会沃秀村纬彩楼	五龙原村泥水泽	
赤坎镇五龙村委会招村奕华楼	五龙原村泥水泽	
赤坎镇下埠村委会海塘村年绣居庐	石子岗泥水匠	
赤坎镇灵源村委会虾村四豪楼	恩平县泥水匠	
赤坎镇两堡村委会世兴村景隆楼	护龙高顶村泥水恩	
赤坎镇两堡村委会世兴村宏发居楼	护龙高顶村泥水恩	
赤坎镇两堡村委会世兴村嘉隆楼	护龙高顶村泥水广	
赤坎镇两堡村委会兰兴村彬庐	本地工匠余彬生（泥水享）	
赤坎镇两堡村委会兰兴村贵楼	本地工匠余彬生（泥水享）	
赤坎镇两堡村委会兰兴村耀才楼	本地工匠余彬生（泥水享）	
赤坎镇塘美村委会高咀村披云耕月楼	设计图纸由国外带回，由恩平泥水匠建造	
赤坎镇五堡村委会杨桃山村连安楼	赤坎小海邓荣	
赤坎镇小海村委会莲塘村新发祥楼	赤坎本地泥水匠	
赤坎镇中股村委会定溪村文澄楼	开平本地泥水匠	
赤坎镇中股村委会李巷村逸德楼	开平本地泥水匠	
赤坎镇中股村委会草湾村濂石居庐	恩平县泥水匠	
赤坎镇中股村委会草湾村吉祥楼	恩平县泥水匠	
赤坎镇红溪村委会大葫新村禄安居庐	大葫本村泥水匠	
赤坎镇莲红村委会田心村定民楼	塘口镇草坪泥水匠谭许标	
赤坎镇莲红村委会田心村东皋居庐	塘口镇草坪泥水匠谭许标	
赤坎镇莲红村委会田心村镜庐	塘口镇草坪泥水匠谭许标	
赤坎镇永坚村委会牛三茅园村仁为美楼	设计图纸从美国带回	
赤坎镇石溪村委会雁塘村枢庐	关定枢亲自设计，组织建造，并保存了部分图纸，文革中曾被抄家，绘图铅笔、白纸、图纸均被自己烧毁	
赤坎镇石溪村委会雁塘村鸿禧庐	楼主自行兴建	
塘口镇升平村委会东村淮宣楼	潭溪凤社村村谢氏设计施工	

续

楼名（及所在地）	设计及建造者	建造用时
塘口镇宅群村委会荣桂坊村滋庐	设计图由外国拿回，请本地工匠——长沙楼冈乡吴许施工	
塘口镇宅群村委会五福里村怀安别墅	楼主自己模仿其他碉楼设计，请本地人施工	
塘口镇草坪村委会横安村广安楼	本村人设计施工	
塘口镇草坪村委会龙美村振胜楼	木工出身的楼主谭雅贞本人设计，请本村人施工	
塘口镇草坪村委会龙美村荣兴楼	本地人谭能荣	
塘口镇四九村委会四九圩六合楼	楼主本人设计，本人及自家工厂伙计施工	
塘口镇卫星村委会朝阳村培庐	楼主张培偶自己设计，请卫星附近工匠泥水迪主持施工	
塘口镇卫星村委会朝阳村乃俊楼	归侨张炳创主持修建，请卫星附近工匠泥水迪主持施工	
塘口镇潭溪村委会潭溪圩村宝树楼	本地工匠	
月山镇桥头村委会余庆村拱荣居庐	钱三管区泥水匠	2年
月山镇岗峰村委会大湾村发旋楼	本地泥水匠	
月山镇岗峰村委会大湾村五权楼	本地泥水匠	
月山镇岗峰村委会大湾村西门楼	赤坎镇泥水匠	
蚬冈镇春一村委会南兴村边筹筑楼	蚬冈镇春一茶岭人黄福兰(泥水龙)	2年
蚬冈镇南联村委会飞鹅村良公纪念堂	恩平泥水匠	
蚬冈镇南联村委会长塘村德意楼	设计图纸由外国带回，恩平县泥水工，本村木工	
蚬冈镇春一村委会茶岭村茶岭众人楼	本村泥水匠黄福兰（泥水龙）	
蚬冈镇春一村委会茶岭村茶岭无名楼	本村泥水匠黄福兰（泥水龙）	
蚬冈镇春一村委会茶岭村利庐	黄福兰（泥水龙）及其儿子黄平	
蚬冈镇春一村委会茶岭村广安楼	黄福兰（泥水龙）	
蚬冈镇春一村委会茅葫村安怀寄庐	黄福兰（泥水龙）及其儿子黄平	
蚬冈镇坎田村委会东溪村週庐	恩平县工程师陈照	
蚬冈镇坎田村委会莲子村镇南楼	设计图纸由美国带回，广东省番禺泥水匠施工	
蚬冈镇西南村委会塘湾村灿庐	美籍华侨设计，恩平县工匠施工	
蚬冈镇瑞石楼		
百合镇雁平楼	开平著名建筑师设计	

从表5-3显示的情况看来，开平碉楼的设计者大致可以分为三种类型：一种是极少量专业的设计师，一种是楼主等非建筑行业的业余设计者；最常见的一种是本地的泥水匠人。

5.3.1 泥水匠人

从表5-3可以看出，普查中通过访谈了解到的开平碉楼的设计者大多是泥水匠人，他们一般既是碉楼的设计者，也是碉楼的承建人，当地人通常根据其名或号称呼为"泥水某"。从19世纪60年代开始，在上海这样的大城市，传统的工匠逐渐自组营造厂，以投标，承包的方式参与到近代建筑的设计建造中。在开平，因为无论开平碉楼，还是当时其他建筑，大多采用外墙承重的结构，特别是近代在开平碉楼和庐式别墅中大量采用钢筋混凝土结构，因此在职业建筑师没有大规模进入侨乡农村的建筑市场的情况下，泥水匠人，而不是木匠与石匠成为建造碉楼的主导工匠。是他们承接下建造碉楼的工程，负责指挥其他工匠和小工完成碉楼的建造，而设计碉楼的任务也自然而然地落到他们的身上。

1948年出版的《儒良月报》复刊第6期"同村出了两个建筑大家"，实际上是指一座村中出了两位成功的泥水匠人：

"凉水井旧村，所称建筑大家，前有持材君（即泥水林），后有持荣君（即泥水洁）。以两君之执业相同，而其得到结果者亦相同也。持材起跡在先，族人皆知，及后持荣相继振起，少年英蔚，手面阔绰，得四乡人之信仰。佢本人兄弟五人，均熟手建筑，持荣得兄弟携手，所接厂口，主持独周。"

在开平，参与建设碉楼的泥水匠人与传统的木匠与石匠一样，多数都没有接受过正规的专业学习，不排除20世纪三四十年代之后有的泥水匠人受到短期的职业培训，但是他们主要还是按照中国千年间历史流传下来的由师傅带徒弟的传统方式训练出来的传统工匠。他们中的很多是子承父业，世代相传。他们一般没有自己独立的公司，其中有的拥有比较稳定的施工队伍，大多数则游走于乡村之间，接到工程后便临时雇佣施工人员，或者与当地其他工匠相配合。访谈中笔者了解到，泥水匠一般带领数名小工施工，需要时请来木匠等其他辅助工种帮助施工，《楼冈月刊》1948年12期"物价调查表（金券本位）"中，与建筑材料的时价紧邻，刊出了男工一日十五元，女工一日十元的价格。

开平建筑业发展的历史相当久远，近代由于开平侨乡建设活动相当繁盛，从事建筑业的人员很多，1925年开平从事泥水行业的工匠就组织了自己的团体"广美堂"，次年土木建筑行业工会成立，1936年，开平县总工会成立，下辖有建筑工会，此外，县内的木匠也成立过自己的职业工会。《风采月刊》1931年5月号记载现属于开平市，但当时属于台山县的新昌区与荻海区均有各自的泥水建筑工会与木匠花板建筑工会。当时开平从事建筑业的人数虽不得而知，但《风采月刊》1931年8月号题为"庆贺鲁班宝诞之趋风"一文记述了当年7月28日，在当时属于台山县的荻海庆祝建筑行业始祖鲁班诞辰的一次盛大聚会，出席聚会的"三行友合有二千余人之多"，虽其中可能有很多来自台山县的建筑业从业者，但也足以说明当时建筑业从业者数量之多。行业工会在一定条件下也促进了泥水匠人之间的交流和学习。

另一方面，虽然开平的泥水匠人并没有全面的学习过近代建筑技术和设计方法，但19世纪末开始、特别是20世纪初开平所在地区与国外交流非常频繁，据了解，当时在香港、在南洋都有大批开平、台山、恩平籍劳工从事建筑行业的工作，在这些地区，他们有机会接触到近代建筑的建造。这些人回到开平，或继续在家乡从事建筑行业的工作，或给开平地方工匠接触近代建筑的样式和技术提供了便利的条件。利用这些交流的机会，本地的工匠有机会了解到了一些国外特别是西方建筑的样式和技术。此外，在广州、香港、澳门甚至南洋等地的西式建筑及五邑地区由专业建筑师设计的建筑作品为地方泥水匠人提供了直接的样本。因此或是出于业主的直接要求或是出于追求"时尚"，他们设计建造的碉楼中出现了大量的洋风建筑元素。

由当地工匠所做的设计，从专业的角度讲，是很不规范，很不标准的。无论采用柱头还是拱券。都和其本来应有的样式和比例相差很大；例如西方古典建筑中在正立面中心位置上的"家徽"被简化而演变成了一种装饰元素用于建筑的各个部位。但是，正因为如此，这些当地工匠在使用外国建筑元素进行设计时不受正规样式规则的限制，"信手拈来"，自由组合，具有很强的随意性与创造性，使得开平碉楼呈现出一种千姿百态、不拘一格的独特建筑风貌。同时，由于这些工匠都是学习中国传统建筑的建造出身，因此在设计中将大量的传统建筑元素与西方建筑元素杂糅在一起。例如，以中国传统的凤凰、喜鹊或狮子代替罗马风门头上的鹰的造型；将传统的蝙蝠图案用于三角形山花内；在洋风几何形状窗楣中放入吉祥结或如意图案；中式八角攒尖顶用西方柱式承托等。使得开平碉楼在充满"洋味"的同时又带有浓厚的中国传统色彩。

另外，在这一类设计中，业主参与的实例很多。业主，特别是侨眷们，会用手中拥有的外国建筑画报、建筑照片、建筑明信片（图5-12）等并结合自己的生活经历和审美趣味向设计者提出具体要求和设想。传统工匠在进行设计时往往并不绘制各类详细的设计图纸，只是先拿出一个造型的式样，也就是草图，请业主过目，业主会对设计提出各种修改意见和要求。同时，这些工匠既负责设计又负责建造，业主与工匠经常可以见面交流，在建筑过程中仍旧可以不断的修改完善设计方案，大大提高了业主和设计人之间的互动性。例如，有些业主会在半途要求停工，待周围其他碉楼建好后再修改设计继续施工以确保自己的碉楼显得更为气派、精致。如此，业主本人的爱好和经历都会对碉楼的设计产生很大的影响，例如，塘口镇横安里有很多人都曾在印度做工，村内的众楼——广安楼在装饰上就带有一定的印度建筑的风格（图5-13）；又如赤坎镇两堡塘美村的鸿光居庐（图5-14），其主人爱好绘画，碉楼内目前还存有他本人的油画作品，而这座碉楼本身的色彩也十分强烈、丰富和周围其他碉楼有很大区别。

一些碉楼的楼主本人就曾在国外从事过建筑或相关行业，他们自家的碉楼有的是本人与当地工匠共同完成的，例如，塘口镇草坪村委会龙美村振胜楼（图5-15），其楼主谭雅贞本人就是木工出身后去南洋谋生，"振胜"就是他在南洋开设的木工厂的名字。这座碉楼基本由他本人设计，请本村工匠建造，该楼

图5-12　在碉楼中发现的旧明信片（展于立园碉楼博物馆）　　图5-13　开平市塘口镇横安里广安楼的装饰

图5-14　赤坎镇两堡塘美村的鸿光居庐（梁锦桥摄影，2004年）　　鸿光居庐内部悬挂的楼主的绘画作品（梁锦桥摄影，2004年）

比例和谐、装饰得当，特别是转角处的处理比较精彩，是目前开平现存碉楼中设计水平很高的一座。楼主的对碉楼设计的参与和影响在很大程度上增强了开平碉楼的多样性和灵活性。

　　由于当地工匠在设计碉楼时常离不开模仿，一方面是对西方建筑和专业建筑师作品的模仿，另一方面是碉楼之间的相互模仿。某些设计较好的碉楼往往会成为附近人家建造碉楼时竞相模仿的对象。比如塘口镇五福里村的碉楼——怀安别墅（图5-16）楼主的后人回忆当年楼主曾将负责建楼的泥水匠带到邻村参观，要求他仿照那里的碉楼进行设计。在开平地区互相邻近的碉楼常有许多相似之处，显现出互相模仿的印迹，这种模仿不单体现在建筑造型上，也同样体现在建筑材料和施工工艺上。这在一定程度上造成了开平碉楼具有很强的区域性特征，即相邻地区的碉楼往往体现出某种趋同性。例如塘口镇的碉楼普遍采用圆弧拱券的外廊造型；长沙、沙冈地区则多采用平拱外廊的造型；而蚬冈镇平原地区的碉楼则顶部多带有小亭或使用穹顶等。

图5-15　开平市塘口镇草坪龙美村振胜楼　振胜楼的入口　　　　　　　　振胜楼上层结构细部（2004年）

（1）泥水亨——余彬礼

赤坎镇两堡村委会兰兴村的泥水匠余彬礼（图5-17）是开平乡村建筑师的代表人物。据其孙余卓焕先生回忆：余彬礼出生于清朝光绪二十五年（1899年），1967年去世，享年68岁。其母亲一族是乡土建筑世家，余彬礼14岁跟其舅舅学做泥水，他舅舅的几个儿子也都是从事乡土建筑的。18岁时，他开始自己独立承接建筑工程，到中年已经可以在赤坎、百合、蚬岗一带拿到项目，甚至做到了台山县，最多时有20个项目同时进行，雇工达到200余人。余彬生做的乡土建筑工程不分碉楼、洋楼，有什么做什么。他还是个多面手，心灵手巧，泥水、木工、铁器活，都可以自己动手做。经过常年的积累，他逐渐形成了自己的建筑特点，他做的

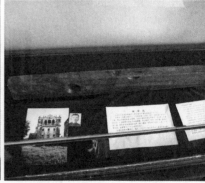

图5-16　开平市塘口镇宅群五福里村　　　　图5-17　余彬礼的照片（开平塘口镇立　　余彬礼使用过的水平尺（开平塘口镇立园碉楼
　　　　怀安别墅楼（2004年）　　　　　　　　　　　园碉楼博物馆藏）　　　　　　博物馆藏）

碉楼多数是穹隆屋顶、圆柱体的燕子窝，外廊的处理擅长罗马风的圆拱券和哥特式的尖券。在附近的建筑工匠中，余彬礼名气很大，有"泥水享"的美誉。余彬礼和他的子孙余荣洽、余焕卓形成了祖孙三代的建筑世家❷。他的孙子余卓焕还清楚地记得，他见过爷爷余彬礼自己绘制的建筑图，其中就有碉楼的草图，比较简单，有造型图纸，旁边还写了施工要求，很可惜这些图纸在"文化大革命"中烧掉了。

余卓焕的追忆应该比较真实，其爷爷余彬礼去世时他已经23岁，他与余彬礼共同生活了20多年，口耳相传，自然对爷爷的经历和成果有真切的记忆和见证。在上文的表格中我们可以看到，赤坎镇两堡村委会兰兴村彬庐（图5-18）、贵楼（图5-19）、耀才楼（图5-20）都是由余彬礼设计建造的。这三座碉楼在建筑设计手法上能够看出清晰的共同点，余彬生虽然从来没有接受过西方式的近代建筑教育，但在这三座碉楼中都巧妙的引入了西方建筑元素，并不显得牵强附会。这三座碉楼在目前现存的开平碉楼之中可以算是上乘的作品。

（2）泥水龙——黄福兰及其儿子黄平

现在的开平蚬冈镇春一村委会茶岭村及附近的南兴村和茅萌村有几座碉楼是由一个被称为泥水龙的泥水匠人负责承建的。泥水龙是黄福兰的绰号，生卒年代不详，只知道他负责建设的南兴村边筹筑楼（图5-21）早在清光绪癸卯年（1903年）即开始建设。当时村民为了应对猖獗的匪患，在村前同时开始建造三座众楼，另外两座碉楼——南楼与中楼是否也由黄福兰承建不得而知，但是这座北楼——边筹筑楼的修建过程并不顺利。不顺利的原因一是资金不足，工程建设时断时续，边筹款边建设，经两年多才完工，因此建成后楼上写着"边筹筑楼"四个大字；不顺利的另一个原因，就是楼基东南侧靠近一条小水沟，建设中这一侧

图5-18 余彬礼设计建造的赤坎镇两堡兰兴村彬庐（杜凡丁摄影，2004年）　图5-19 余彬礼设计建造的赤坎镇两堡兰兴村贵楼（杜凡丁摄影，2004年）　图5-20 余彬礼设计建造的赤坎镇兰兴村耀才楼（杜凡丁摄影，2004年）

20　由张国雄先生对余焕卓先生的采访记录整理而成。

图5-21　黄福兰设计建造的蚬冈镇春一南兴村边筹筑楼（梁锦桥摄影，2004年）

出现了地基松软的问题，黄福兰为此特地将地基深挖至3米左右。建设中还补打了一些桩，并采取填大石块等补救措施。但建设中楼身依然不断倾斜。为此黄福兰将楼顶部出挑的露台女儿墙设计为东南高西北低的形式，从视觉上对楼身的倾斜进行伪装。但由于楼身的倾斜越来越严重，村民们还是察觉到并对黄福兰进行了指责。到今天，边筹筑楼楼顶中心线已经向东南偏离了两米，倾斜角度大32度，经历了20世纪30年代的地震和60年代的大台风，依然屹立不倒，为开平一带人民所津津乐道。[21]

　　虽然边筹筑楼设计简单、做工粗糙、建造过程中还出现基础不规则沉降问题导致的楼身倾斜问题。但是黄福兰作为一个农村的泥水匠人，早在1903年便掌握初步的钢筋混凝土建造技术，仅仅这一点，就具有很高的研究价值。

　　黄福兰尽管因承建边筹筑楼受到指责，但其后还陆续承建了附近一些碉楼的建造，现在可知的有在其所居住的本村茶岭村建的居楼——广安楼（图5-22），以及自家修建的两座碉楼，一座叫利庐（图5-23、图5-24），另一座无名（图5-25），无名这座碉楼高三层，规模很小，据村民说是黄福兰利用自己修建利庐所剩建筑材料修建而成的。黄福兰

21　根据普查小组2004年11月17日在蚬冈春一村委会南星村的访谈记录及过去的访谈结果整理而成。

图5-22 黄福兰设计建造的蚬冈镇春一茶岭村 图5-23 黄福兰设计建造的蚬冈镇春一茶岭村利庐（梁锦桥摄影，2004年）
广安楼（梁锦桥摄影，2004年）

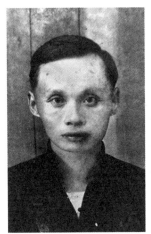

图5-24 黄福兰的儿子黄平

图5-25 黄福兰设计建造的蚬冈镇春一
茶岭村无名碉楼（梁锦桥摄影，
2004年）

图5-26 黄福兰设计建造的蚬冈镇春一茶
岭村众楼（梁锦桥摄影，2004年）

的儿子黄平子承父业，也参与了利庐的施工，但之后1918年黄平在随父亲建造茅萪
村安怀寄庐正面的山花时，不慎从脚手架上跌下来摔死。这次挫折之后1923年，黄
福兰又承接建造了本村的众楼（图5-26）。●

　　像泥水亨、泥水龙这样的乡村工匠在当时的开平还有很多，他们是开平碉楼
的主要设计者与建造者，开平碉楼的建筑风貌应该说主要是由他们这些泥水匠人
发展起来的。

22　根据普查小组2004年11月24日在蚬冈镇春一村委会茶岭村的访谈记录整理而成。

5.3.2　业余的设计者

开平地区还有一些碉楼是由非建筑专业人士设计的，这在中国农村的建设活动中也是非常常见的现象。主要分成两种情况。一是一些造型非常简单的居楼和众楼，并不需要进行专门的设计。例如塘口镇四九村委会四九圩内的六合楼（图5-27），其主人是酒厂老板，为了保护家人和财产安全自己设计了碉楼由本人及店内伙计施工完成[23]。另外一些早期的碉楼也是由村民自行建造完成的。

另外，也有一些碉楼是由楼主的亲戚或朋友帮忙设计由当地工匠建造的。这些人并不是建筑师，他们或者是有过在海外生活的经历，见多识广，得到楼主的信任；或者有其他方面的特长，例如，塘口镇平地村义兴楼现在的主人回忆说此楼是他的一位叔伯设计的，此人是当地的一名神汉，擅长于绘制冥币和糊扎送殡时使用的纸船和纸房等；蚬冈镇锦江里瑞石楼的设计者据了解是楼主爱好美术的侄子黄滋南。

5.3.3　少数建筑师的登场

5.3.3.1　本地与广府建筑师

所谓专业建筑设计师是指受过专门训练的以建筑设计为职业的建筑师[24]。在

图5-27　开平市塘口镇四九圩六合楼（2004年）

23　根据普查小组2004年3月24日在塘口镇四九委会四九村的访谈记录整理而成。
24　潘古西主编的《中国建筑史》（第四版）中提到，1910年在上海既有自称"建筑师"的中国人开设设计事务所或"打样间"，从事建筑设计业务，20年代初开始，陆续有在国外学习建筑归来或从国内土木工程专业毕业的学生开始创建设计事务所。1927年起，上海特别市公务局便制定了建筑师、工程师、营造厂的登陆制度；同年，建筑师们也在上海成立了自己的第一个组织"中国建筑师协会"。

开平的城镇和乡村遗存的早期建筑物中有些设计水平很高,主要是学校、图书馆和别墅等。它们有的带有比例严谨的柱式和拱券,有的则具有很强的现代建筑特点,很显然是受过正规训练的专业建筑师的作品。这说明在20世纪20—40年代,开平碉楼建设的高峰期,专业建筑师在开平地区活动是相当活跃的。

开平是著名的"建筑之乡",从清代开始建筑业一直非常兴盛,前往海外谋生的开平人很多都是从事建筑行业的。随着移民运动及文化交流的发展,一些开平当地人有机会在前往海外或是广东、香港等地接受了正规建筑教育成为了专业建筑师。

1948年出版的《儒良月刊》复刊第8期"乡闻"栏,"天才建筑师"条记载:

"新梓园持宣,向业泥水建筑,人极聪明,早年习师香港,能绘图设计,算力计料颇具天才。"

另外,一部分民间传统工匠经过相关的职业培训从传统工匠转变为工匠建筑师。

1930年1月出版的《光裕月刊》"邑人得工程硕士"条载:

"谭溪乡庚华村,谢钦哲,自幼赴美求学,获土木工程学士学位,再得密歇根州立大学土木工程硕士学位,学成回乡。"

除了本地的建筑师之外,广州等地的专业建筑设计人员也在开平参与建筑项目。1932年出版的《开平明报》第11卷18期,"沙溪图书馆建筑竣工"条记载沙塘乡建设沙溪小学,其图书馆"向广州市三兴建筑公司请黄瑞工程师规划最新式图则"。1932年出版的《教伦月报》第119期,"馆前建筑纪念牌楼已成事实"条记载:赤坎镇司徒氏家族建筑通俗图书馆前的牌楼,最初是赤坎筑堤会绘制了一个图则,后来到广州"请李卓工程师将牌楼与园亭等作一整个建筑计划,牌楼样式,仿照北平正阳门,昨经将该图寄回"。

1947年6月《里讴月刊》第八期为建筑公司做宣传:

"赤坎上埠堤防路广鸿兴建筑公司胡结君向营建建筑工程,胡君为人诚实可靠,每为人建筑,快捷,依期完成,兹特为之介绍。"

这类建筑设计师在当地也被称为"图式师""绘则师""绘式师"或"画则师"。如1937年10月出版的《教伦月刊》"市场楼上拟加建建筑天面"条记载:东埠市场……请甄云山画则师规划。可见他们的主要工作是绘制设计图纸,这类工作的报酬相当高,根据民国十九年(1930年)余康表撰写的《群济医院征信录》记载,民国十二年(1923年)荻海余氏宗亲创建群济医院群济医院最初的图式是同族的余和星绘制,工银24元,后来改聘长沙镇的邓爵"图式师"绘群济医院图式,工银150元❷,这在当时是相当可观的一笔佣金。

---

25 1930年(民国十九年)《群济医院征信录》,十三"西华坊琚中伯经手进支数"。

另外，开平地区建筑业发达，曾成立过很多建筑公司和营造厂，它们往往聘请水平较高的专业建筑师坐镇，以吸引更多的顾客。1948年1月1日出版的《光裕月刊》"侨汇亨通之佳现象"载：

"沙地村族人崇杰君，月之初旬，厚集巨资在东堤开设'联安昌'建筑店，运到大批建筑材料，堆积如山，又延请建筑师胡林川住店内，负责建筑事宜云。"

1947年《儒良月报》复刊第2期上刊登有建睦营造厂广告"承接大小建筑工程，特聘精密设计工程师，图职设计"。

从以上这些资料看来，开平侨乡建筑发展的过程中，确实存在一批专业的建筑设计师和承接建筑设计的公司，他们为华侨家庭和村镇的楼房屋宇设计提供了专业的服务。

根据普查中所了解到的情况，有直接证据表明由本地建筑师建造的碉楼有两座，一座是百合镇雁平楼、另一座是赤水镇楼芸楼。

雁平楼（图5-28）当年楼主的后人黄宗晃先生曾在来信中指出："父亲于是决意出资兴建新房舍，择定在齐塘乡，前'百赤茅'公路之南，名'岗顶'地区，为新房舍地点。委托本乡工程承包商黄益蘭先生，聘请开平著名建筑师，设计进行。于一九三二年夏日动土兴建。"而从实际情况看来，雁平楼的确是开平地区比较有特色，建筑质量很高的一座碉楼。

赤水镇羊路村委会李屋村楼芸楼（图5-29），是1938年旅美华侨李经纬家建造的居楼，楼前水井井口留下石刻："民国27年开平第三区岗义村伍琨记造"伍琨记是一家怎样的公司，笔者没有找到相关资料，从其"伍琨记"的名称及位于第三区岗义村的情况看，应该是一家由一位泥水匠人的施工队伍发展而来，取得

图5-28 开平市百合镇齐塘雁平楼及局部（梁锦桥摄影，2004年）

楼芸楼外观

井口的刻字："民国27年开平第三区岗义村伍琨记造"

楼芸楼细部

图5-29　开平市赤水镇羊路李屋村楼芸楼（梁锦桥摄影，2004年）

了建筑公司执照的较正规的乡土建筑公司。从现存的楼芸楼来看，在开平碉楼之中，建筑许多的细部比例、施工都算很严谨，样式、建筑质量也算上乘之作。

而关于本地建筑师设计碉楼没有更进一步的资料，但是在前文提到的开平马降龙庆临里的林庐（图5-30）这座"庐"中，不但发现了那份《合约》，同时发现的还有一份建筑图纸和图纸说明，以及林庐的两侧入口门楣上题写的"中华民国二十五年桢记公司吴波建造"的字样（图5-31）。

经过调查，桢记公司就是当时位于赤坎镇的一家建筑公司。发现的林庐图纸（图5-32）为深蓝色，用白色墨线勾画，内容是该建筑的各个立面及各层平面，图上比例尺采用英制单位。尽管图纸绘制的并不十分精致，但可以肯定是出自受过专门训练的建筑设计师之手。

5.3.3.2 海外设计师

在普查中，部分碉楼始建者的后代声称其碉楼依照外国带回的设计图纸，由本地或附近工匠施工（表5-4）。

图5-30 开平市百合镇马降龙庆临里的林庐（2004年）

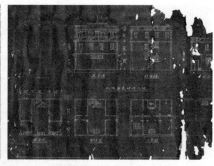

图5-32 在林庐中发现的该楼设计图纸

图5-31 林庐入口门楣上题写的"中华民国二十五年桢记公司吴波建造"的字样（梁锦桥摄影，2004年）

图5-33 开平市三埠荻海风采楼（左）（2005年）

表5-4 海外设计师建造的碉楼

蚬冈镇坎田村委会莲子村镇南楼	设计图纸由美国带回，广东省番禺泥水匠施工
蚬冈镇西南村委会塘湾村灿庐	美籍华侨设计，恩平县工匠施工
蚬冈镇南联村委会长塘村德意楼	设计图纸由外国带回，恩平县泥水工，本村木工
塘口镇宅群村委会荣桂坊村滋庐	设计图由外国拿回，请本地工匠——长沙楼冈乡吴许施工
赤坎镇塘美村委会高咀村披云耕月楼	设计图纸由国外带回，由恩平泥水匠建造
赤坎镇永坚村委会牛三茅园村仁为美楼	设计图纸从美国带回

由于这些数据只是根据碉楼始建者后代回忆整理，无旁证证实，因此现在还无从了解当时海外设计师参与设计碉楼的具体情况。

但是，现存开平市荻海风采堂后面的洋楼——风采楼（图5-33），却有文献记录其设计出自外国建筑师之手。在保存在荻海风采堂的《余宏义祖家谱目录》中"荻海余襄公祠堂记"一文中记载道：

"清光绪三十二年丙午孟春，余氏议建襄公祠于荻海⋯⋯宣统元年己酉，大鸠百工⋯⋯而祠之后，画区为楼，功仍未竟。三年甲寅，乃以五百金雇西人鳌新绘式，复为三层，即成。登临俯仰，山色水光，远近可揽。于曲江摹白沙子所书风采楼三字，用摄影机扩大，以匾其额。"

其中记录了用"五百金"为酬劳请"西人"绘制新样式洋楼的情况。

5.4 建筑材料的采办

本文章节3.3对近代开平碉楼所用建筑材料及其发展分类进行了论述。本节将对开平碉楼建造过程中建筑材料的采办进行探讨。

章节3.3已经归纳了开平碉楼使用建筑材料的主要类型，钢筋混凝土、砖、石、夯土。除了这些用来砌筑碉楼中承重墙体的主要建筑材料，一座碉楼的建造，通常还需要木材、钢铁、玻璃、石灰等。

5.4.1　水泥

近代建造碉楼的主要建筑材料水泥，一开始主要从外国经香港、澳门进口，当地普遍的说法是最初的水泥主要从英国进口。五邑一带居民当时习惯称英国人为"红毛"，因此水泥也被称作"红毛泥"或"毛泥"（图5–34）。就此，笔者请教了名古屋大学的西泽泰彦先生。根据西泽先生的研究，以水泥并不很高的利润，较大的质量与体积，以及运输水泥的木桶并不能长时间防潮保证水泥的品质这些客观情况来看，从遥远的英国直接进口是不可理解的，当地人可能是误将英国厂商生产的水泥认为是英国制造的水泥，这些水泥应该是英国厂商在离广东省不太远的地方，如东南亚地区生产的。

对此，据长沙南盛村的村民回忆，在该村1926年建造碉楼平安楼时所用的是从英国厂商进口的龙唛牌英国水泥；而2004年7月3日普查小组在苍城镇莲塘村采访时年95岁的谢

图5-34　水泥桶（开平塘口镇立园碉楼博物馆藏）

松诉老人时，老人回忆说：该村1928年所建的焕章楼建造时，使用的是从赤坎店铺买来的英国水泥，一桶300斤❷。而到了20世纪30年代，开平碉楼的建造中开始使用国产水泥，赤坎两堡世兴村时年75岁的邓赞林老人2004年5月8日介绍其曾祖父1935年所建的景隆楼时，回忆当时所用的水泥直接从广州西村的水泥厂采购（1907年在广州便建立了士敏土厂，即水泥厂），《教伦月刊》刊登的1933年9月的物价行情中水泥一项共列出三种，马嘿毛泥每桶十二元四豪，五羊泥（广州水泥）每桶十一元七角，青州泥（据笔者了解为山东水泥，又称泰山泥）每桶十四元。

5.4.2　砖

《小海双月刊》刊登的1935年7月物价行情中，楼冈上青砖每万一百一十元，百足尾上青砖每万九十八元。民国《开平县志·卷六·舆地下》：

"青砖以楼冈为特品，楼冈自平冈、马山至黄冲口沿河岸六七里輨毂❷　上流诸水，从前多是炭铺……光绪初年乃有始辟为砖窑者，自南北美交通，洋钱输入，人多创造，近年沿途砖窑已增至四十座，每年八月开窑，至四月出窑，每窑一春出砖可达二十二三万。……其质坚，光泽他处所出皆不及，故台山全邑建筑都购贩于此。惟其式样较小，不及东莞青，故未能销售于新会以外……"

另外结合普查中所了解的情况，开平碉楼建设中所大量使用的另一建筑材料，青砖，基本是本县生产的产品，以楼冈与百足尾的青砖最为出名，有名的砖窑有兴昌、合昌、万昌等。

5.4.3　其他材料

开平碉楼建造中所需的工字钢、钢板、钢筋、铁条、坤甸木等材料也主要经由香港、澳门进口，赤坎镇上埠的"洽利隆五金店"就"专门选办各国新旧铜铁"❷。赤坎镇伍国的楼门铁闸店也是当时著名的铁制品加工经营店铺❷（图5-35）。

石灰、石块、卵石、瓦、海沙、杉木、松木、葵篷、竹等则为本地（包括台山）所产。如蚬冈春一、长沙平冈、沙塘塘浪、月山钱冈、苍城富城附近所产的瓦，潭江、台山沿海所产的沙，赤水羊路、牛溪及金鸡大水角所采石材，台山沿海的卵石。另外，自20世纪30年代起，开平赤水镇有了成记玻璃厂，三埠新昌成立了美成玻璃厂，碉楼用玻璃也开始使用本地产品。

26　潘古西主编的《中国建筑史》（第四版）中提到当时一桶水泥应该是167公斤，即约334斤。西泽泰彦先生对此也持同样的意见。
27　輨毂，音为管古，毂是车轮中心有圆孔可以插轴的部分，輨是包裹在毂头外面的金属。此处輨毂指坐车。
28　民国三十七年（1948年）《光裕月刊》（复刊）第2卷第4期，"傢私建筑篷厂等业奇形发展起来"。
29　根据笔者在普查中了解到的信息以及参考文献［7］《开平县志·第十一编·工业》489—498页内容整理而成。

图5-35　开平市赤水镇瓦片坑龙冈村冀初　图5-36　开平市沙塘镇朗畔灯堂村洽熙楼（梁锦桥摄影，2005年）
　　　　楼之赤坎东埠"广荣昌造"铁门
　　　　（2004年）

5.5　施工过程与技术

开平碉楼的施工多数是由当地匠人和民工完成的，一种是以"连工包料"的形式由泥水匠人组织完成；另一种是由20世纪30年代之后发展起来的更加专业的建筑公司组织完成的。来自民间的工匠，建造起如此大量的西洋风格的钢筋混凝土碉楼，不能不让人惊异，与此同时许多人都对当时修建碉楼的过程和工匠的技术非常好奇。

5.5.1　探寻碉楼的施工过程

笔者为了再现当时碉楼施工的一般过程和展现施工者的技术水平，进行了广泛的相关资料调查，除了在普查中寻访那些对此有所了解的老人或从当时的侨刊中寻找蛛丝马迹之外，普查中发现的两份文字资料为研究提供了难得的信息。

（1）《洽熙楼总数簿》

一份资料是2004年11月12日在沙塘镇朗畔村委会灯堂村的碉楼——洽熙楼（图5-36）发现的《洽熙楼总数簿》（图5-37），该资料中详细说明了洽熙楼使用上的责权利的分配以及建造过程中所雇各个工种，各项收支的名目及状况，此处将其中"起楼支数开列"列出如下：

支买五合□田一□连散用共银一百□□□；支广栈一单共银一千二百□□ □；支安□一单共银二百六十□□；支宏益砖共银二百六十零零六□；支和生炭共银⋯⋯❸⓪；支□记青泥共银⋯⋯；支泥水工共银八十⋯⋯；支木工共五十⋯⋯；支下石屎工共五十三⋯⋯；支大□ 工共七⋯⋯；支更夫共二⋯⋯；支□□工共二十一⋯⋯；支漆□工共九⋯⋯；支工程师共三十⋯⋯；支亚□打石共二十⋯⋯；支棚厂共三十二⋯⋯；支亚俊□器共三⋯⋯；支广就缸瓦共一⋯⋯；支阿晃散工共三⋯⋯；支打铁

30　因钱数字迹潦草，很多辨认不清，因此笔者将潦草认不清的数字和单位基本略去。

图5-37　在洽熙楼内发现的《洽熙楼总数簿》

□工共九……；支谭宅工共……；支恒益食物共七……；支
晋利食物共五……；支广合食物共四……；支文庚、经香、
经虞手共支伙食银三十……；支□　□米共三十……；支亚
桐工共……；支亚宁工共银……；支经□工共……；支担地
垱工共一十……；支担石、红毛泥、杉、铁共二十二……；支
担黄泥工共……；支□石屎工共二十三……；支石仔二十□
万共一百四十……；支砂□□万共四十二……；支船□共
六十……；支各项散工共二十……；支担砖工共三十……；合
共支□银二千七百零八□。□钱□分作四股，每座股派银
六百七十七两一□□。先科田银不入□数。

　　从文中可以了解到，建造碉楼需要哪些工种参与，
用了什么建筑材料？其中提到的参与施工的工种有：泥
水工、木工、石屎工（石屎指混凝土，石屎工估计应该
是搅拌混凝土或浇灌混凝土的匠人）、漆工、工程师、
打石（工）、棚厂（工）、打铁工、散工、担地垱（土或
砖）、担石、红毛泥、杉、铁、黄泥（工）、砖等；使用
的建筑材料由石、红毛泥（水泥）、杉（木）、铁（筋、
板）、黄泥、砂、砖等。

　　（2）《林庐建筑和约》的附图图则说明书

　　另一份资料是前面曾提及的《林庐建筑和约》的附图
图则说明书，考虑到"庐"的施工与碉楼基本相同，特将
林庐的图则说明书列出如下：

本工程建筑屋楼壹座三层，深　　、阔　　、另□□、高　，大堂层　大贰层　　大三层　　，另楼梯屋□一间，阔大　　，□□高约　地脚高　。

　　□□工程之同约及材料係承建人包工包料，至立合同时双方履行之本章程及图则尺寸均以英尺为标准。

　　① 地脚坑要照平水掘下□每楼角□□□长　墙坑底石屋后　、阔　后至平水　内平水□□ □以便□□墙合用。

　　② 地台用砂坭填实后用□小腮方砖贰□□□用砌花台砖仔□用砌□□砖及云水□□烟笼足用。

　　③ 墙身具用三合土壹份、毛坭叁份、英砂伍份、海石□□□叁份，□一大壹层后，二三层□封（墙？）（楼？）面三合土□□壹份、毛坭贰份、□砂四份，石（仔？）须用开□大不过　　□□石屋全同。

　　④ 内墙□格用□青砖壹份、灰贰份、要砂砌造外便批□壹份、毛坭壹份、□灰叁份（要？）砂□为□扣内便批□壹份草根灰英坭砂□灰批□后用□灰油批面。

　　⑤ 两头大门□□意大利石米，□对□水池□灶足用。

　　⑥ 石屎楼梯□□天台及□神楼壹座、冲凉房石屎□□□□楼一个。

　　⑦ 两（便）[边]大铁门□用□钢铁板□用　角铁，窗门用　分钢板架用角铁□铁用□□□□铁□□□□寸大。

　　⑧ 柱铁□□□外柱□□□□用□□□铁□节□□□□□□□每□□铁□□用□□□□楼及□铁□用（兵？）□井□□中至中后□□之□□妥石屎后对。

　　⑨ 窗仔用柚木□□用□□及楼梯手柚木其余至外用杉木。

　　⑩ □□□用杉木□大□寸用□门身木大□甲□寸凸古池，全楼油色有业主指定，但係交□两种业主内备。

　　⑪ 凡□□石屎板具用山松板模夹板及□□用杉。

　　⑫ 两（便）[边]大门□铁闸贰□□□串下蜜。

　　⑬ 全楼有少□藻□个用□寸角铁，每个用□板用□后。

　　⑭ 此楼每层加□节铁□另地脚□共□□□□尺。

　　定林业主。

　　根据这些信息，笔者希望用接下来的文字再现当年建造碉楼的过程及当时的施工方法和技术。

5.5.2　择吉日开工

　　碉楼的业主和施工人员在获得政府批准建设之后，正式动土之前，要到风水师那里求吉课。吉课内容包括建筑朝向、动土日期、上梁日期、入伙日期、各种禁忌等等繁多的项目，施工时必须遵照执行。

5.5.3 基础工程

碉楼破土动工后首先是要打好地基。打地基的方法一般是先挖好3~4米深的坑，坑底用松木或杉木打桩，杉木桩直径通常为三寸半到四寸。据老人们说，松木打入地下吸收水分后不易生虫腐烂。桩需打得尽量密集，打桩数量各不相同，但一般碉楼基底的规模，需要打桩一百根以上。并在夯完木桩后地基坑内基底夯实，在露出的木桩之间填塞石块或石板以加强其稳定性。之后在上面用砂泥夯实或灌水泥形成一个水泥台基，再在台基上用方地砖、石块或钢筋混凝土建造墙基。❸ 开平市碉楼文化办公室的张建文先生回忆说，20世纪80年代，他曾经为修厕所的化粪池，挖开自家（赤坎镇堤西路47号）旁地面，发现一米以下是密集的松木桩，桩上是水泥台基，约三十公分厚；再上面是砖砌墙基，约深六十公分。❸

至今，在开平乡村地区有些地方仍然在使用这种地基处理办法。后期的一些碉楼也有地基完全灌注钢筋混凝土的，百合镇马降龙天禄楼的地基就是一米厚的钢筋混凝土。❸

5.5.4 搭建篷厂

碉楼的地基处理完后，要搭建蓬厂，即搭设脚手架，脚手架外面一般再用葵篷围住，顶部还有遮风挡雨用的顶棚，工匠们在里面施工。《儒良月刊》1923年第11期"乡族新闻"记载：

"儒良学校建筑炮楼，仍未竣工。十八晚，忽起飓风，将篷厂吹倒，幸压落空地，不致累及团防局及邻近铺户。现已着厂东赶速盖搭，以便从速兴工。"

《儒良月刊》1928年第34期"家乡消息"：

"龙溪里遵崇君，去年由红毛回家……在该村后边，搭盖篷厂，建筑碉楼……"

前文部分列出的《洽熙楼总数簿》中也专项列出支付棚厂所需的费用。

建碉楼要搭篷厂，建其他楼屋也要搭建。《厚山月刊》1928年第29期"旧屋重修"记载：

"（金龙里）黄树护君兄弟同居之屋，年旧旧烂，并且款式古陈，现欲将之

---

31 根据一系列普查访谈记录，例如2004年7月16日上午，在马冈镇龙冈村德润楼普查中采访梁顺老人的记录整理。
32 根据张国雄先生对张建文先生的采访记录整理而成。
33 根据2004年8月28日上午，在百合镇永安村采访黄均森（当时80岁）、黄锡昂（当时75岁）记录整理。

拆平，改建起廊楼。……现搭起棚厂数座……（龙湾里）阿瑞君，去岁由加拿大满载归来，现将其住居之屋，搭起棚厂一座，大加修整，建筑廊楼云。"

《教伦月报》第47期"族闻"记载：

"书楼村族侨俊颖君，由亚包回家，建造楼宇，所搭之篷厂，日前适遇风雨大作，篷厂之葵，纷纷飞去，竹木被风吹折，毁伤邻舍瓦面。"

篷厂在开平建筑市场中非常的兴盛，搭建篷厂业在开平的建筑行业中形成了一个专门的行业，百合镇有著名的同益篷厂店❸，赤坎镇有合利源、天盛、见盛等著名篷厂店❸。有关开平碉楼建造中为什么要搭设封闭的篷厂，普查中曾讯问过当地的老人，得知搭建蓬厂一是为工匠挡风避雨，二是不想让别人抄袭，待完全建成后才拆除篷架，才展示碉楼真面目。

5.5.5　主体结构施工

（1）夯土墙的施工

土是人们最早使用的建筑材料。在中国，新石器时代仰韶文化的淮安青莲岗遗址的文化层中，发现当时经人工夯打过的"居住面"，是我国最早的夯土；西安半坡遗址中，竖穴已有土墙痕迹。但这两处采用的是堆积的方法，还没有采用版筑技术。商汤时期（公元前17世纪）的都城亳（河南偃师）的夯土台基经过两次筑成（上为红夯土、下为花夯土），可算作我国目前发现的最早的一项巨大夯土工程。同时，在商代居住房屋的建设中也已经运用了夯土版筑技术。

夯土是建造开平碉楼的传统技术之一，是在我国古代夯土技术基础上发展起来的。建楼用土主要用黄泥、白石灰、砂以及红糖（据说有的还加糯米汁），按比例混合拌成。两侧以厚木板作模板确定墙壁位置和厚度，将拌好的混合黄泥均匀倒入，用木椿夯实。采用夯土墙体的碉楼一般高三至五层，墙厚约五十公分，夯筑时比较费工。筑楼的泥要和稻草搅拌后均匀后沤一年的时间以增加其黏性，其间还要经常翻动搅拌，以防出现板结。普查中许多老人介绍，当地普遍用水牛的踩踏来帮助搅拌筑楼用泥。

（2）砖墙的施工

砖墙的做法以在开平碉楼中应用较多的青砖墙体为例，主要有四种做法：纯青砖、内泥外青砖、内青砖外混凝土、青砖夹混凝土。

纯青砖：全部用青砖砌筑，即俗称的"实砖墙"，但开平一带的纯砖墙一半采用内外两层，中间夹空气层的做法，具有更好的隔热性能。

34　参见参考文献［57］《儒良月刊》1948年复刊6期"承接搭乘厂工作"。
35　参见《光裕月刊》1948年第2卷第4期。

内泥外青砖：主要墙体为泥坯，外面镶砌一层青砖，防止雨水侵蚀、保护里面的泥坯墙体。五邑侨乡地区称其为"金包银墙"。

内青砖外混凝土抹灰：即在青砖墙体外再抹一层混凝土抹灰。

青砖内夹混凝土：两面用青砖砌筑空心墙体，内灌注混凝土（或放置少量钢筋），及坚固，又美观。这种做法源自广东侨乡地区传统的"夹心墙"，即两层砖墙之间留一个空气层的做法。在原来空气层处灌入混凝土，可以增加墙体强度。开平不少青砖碉楼采用此种做法，可以有效防止土匪凿穿墙体侵入碉楼。

（3）钢筋混凝土碉楼的施工

混凝土的搅拌技术是较晚才传入中国的。在上海，1915年，中国工匠开始使用混凝土搅拌机，这是由几位曾在外国人主持的施工现场自学的工匠在同行中传开的技术。❸ 那么据信早在19世纪末期在碉楼的建造中即开始使用的钢筋混凝土施工技术是怎样一种情况呢？

前文提到的始建于1903年的边筹筑楼，是由泥水匠人黄福兰主持施工的一座钢筋混凝土碉楼。现在我们从表层剥落而露出来混凝土部分来看，显然当年混凝土的搅拌并不均匀（图5-38）。而这种情况我们在其他多数钢筋混凝土碉楼也很容易观察到。马冈镇龙冈村的梁顺老人告诉我们，当时楼冈一带泥水工搅拌混凝土时水泥与沙石比例基本按照1：3的比例❸ 。而林庐的"图则说明书"中说明墙身时，注明所用材料"墙身具用三合土壹份、毛坭叁份、英砂伍份、海石□□□叁份"。

混凝土墙的浇筑采用模板，从林庐的"图则说明书"中看，林庐采用"山松木夹板"作模板。从一些现存碉楼的清水混凝土墙面上的肌理来看，横向肌理排列较密，说明当时的模板竖向尺寸应该较小。

从现存碉楼墙体、楼板风化而露出的钢筋来看，近代开平碉楼施工中钢筋的配置也十分随意，应该没有经过受力的计算，只是工匠等施工人员凭经验设置的（图5-39）。

《洽熙楼总数簿》中除了记载了支给搅拌混凝土以及浇筑混凝土的工人的报酬，还列出一项支付工程师的报酬。那么说明1918年建造的洽熙楼的施工已经有工程师的参与，但事实上洽熙楼是一座形式、结构极为简单的四层碉楼，下面两层为钢筋混凝土，上面两层为青砖墙体，并未见其比其他碉楼在结构与建造工艺上更出色，因此工程师在开平碉楼的建造过程中起什么作用现在依然是个谜。以开平的钢筋混凝土碉楼整体的情况看，多数碉楼应该并不是出自工程师经过计算的结构设计，而只是工匠们互相模仿或凭经验指挥完成整个施工过程。

由于工匠们对复杂的钢筋混凝土结构把握能力不足，钢筋混凝土碉楼的建造

36 参见何重建，上海近代营造业的形成与特征，第三次中国近代建筑史研讨会论文专辑第118页，中国建筑工业出版社。
37 目前普通建筑用混凝土搅拌比例的国家标准是水泥：石：沙：水=1：4.0：2.5：0.63。

开平市塘口镇自力村（梁锦桥摄影）

图5-38　开平市蚬冈镇春一南兴村边筹　图5-39　开平市蚬冈镇加拿大村四豪楼及四豪楼楼内天花裸露的钢筋（2002年）
　　　　筑楼的混凝土墙细部（2002年）

有时会出现问题。

　　有的规模较大的碉楼设有承重的立柱，但施工后，梁并没与立柱上端相连成一个整体，梁与柱间因设计或施工的失误留有一定的空隙，最后只好在缝隙中塞入几块砖作为补救，如塘口镇龙安村溢庆楼（图5-40）。

　　另如金鸡镇锦湖圩村的礼林学校碉楼（图5-41），钢筋混凝土的柱梁结构体系建造得比较混乱，受力不合理。

　　也有的碉楼各层的柱上下不对位，出现问题时才临时采取措施补救。比如百合镇马降龙的天禄楼一至五层的柱上下对位，原以为第七层只是一个瞭望塔，第六层就不需要再建中央的立柱了，待工匠们动手拆除施工时搭建的支撑第七层楼板的木桩及模板后，才发现了问题，没有中央立柱无法承托顶部的重量。这才临时加建了8根钢筋水泥立柱。这8根支柱有的直接建在第六层的楼板上，靠第五层的墙体承重，与下面楼层的支柱根本没有相连。类似天禄楼这样缺乏专业建筑力学知识和技术而带来的问题，同样出现在百合镇河带里的公安楼的施工中（图5-42）。公安楼每层只用了2条工字钢做横梁，建成后还没有入伙进住，楼板就出现了凹陷，原因就在于"该楼建筑时，所用之工字钢太少，不能负此重大压力"。于是，决定"于每层之十字巷中，加建英泥方柱"。

　　碉楼的其他非承重构件也有随意不恰当的处理。百合镇马降龙天禄楼在建造初期没有计划在顶部建造山花，天禄楼施工基本完成后才想到应该建一个山花，才在六层加建。但为时已晚，山花的钢筋无法与下面的外墙结构整体连接，只是直接竖立在第六层的楼板上。结果，过了十二三年，到20世纪30年代后期，一场台风将山花吹倒。

图5-40 开平市塘口镇草坪村委会龙安村 图5-41 开平市金鸡镇锦湖圩礼林学校碉楼的梁、柱位置（梁锦桥摄影，2004年）
溢庆楼的混凝土柱与梁（2004年）

5.5.6 内外装修

碉楼的外装饰构件如柱头装饰、山花、浮雕等，起先是由工匠们在地面用模具灌注成型后拼装到碉楼的装饰部位上去的（图5-43）。也有用铁丝做成一个大致的骨架再用灰泥做出具体造型的方法。当地工匠在制作这些部件时也会采用一些民间的"土"方法，例如，用当地出产的瓦罐作模具外包灰泥制成建筑顶部的球形装饰部件。

在赤坎、塘口等大的集镇曾经出现了一些专门制作建筑装饰部件的手工作坊。

5.6 施工监理

对建筑工程实施监理，是近代开平建筑管理的重要一环。

前引百合镇马降龙庆林村林庐的建筑合约中，就明确规定：

图5-42 开平市百合镇齐塘河带里的公安楼（梁锦桥摄影，2005年）

图5-43-1 开平市沙塘镇平山村淮安楼（梁锦桥摄影，2005年）

图5-43-2 淮安楼内遗存的制作装饰构件的模具（左）及预制装饰构件（右）（梁锦桥摄影，2005年）

　　"至竣工时，要承建人与业主及监督人一同到场，验明确系依照图则及说明书做妥。倘有工程不符，倾侧崩漏，并藉端愆期，半途停工逃匿等情，不特将该银留候；如至建筑期内或有以外事发生，系为承建人支理，与业主无涉。以上之工程材料与同监督人协同查对与说明书相符方能合法。"

　　监理的作用在此可见一斑。

　　建筑监理伴随工程的全过程，监理人员有权对建筑工程做出停建的决定。赤坎镇司徒氏素直祖祠堂工程的建造施工中，"监工（司徒）俊嫒君察觉承建人所做工程，与图则有许多不符，照约制止"。司徒俊嫒的权利得到合约的保证，当然也是合约的内容之一。

　　素直祖祠堂工程的监理聘请的是同族乡亲，有的工程图则师也承担监理的职责。据民国十九年（1930年）《群济医院征信录》记载，在群济医院的开支成本中，"支邓爵督理工程订明薪金，每月一百元，由民十六年十二月二十日开工，做至民十七年七月二十日，连闰月共做工八个月，共支薪金银八百元"。邓爵获取的监理费比他的设计费高多了。他多次到施工现场，有关他的伙食开支就有12笔、44元5毫的记载。

虽然，目前笔者还没有掌握有关监理碉楼施工的直接资料，不过从近代开平建筑管理的一般规律来看，碉楼建造中聘请监理的情况应该是存在的。可能开平碉楼建造的监理也有不同的情况，一些建造投资成本大的碉楼所聘请的监理，多来自比较正规的公司和人员；而投资较少、主要由乡村工匠设计建造的碉楼所聘请的监理，不一定都比较专业，或是有一些建筑知识的乡亲，或是业主本人。不管什么情况，业主对承建人的施工进行监督检查，应该是开平碉楼建造中的组成部分。

5.7 结语

开平碉楼建造所需资金对于当时普通人家来说是非常巨大的一笔资金，能够独资兴建碉楼的通常只有那些富裕的华侨家庭，其他公共碉楼一般采取众人集资的方式，集资方式既有传统的费用均摊方式，也有受到近代思想影响的认购股份的方式。

筹集到建楼的资金之后，楼主一般采用委托承建或招投标的方式选定承建人，之后与承建人签订建设合同。

碉楼的承建人大多是本地或附近的泥水匠人，他们虽然未受过专业的建筑教育，但是通过学习逐渐有能力用他们自己的方式设计建造带有西洋风格并采用近代材料与技术的碉楼。除了这些泥水匠人与少量的非建筑业界设计承建者外，在20世纪中期也有部分专业建筑师与建筑公司参与到开平碉楼的设计与建造中来。

建造开平碉楼所用的传统建筑材料如砖、石、木材等一般用本地的产品，但是如水泥、钢材、玻璃等近代建筑材料最初全依赖进口，到20世纪中期之后开始使用本地或国内的产品。

关于开平碉楼的施工过程，首先要选择吉日开工。先建设基础，基础一般先挖大坑，打桩基，再填埋石料，在上面铺设铺地砖。基础完成后需搭设蓬厂，即脚手架，然后进行主体结构的施工，最后再进行楼内外的装修（图5-44）。

此外，在一些开平碉楼的建设过程中，还由建筑监理人员进行监督。

以上这些开平碉楼的建造情况，大致反映了开平侨乡近代建筑行业的发展。一方面，本地特别是农村地区的建筑活动还留有很深刻的传统印记，如泥水匠人为主体的设计者与承建者，非专业的施工工人群体，根据口头交流和经验而不是专业学习来掌握施工技术的状况；另一方面，尽管建筑师和结构设计师以及专业的监理人员对建设活动的参与还并不普遍，但是本地的建筑活动中入股集资、完善的建设合同，对工程的招投标，近代材料的使用，对施工的监理这些带有近代色彩的事物已经非常普遍。

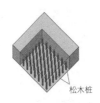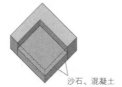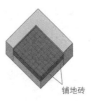

松木桩　　沙石、混凝土　　铺地砖

① 基础工程（挖坑、打桩）　② 基础工程（填充沙石、混凝土）　③ 基础工程（铺设铺地砖）

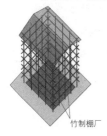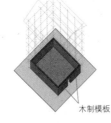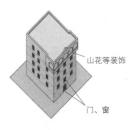

竹制棚厂　　木制模板　　　　　　　　　山花等装饰

门、窗

④ 建造棚厂（脚手架）　⑤ 主体结构的施工　⑥ 主体结构的施工　⑦ 内、外装修工程

图5-44　开平碉楼的施工过程

参考文献

［1］（清）薛璧. 康熙十二年（1673年）. 开平县志[O].

［2］（清）王文骧. 道光三年（1823年）. 开平县志[O].

［3］（清）鹤山县志[O]. 道光六年（1826年）.

［4］（清）开平乡土志[O]. 宣统.

［5］余棨谋, 吴鼎新, 黄汉光, 张启煌. 民国二十二年刻本（1933年）. 开平县志[M]. 民生印书局.

［6］江门五邑百科全书编辑委员会, 中国大百科全书出版社编辑部. 1997. 江门五邑百科全书[M]. 北京：中国大百科全书出版社.

［7］开平市地方志办公室. 2002. 开平县志[M]. 北京：中华书局.

［8］萧默. 1999. 中国建筑艺术史[M]. 北京：文物出版社.

［9］陆元鼎, 魏彦钧. 1990. 广东民居[M]. 北京：中国建筑工业出版社.

［10］黄为隽, 尚廓, 南舜薰, 潘家平, 陈瑜. 1992. 闽粤民宅[M]. 天津：天津科学技术出版社.

［11］张国雄, 刘兴邦, 张运华, 欧济霖. 2002. 五邑文化源流[M]. 广州：广东高等教育出版社, 1998.

［12］张国雄 撰文, 张国雄, 李玉祥 摄影. 2002. 老房子——开平碉楼与民居[M]. 南京：江苏美术出版社.

［13］张国雄. 2005. 开平碉楼[M]. 广州：广东人民出版社.

［14］张复合, 钱毅, 李冰. 2003. 广东开平碉楼初考——中国近代建筑史中的乡土建筑研究[M]//建筑史. 总第19辑. 北京：机械工业出版社：171-181.

［15］张复合, 钱毅, 杜凡丁. 2004. 从迎龙楼到瑞石楼——广东开平碉楼再考[M]//中国近代建筑研究与保护（四）. 北京：清华大学出版社：65-80.

［16］刘定涛. 2001. 开平碉楼建筑研究[D]. 广州：华南理工大学.

［17］杜凡丁. 2005. 开平碉楼历史研究[D]. 北京：清华大学.

［18］吴就良. 移民信息交流中心——旋侨俱乐部[G]. 开平市政府碉楼文化办公室内部资料.

［19］中国旅行社. 1938. 粤港澳导游[G].

［20］余宏义祖家谱目录.

［21］林庐建筑合约.

［22］洽熙楼总数簿.

［23］开平明报. 1932年, 11(18).

［24］潭溪青年先锋, 1927(8).

［25］小海月报. 1938年1月号.

［26］小海双月刊. 1935年7月号.

[27] 光裕月刊. 1930年1月号.

[28] 光裕月刊. 1938年第九卷一二期.

[29] 晨钟旬报. 1933年第34期.

[30] 教伦月刊. 1926年第五卷第九号.

[31] 教伦月刊. 总第47期.

[32] 教伦月刊. 1932年7月号.

[33] 教伦月刊. 1932年, 第119期.

[34] 教伦月刊. 1933年9月号.

[35] 教伦月刊. 1934年第128期.

[36] 教伦月刊. 1937年10月号.

[37] 厚山月刊. 1925年10月号.

[38] 厚山月刊. 1928年3月号.

[39] 沙冈新闻. 1948年11月号.

[40] 楼冈月刊. 1925, 3.

[41] 楼冈月刊. 1948年十二期.

[42] 五堡月刊. 1949年第六期.

[43] 晨钟旬报. 1928年第33期.

[44] 齐塘月刊. 1927, 2(3).

[45] 风采月刊. 1923年第十期.

[46] 风采月刊. 1930年第8期.

[47] 风采月刊. 1931年5月号.

[48] 风采月刊. 1931年8月号.

[49] 里讴月刊. 1947年第八期.

[50] 儒良月刊. 1923年第11期.

[51] 儒良月刊. 1927年总65期.

[52] 儒良月刊. 1928年第5期.

[53] 儒良月刊. 1928年第34期.

[54] 儒良月刊. 1930年第3期.

[55] 儒良月刊. 1934年第11期.

[56] 儒良月刊. 1947年复刊第2期.

[57] 儒良月刊. 1948年复刊第6期.

[58] 儒良月刊. 1948年复刊第8期.

Kaiping Diaolou and Evolution of modern social space in Kaiping

第6章　开平碉楼与侨乡社会空间的近代演变

前文论述了开平碉楼的起源、样式、建造材料、空间形式的近代发展演变，以及功能，设计者与建造方法等问题，其侧重点，基本在开平碉楼建筑本身，而像开平碉楼这样一种在一定历史时期被这一地域的富裕阶层（特别以富裕的归侨为主）大量建造的建筑物，必然反映了建造它们的这一阶层整体的意识形态，也必然反映了这段历史过程中社会的变化。

　　本章以开平碉楼从"早期"到"近代"❶这一动态发展的过程中对当地村落空间结构的影响为切入点，剖析开平碉楼在近代的演变与发展和侨乡社会与侨乡空间结构从传统到近代的演变过程之间的关系。

　　反过来，笔者希望通过以开平侨乡的近代社会空间结构从确立、到兴盛直至衰败的过程为线索，剖析20世纪初期到中叶，开平碉楼的大量兴建，到建设的高峰，到建设量骤减，直至建设停滞，大量被废弃的背景与原因。

1　此处"早期"与"近代"的概念参考本书第二、第三章相关内容。

6.1 开平碉楼对传统村落空间结构的影响

6.1.1 地方传统的村落空间结构

6.1.1.1 开平传统村落的形成

五邑地区村落形成的历史，最早可以上溯到南朝的刘宋时期（420—477年）建立的鹤山沙坪越塘村。而开平最早形成的村落，至少可以上溯到北宋时期。根据1986年的地名普查结果，北宋时期开始，陆续有一些北方氏族经广东省北部南雄珠玑巷迁到开平地区，建立村落。其中比较早的有北宋时期（960—1127年）落户水口镇北村的张姓；南宋咸淳年间（1265—1275年）落户塘口镇西城里的周姓，落户马冈镇龙冈的梁姓，落户马冈镇李边的李姓；南宋景炎年间落户塘口东明里的杨姓；南宋祥兴年间落户马冈官塘的梁姓。

清康熙十二年（1673年）薛壁主修的《开平县志》记载，开平共有102条村庄；康熙五十四年（1715年）陈还主修的《开平县志》记载，开平共有村庄103个；道光三年（1823年）的《开平县志》记载，开平共有571条村庄；民国元年（1912年），县长胡鼎南在清宣统元年初定的10个区基础上全县划定为10个区，101各乡，自然村1823条；到民国二十一年，余启谋主修的《开平县志》记载，开平共有1838条村庄。根据1988年的统计数字，开平县共有自然村2858座。由此可见除去新中国成立后新建村落，开平的古村落大多形成于清朝，特别是清朝的中后期，这段时期，开平村落的数量由1823年的571条，到1912年的1823条，数量增加了两倍，这和清朝中后期开平地区的人口膨胀是分不开的。

综上所述，开平地区的最早的传统村落，至少在北宋时期已经形成，而在宋代至清代的漫长过程中，发展速度一直维持在较低水平上。至清代，开平村落建设有了较大规模的发展，特别是在清朝中后期，新的村落如雨后春笋般形成。

6.1.1.2 开平传统村落社会与空间结构

（1）空间结构

开平的传统村落，多数村落朝南（含东南和西南），选址上一般背靠小山，面朝河流或池塘，一侧靠近道路，另一侧常常有河流或小溪流过，周围围以稻田（图6-1）。

村落中建筑主要是"三间两廊"式住宅院落。其建筑群布局大多呈规矩的"梳式布局"，这种布局形式在广东地区分布很广，在五邑地区的传统村落中体现得尤为典型。"梳式布局"，即平面为基本相同规格的院落，少则四五座、多则八九座沿纵向排列成行，院落之间前后几乎相连，只留50厘米左右间隙用以排水和防火；而各列院落之间，是笔直的被称为"火巷"的巷道，宽1.8米左右（图6-2）。各列院落前沿排列整齐（图6-3），后面则不规则。一般每隔几座院

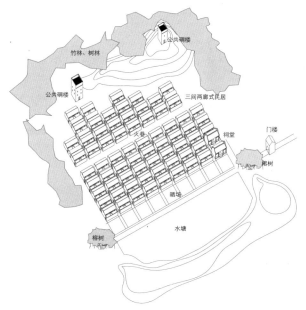

图6-1 开平地区传统村落结构示意

落设一条横巷，横向宽一般不足1.5米，如村落建筑群前后距离太长，还会在中间设一道较宽的通道（图6-4）。整个建筑群布局看起来像一把梳子，故称"梳式布局"。村里一般都有祠堂，位置在村前一行建筑中靠近"水口"❷一侧，大的村落除了主祠，还有辅助的支祠（图6-5）。有的村落还建有传统的碉楼，他们一般建在村后。

村落建筑群前面面对河流或人工开挖的池塘，建筑群与池塘之间是平坦的广场——晒场，粮食收割之后，在此晒干（图6-6）。村后一般背靠小山或较高地势的坡地，村中院落也由前往后逐渐随地势缓缓升高。另外，沿纵向巷道的排水系统恰好可将水自然排入村前的河流或池塘。村子一般由围墙或栅栏环绕，后半部广植翠竹或林木。村前两侧通常分别建有门楼或牌坊，扼守着村落的入口。此外在两侧入口处，一般还各植有一棵大榕树（图6-7）。

（2）封建宗族礼制的核心地位

开平地区的传统村落结构体系是建立在以姓氏血缘为中心的中国传统封建礼教制度上的。

在中国封建社会，以儒教文化为核心的社会结构的形成过程中，封建宗族礼教制度可以说是这种社会结构最基层的稳定因素。在中国封建社会漫长的两千年

---

2 参见下文有关风水的论述。

图6-2 开平市大沙镇竹莲塘村的火巷（2004年）　图6-3 开平市百合镇联安村前部整齐排列的民居（2002年）

图6-4 开平市塘口镇塘新村正中的通道（2004年）　图6-5 开平市苍城镇上湾村谢姓祠堂（2004年）

图6-6 开平市苍城镇那朗村前的晒场（2004年）　图6-7 开平市塘口镇岐岭村入口处的榕树（2004年）

历史长河中，支撑起了中国乡村的社会空间结构，同时中国乡村的建筑空间结构也基本上以此为依据。

现在在开平这片土地上生息的各个氏族，多是自宋元以降，经过长时间、长距离的大迁徙，历经磨难来此处定住的，来到开平之后，社会依然处处呈现危机。在这种长期的不安定环境中，宗族对族人的保护作用被凸现出来，因此，这里的宗族礼教制度也格外受到尊重，其力量格外牢固。

开平的传统村落多是聚族而居，大多数为独姓村落❸和主姓村落❹，这里的

---

3 指全村只有一个父系姓氏的村落。
4 指一个村落有超过一个父系姓氏存在，但其中以一个在数量上占据绝对优势的姓氏为主体。

村落空间结构就是严格按照这种封建宗族礼教制度组织起来的。

在开平传统村落中，作为宗族精神殿堂的宗祠，是村中伦理教化的中心，也是村民精神崇拜的场所。清朝开平地区宗祠数量最多时，共有宗祠340座❺，宗祠一般位于村前位置最好的靠近"水口"的位置，是全村最大、最豪华的建筑，是村中的视觉中心。其他民居建筑，体量要小得多，外观也朴实得多，整齐划一地前后排列在村中，平面布局和尺寸都基本相同，即使是"富厚之家"的宅第也不会突破这组整齐地排列，在保持横向尺寸不变的三开间基础上"自一进至数进不等"❻。而且，这些民居建筑中，堂屋正面的最高位置，一定会布置供奉祖先的神龛，体现着对宗族精神的重视。

而因防卫、避难的要求而建设的早期公众碉楼，无疑成为村落建筑中一个异类，它的位置被安排在村落的最后面次要的位置，造型非常俭朴，不会动摇宗祠在村落中至高无上地位。

（3）村落空间的风水因素

"风水"又称"堪舆"，起源于中国古代，是一种对建筑地点各种环境因素好坏的评判方法以及对建造中各种禁忌和特殊方法的概括。风水之术形成于汉晋时期，在之后的岁月里，盛行于全国，成为左右人们日常生活重要的因素。民国《开平县志·卷五·方言》中讲，"相阴阳地宅者为风水先生"。风水也是开平地区，旧时建村、建房必定会考虑的问题。

开平《甄氏族谱》记载其始迁祖金山公"一日偶到旺北泊岸睨眺，望见水环沙秀，则喜而叹曰：'吉地留与吉人。'又曰决之天地，实基之矣"。于是在此立村。同为五邑地区的新会古井镇文楼《吴氏始祖开基实录》记载："（始祖吴乐公）垦草莱，剪荆棘，相度形式，见风水攸集，曰：'此吾子孙万世基也'。"❼可见开平传统村落的选址，非常讲究风水。

具体从村落布局上，村落的选址追寻风水上的风水宝地。村落背后要靠"主山"，作为"来龙"，即龙脉的进入点；左右最好有低矮小丘形成"青龙""白虎"的拱卫；前要有水面，水前最好有远山近丘的"朝、案"作为对景相呼应，而溪流流去方向，便是象征吉祥的水口。如果是在无山的平原地区，则"以水代山"，因为风水学将水比作龙，认为水是吉祥的象征。开平的传统村落正是因循着这套理论进行选址和布局的，村落背后及两侧或依小丘，或三面密植翠竹，以聚财气，取"竹报平安"之意；村前或溪流婉转经过，或人工开挖池塘；从而形成背山面水、周围良田环绕的风水环境。另外，村落至高无上的宗祠，需要近水

---

5 参考文献［7］第268页。
6 见前文所引民国《开平县志》。
7 参考文献［14］第105页。

口而建，其他村落建筑按照前低后高排列，使来自村前水面的吉利的空气可以进入各家各户。

（4）对环境的适应性

所谓风水的说法其实有很多方面是与改善村落环境，有效利用土地相吻合的。背山面水、梳式布局实际上是非常适合开平当地的自然条件的。开平地区人多地少，村落建设有效利用坡地，房屋密集布置有效地节约了耕地；开平地区气候炎热，利用坡地建房、房屋排列前低后高、村前有水面这些特征可为相对密集的住宅尽可能多地带去凉爽的自然风；开平地区多雨，沿坡地的建设、纵向笔直的巷道、村前设池塘可有效地组织排水；开平地区多台风，背靠山丘，三面竹林环绕的布局也减弱了台风对村庄的影响；开平地区社会不安定，背山面水，集中建设，使开平的村落可更简单有效地组织防卫。

（5）与传统的耕读文化相适应

从这些村落人们的祖先选定村址，建立村落起，人们就在村落中世代生息，延续着简单的耕读生活，这便是中国儒家文化所推崇的乡村人民生活的正道。民国《开平县志·卷五·舆地》对开平地区传统的农村生活是如下记述的：

"男务耕耘，女勤纺织，器用简朴，少雕绘之饰，衣裳布素，无锦绣之文❽。妇人不轻出，出必以扇遮面，男女异途而行……四民相参，读不废耕，水习网罟❾，山业樵薪，童子幼时必就蒙馆❿就读，故虽农人贩夫，皆能解书识字。百工手艺为于农隙之时，不尚淫巧末伎，贫者或绩麻编竹以为业无徒食者。科举时代，乡会试有中式者，捷报则鸣铜鼓，亲友咸致燔⓫豚⓬为贺，入泮亦然。"

可见，当时在村落中，男人白天下地种田，女人在家织布，做家务，或到村侧为养禽畜。农闲时分，人们或在家，或在村口榕树下作编筐编篓等手艺活，自用或日后拿到集市上出售。而孩童都去私塾学习，有志青年一边种田一边读书，一旦考中科举或进一步考中功名，要在宗祠设宴，事迹会编入族谱，还会立碑设旗杆以表纪念（图6-8），是光宗耀祖的大事（图6-9）。而遇到节庆，婚丧嫁娶村民会聚集于祠堂，祭奠后再搞各种活动。秋收时分，各家收获谷物都拿到村前场上晾晒，脱粒，装袋。这便是开平传统村落中人民的生活，在历史岁月中虽然开平社会发生了深刻的变革，但至今这种生活还有许多印记和习俗被留存下来。

8　通假字，即纹，纹样、花纹的意思。
9　網和罟都是网的意思，在这里指打鱼。
10　旧时对儿童进行启蒙教育的私塾。
11　燔，是烤的意思。
12　豚，是猪的意思。

图6-8　开平市朱良村纪念村中秀才中举　　图6-9　开平市赤坎镇沃秀村翰庐内供奉的穿官服的祖先像（2004年）
　　　　所立石碑（2004年）

6.1.2　近代碉楼对村落社会与空间的影响

6.1.2.1　封建宗族礼制的动摇

　　笔者并不想过于深入论述在清朝中后期中国或者具体到位于广东省的开平地区封建制度及其思想意识是如何动摇并土崩瓦解的。笔者从比较简单的视角来看。鸦片战争之后，农村自然经济逐步破产。上至清朝朝廷，下至乡村一级都无力控制社会局面。到了民国初期，资产阶级政权建立未稳，旧的封建势力依然根深蒂固，在人们的思想层面与实际社会生活中均发生着各种冲突。像开平地区，政府基本失去对社会各个领域的控制能力，地方经济、社会治安、甚至人的思想道德都在动摇之中。而与此同时，西方列强的影响全面进入中国，尤其是开平地区，不但是洋货、宗教的传入，而且大批出洋做工的华工更带来人员直接的交流。此时中西的差距无疑给思想上长期受封建礼教制度禁锢的农民们带来巨大的冲击。就像虽然已经极度衰落，却依然残存在许多人思想之中的封建意识与社会上的封建势力一样，貌似至高无上的宗族礼教制度已经只靠惯性维系，它的根基早已被动摇。

　　因此，在鸦片战争之后到民国建国后的相当长一段时间中，虽然由于人们对于封建宗族礼教制度信仰的惯性，各大宗族、各乡村的宗祠还享有一定范围内最排场、最体面的形式，但是在人们心灵深处，这种信仰已经动摇了。宗族礼教制度已经更多的成为人们有实际需要时被利用的工具，对人们的约束力已经微不足道了。

　　这种情况下，才可能有那么多人背弃所谓的儒家文化传统的仁义道德的传统思想，铤而走险作强盗。以至于有不少人为了自己的利益，欺骗亲族甚至出卖亲族的。例如《古巴华工口供簿》中记载了当年三十八岁的开平人关阿明被自己的亲戚诱骗卖为"猪仔"后所录的口供：

"同治四年冬间，被祖叔关连登及关阿九诱我往荻海塘还帐与我，不料骗我到澳门新昌记猪仔馆。猪仔头是新宁县人余阿福，余阿得，将我关住，我不愿来，被他们六七人拳打脚踢，几乎死去。闻得西洋官过堂时，他们叫一烂脚乞丐张阿三顶名立合同，硬绑我下船。"❸

到了民国初年，大批华侨归来，也给开平社会上下带来西方资本主义价值观的影响；与此同时，资产阶级革命推翻了封建的清朝政府，国内资本主义的思想也自上而下得到传播。这些，都加速了封建宗族礼教制度影响的衰弱，权威性的丧失。关氏家族，是开平传统的大家族，长期以来以赤坎为中心聚居。《光裕月报》（关氏家族氏族侨刊）1929年第八期，针对民国初年关氏家族内部争夺内部利益的房派、门户意识日盛，宗族公共事业办事效率日趋低下的状况，有如下一段评论：

"余尝考吾族内容，名为一族，实为四房。户户之疆界已严，且户复分户，房房之意见且深，贫富既疏，强弱各异，动辄曰汝元九，我元六❹。平素相处，视同秦越，有事召集，势等冰炭，绅耆意见如龃龉❺，后生政策似矛盾。……数年来，族中所办之事，居多失败。"

评论中对关氏家族内部矛盾重重，很难达成一致意见的情况深感遗憾。

6.1.2.2 "建造碉楼之无理"与新旧意识的斗争及妥协

（1）近代碉楼的兴建引发的斗争与妥协

在封建社会的开平传统乡村中，居统治地位的建筑是宗祠，它是封建礼教制度的象征，而与此同时，还有一套风水理论与之相辅相成。在开平碉楼发展的初始阶段，碉楼在村中是一种为防御功能服务的次要建筑，建造的位置也是次要的位置，不影响宗祠、村落的风水；或者是依据改善全村风水的需要，一般是在村后高地的位置建设的有"风水楼"性质的建筑。这两种情况都是与开平传统村落结构共融的。

到了近代，宗祠至高无上的地位，随着封建礼教制度统治力的衰弱，受到动摇。返乡的华侨或得到侨汇支持的侨眷，一举成为"新绅士"阶层。他们的经济能力，在开平侨乡是其他人无法比拟的，他们的思想受西方资本主义"个人本位"与反对封建迷信思想的影响，不甘于受僵硬的封建宗族礼教制度的禁锢。他们建造的碉楼其实就是他们实力的象征，碉楼无论从高度和华丽程度上都均超越宗祠，这便是他们对传统社会权力结构的挑战。而这种挑战一出现，即遭到保守势力的反对，他们大多

13　参考文献［18］，第一辑，第825页。
14　元六与元九是赤坎镇关族两支系各自的祖先。
15　原指上下牙对不上，比喻意见不合。

图6-10 开平市月山镇大湾村村侧面成排的碉楼（2004年）

图6-11 开平市百合镇长兴村村后成排的碉楼（2005年）

假借风水的旗号发难，民国《开平县志·卷五·居处》称：

"近年新建之村颇革前弊，然尚沿三间两廊之旧，若稍事变更便为村中干涉，谓其有碍风水……"

于是，许多楼主选择了部分的妥协，他们大多选择将碉楼修建在村落后部或者两侧，不影响其他各家的风水，但事实上他们的碉楼的气势远远盖过了象征封建礼制的宗祠，只是很少有人过问了。开平月山镇大湾村在村落侧面建造了两排碉楼（图6-10），又如百合镇中洞长兴村，所有的碉楼在村后一字排开（图6-11），就都是碉楼与传统村落构造互相妥协共存的典型实例。

随着时间的推移，新旧势力的对比逐步发生变化，封建宗族礼制的威严逐渐衰落，天平越来越向新兴的华侨与侨眷们倾斜。旧势力逐渐无法阻止华侨把他们的私家碉楼——居楼建造得气派、豪华，甚至有的碉楼可以直接建在村落住宅群当中，不去理睬别人的"风水"了（图6-12）。

图6-12　开平市蚬冈镇莲子村正中高大的庐和碉楼（梁锦桥摄影，2004年）

（2）"建造碉楼之无理"事件分析

《教伦月刊》1933年1月号刊登了一篇题为《建造碉楼之无理》的文章：

"五区、长安里，悉关姓与该族人（司徒姓家族❶ ）毗邻聚居，向称和睦，近有关崇仰，由外洋旋乡，见地方不靖，乃拟将自己原有地段，见诸碉楼一座，一则自己自卫，二则为一村保障，不料于雇工到场兴工之际，突被族人某豪强，族姓某土恶等联合阻止，并发出标语，谓据堪舆家❷ 云，本村该处地段，为本村之龙脉，不宜建筑高楼，以触犯玄武大神，否则，村众有不利之处，为建筑人是问，但两姓开通人士，均谓该村先后建筑高楼已有七八座，素来未闻有人抗阻，及触犯何鬼神之事，今竟阻止崇仰建筑，实属无理，后该某乃托人向建屋者索送礼金无效，遂纠集两姓壮丁屠狗大宴，并拟定合约，限两姓十八岁以上男子签名，一致反对，倘该楼如有建筑稍高者，即行毁拆，但多数不肯签名附和，该某某等十数人帮手，翌日将个建筑材料捣毁，崇仰迫得具呈向分庭起诉，现未知如何解决云。"

这是一起由归侨在自家住宅原址修建碉楼而引起本地恶势力反对甚至无理取闹的事件，整个事件较为典型地体

16　笔者注。
17　指风水师。

现了开平乡村在近代，意识形态领域和权力的斗争。

文中提到在长安里，已经先后建造了七八座碉楼，这说明在此之前，新旧势力相互妥协，碉楼的建造基本被村民默许。

这种新旧社会结构的更替并没有那么简单，当关姓的关崇仰从海外回到家乡长安里欲建碉楼时，蹦出的几个司徒姓"豪强"和"土恶"便搬出风水这种武器，并试图通过制造传统的族姓间矛盾达到自己获得利益的目的。

但是在1933年的长安里，这些"豪强"和"土恶"已经不成大气候了，连司徒氏族内部的开通人士都认为他们阻止关崇仰建筑实属"无理"；"豪强"和"土恶"要求两姓男丁起来反对也得不到响应；最后他们自己动手破坏了建筑碉楼的材料，还被关崇仰告上法庭。在这个事件中，虽然关崇仰的建筑材料被砸，但是"豪强"和"土恶"所代表保守的旧势力其实是彻底的失败了。

6.1.2.3 近代碉楼给开平村落空间带来的变化

在近代，正如民国《开平县志·卷五·方言》一段评述外来事务给开平带来的影响的叙述"自洋风四簸，风俗六门有五门有判今昔者。……居处如几重城一旦为平地，百尺楼四处皆插天之类……"村中高耸的碉楼已经成为一个重要的空间因素，与传统"梳式布局"的平面式空间排列形成强烈的对比（图6-13）。

近代的碉楼，特别是居楼，与造型内敛的传统碉楼不同，它们在高度上追求更高，在样式上张扬自己的个性，表现为采用异域风格的形式。从样式表现其出洋所经验的建筑样式，同时具有表现"衣锦还乡""光宗耀祖"主题的纪念性；另一方面，近代碉楼的建造，事实上根本颠覆了传统的以占据风水宝地的宗祠为中心，其他住宅无个性地阵列式地排列在村中的空间体系。这些碉楼从空间上表现出新的强调个人为中心的价值取向的强烈影响，碉楼异军突起，形成村落空间无法抗拒的新视觉中心（图6-14、图6-15）。

图6-13　近代开平地区村落构造示意

图6-14　开平市赤坎镇中股草湾村吉祥楼（2004年）

图6-15　开平市蚬冈镇坎田东胜村东胜楼（2004年）

6.2　开平碉楼与侨乡近代社会、空间结构的兴盛和衰败

6.2.1　开平碉楼与侨乡近代社会、空间结构的确立

6.2.1.1　侨乡社会、空间结构的近代自主改造

（1）空间结构改造的自主性

中国沿海各开放口岸的空间近代改造带有明显的被动近代化（殖民化或半殖民化）色彩，而随后其他各大城镇空间的近代化改造基本上是自上而下的。开平侨乡社会与空间结构的近代化与之比较，具有明显的不同，是一种自发的主动性近代化改造。开平侨乡空间结构的近代化改造的发起者主体来自民间，改造的主要动力受大批从西方资本主义国家归来的华侨影响，侨乡民众对近代化生活产生强烈需求；改造的资金基本来自民间，以侨资为主体；改造的发起者与组织者也大多来自民间，主要以个人或宗族集体形式进行组织。

（2）华侨在自主改造过程中的主导地位

侨乡空间的近代改造中，占据主导地位的是华侨。本文第二、三章曾经提到，近代的开平社会经济生活，主要依靠华侨的资金，民国《开平县志》评价，开平籍在美、加华侨手中资金数额巨大，"其影响生计故大，对于邑内维持治安，推广教育裨益弥多，此邑民以前之生计情形也。"另外，华侨在海外生活多年，对家乡的落后认识最为深刻，投资回家乡，就急于改变家乡的面貌，因此华侨的群体也是侨乡近代自主改造最积极的支持者。宣统《开平乡土志》所述"以北美一洲而论，每年汇归本国者实一千万美金有奇……而本邑实占八分之一"。在1910年左右，开平一年来自北美的侨汇就有一百多万美元。到1914—1937年间，侨汇占中国国际收入的15.7%[18]。此外，从开平的邻县台山县的侨汇状况也可反映出当时侨资、侨汇的规模。1929年，台山县来自美国的侨汇有1000多万美元，折合当时国币就有4000万~5000万美元，占当时全国侨汇（8100万美元）的八分之一。1930年，台山侨汇猛增至3000万美元，几乎占全国侨汇（9500万美元）的三分之一[19]。

（3）村落、住宅、碉楼的建设

近代侨乡空间的改造，最为广泛的便是村落的建设与改造。华侨衣锦还乡，最迫切的莫过于娶妻、置地、建房舍。侨资最先的流向便是乡村住宅的建设。

华侨、侨眷等新绅士阶层对生活舒适性的需求以及体现为追求标新立异的虚荣心都在膨胀，同时又要考虑生命及财产的安全问题，原有的传统住居已无法满足这些需求。因此促成洋风的碉楼和庐的大规模建设。从华侨、侨资大规模返

18　参考文献［17］第237页。
19　参考文献［9］第148页。

图6-16 开平市赤水镇大同村的碉楼及别墅（2004年）　　　图6-17　开平市塘口镇潭溪古南村的近代民居群（2004年）

乡到太平洋战争爆发后侨资的中断，开平地区各乡村共建设碉楼和庐数千座。形成"无碉不成村""居处如几重城一旦为平地，百尺楼四处皆插天之类"的景象（图6-16）。

　　与此同时，许多村落建设宅基地已趋于饱和，这又推进了土地的买卖和新村的建设（图6-17）。开平村落的数量从道光三年（1823年）的571条，到民国元年（1912年）的1823条；到民国二十一年（1932年）1838条，一百多年间村落数量增长了两倍。1923年《沙冈月刊》中《东林祖立新村之速成》一文记录了新村建设的细节：

　　"（曾边）拟创立新村，特聘请乙东先生到乡，指定东林祖祠后背为新村地址、坐东向西，村后枕正石路，以三十六座为额，每座地价银三百元，挂号时先缴挂号费十元，其余分三期缴纳……"

　　当时各地侨刊还有不少类似报道，说明这在当时是建立新村的普遍模式。

　　（4）城镇、圩市的建设

　　如果说民国二十五年（1936年）开始的苍城旧县城的大规模改造以及民国十四年（1925年）开始的县政府临时所在地长沙埠的大规模改造是由政府发起的话。以赤坎镇为代表的各圩镇的近代化改造则明显带有自下而上的自发性。从1893年清政府放宽归侨政策起，到1933年，在侨资的刺激下，又新建圩市24座。[20] 与此同时，旧有的圩市也先后进行了大规模的现代化改造。民国二十二年（1933年）《开平县志·卷十一·建制》关于圩市有如下记载：

　　"近岁，邑中新市踵兴，旧市次第改造，建骑楼，辟马路，气象一新。"

　　本文以赤坎为例，探究当时圩镇的自发性近代化改造。当时的赤坎圩位于开平县中部，起源于清朝初年，由关姓聚居的上埠和司徒姓聚居的下埠组成，建有数

20　参见参考文献［10］。

图6-18　开平市赤坎镇的近代沿河骑楼建筑群和街道（2004年）

条街道。民国初期，这些街道宽仅约两米，用碎石或花岗岩铺地，街道两端设楼闸。街巷阻塞，行人不便。因此，乡民和华侨都呼吁改建。民国十五年（1926年）拆建工程开工，翌年完成。建成以全长1700米的主街为中心的新型街市，街宽八九米，街边是二三层以上的钢筋混凝土造骑楼店铺（图6-18、图6-19）。

　　在整个改建工程中，关于司徒两姓家族组织发动华侨、乡民制订计划，筹集资金，《教伦月报》1928年特刊对司徒家族改造下埠的工程有详尽记述，1928年，司徒家族召开了"司徒氏民族大会"，组织成立了"赤坎东埠市政筹备处"，拟定出《组织章程》，其宗旨就是"筹划关

图6-19　开平市赤坎镇的近代骑楼建筑群与街市（2004年）

于赤坎东埠市政一切建设及改良计划，并监督其进行。"对规划中各铺面的使用权进行招标，"投承铺地系取公开式，当众逐号编列阄投。即时开阄，以价高者得之，同价者先开先得。"另外，关于主街前河堤的建设，决定募集股份，分别在赤坎、广州、香港设点，募集来自海内外特别是赤坎籍司徒家族同胞的资金。赤坎街市近代改造完工之后，属于归侨侨眷的投资的店铺占赤坎两埠店铺总数的百分之六十以上。

（5）农、工、商业的改造

鸦片战争之后，农村传统的男耕女织，自给自足的自然经济土崩瓦解，从事农业的人口逐渐减少，特别是开平侨乡近代化改造开始后，从事工商行业的人越来越多。

1911年，司徒德业回乡与朋友合资开办了开平第一家民办机械工厂——开平长沙振兴机械制造牛骨灰田料公司。随后，一批工场手工业，食品、日用、机电工业得到发展。比较著名的有珠江火柴厂、北洋机械厂等[21]（图6-20）。

侨资的回归，更是给开平的商业带来繁荣，圩市数量、商业人口都大幅度的增。1908年，全县个圩镇（不含荻海、新昌）居民中从事商业的即达2000户，到1932年，更是达到4285户，其中以侨资为主的商户占了大部分。商户经营范围也逐渐由传统的食品、布料、建材、农具，扩展到洋货、水泥、煤油、机械器材等。

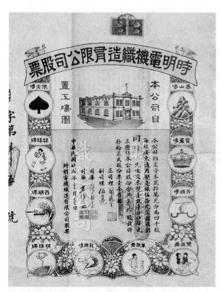

图6-20　1933年发行的时明电机织造有限公司股票
　　　　（于普查中发现）

21　《开平县志》第十一编·工业。

大批侨资的回归，也刺激了开平近代金融业的发展，清光绪二十四年（1898年），赤坎镇利昌油糖铺开业，兼营接驳侨汇及找换金、银、外币、昃纸（外汇票据）。随后，一批专营金融业务的金铺、银号和侨批业店也在县内各圩镇建立起来。此外，当铺也有了新的发展。一些银号和当铺建起碉楼作为其坚固的金库。

（6）交通、道路、桥梁等基础设施的建设

1924年，开平开始修建公路，到1937年，全县已筑公路32条，全长321公里，建公路桥24座，成立行车公司18家，经营的公共巴士通往县外及全县各地，开平告别了单纯人畜力运输的时代。

在水路交通方面，1884年，县内便开始利用脚踏船运输，至1889年，三埠至广州航线开始使用汽船。至民国以后，水运得到更大发展，运输船只达数百艘。

民国三年（1914年）新昌成立了光昌电灯公司，民国十年（1921年）长沙成立了长沙电灯公司，之后各镇陆续建立发电设施，许多地方用上了电灯。

民国十三年（1924年）起，电话逐渐进入开平城乡，一些村落的碉楼和庐里至今还有当年的电话机遗存。

（7）文化设施的建设

华侨对祖国的落后深感痛心，许多华侨都有教育救国的理想，一方面把他们的子女送出国留学，一方面大力投入家乡办学。清同治年间（1862—1875年），开平籍缅甸、泰国华侨即集资在赤坎镇五堡乡新龙里创办教五书室，免费教育本地子弟，自光绪之后，到民国时期，华侨陆续投资兴建了大批学校，其中不乏新式学堂（图6-21）。与此同时，华侨们还陆续创办了各宗族、地域的侨刊，作为沟通故乡、家族和海外族人的桥梁。在宗教方面，华侨和外国牧师把基督教带入开平，先后建教堂32间（图6-22）。此外，华侨也投资兴建了周氏、司徒氏以及关族等图书馆（图6-23）；创建了杜澄医院、协和医社、义兴爱善堂等医疗设施。

图6-21　1930年改建的开平市月山
　　　　博健学校（2004年）

图6-22　开平市赤坎镇树溪华龙村教堂
　　　　（2004年）

图6-23　开平市赤坎镇关族图书馆
　　　　（2004年）

图6-24 塘口镇北义仓前村的近代宗祠和碉楼——焕业楼（2004年）

图6-25 开平荻海余氏宗祠——风采堂（2005年）

（8）宗祠的改造

近代的开平，宗族礼教制度的影响力大为衰退，宗祠在村落中的地位也发生了微妙的变化。说其地位变化之微妙，是因为：一方面，无论是归侨、侨眷，还是一直留守的乡民依然对宗祠非常重视，至少在表面形式上，宗族与宗祠依然是开平农村社会底层不可或缺的精神中心；然而另一方面，受西方资本主义的人本主义的影响，开平居民特别是归侨这一群体中，逐渐膨胀的个人意识动摇了宗族礼制的基础，空间上，新建的高大碉楼取代了宗祠成为村落的视觉中心。

为适应新时代的需求，人们也对宗祠的建筑进行了改造，西洋风格的空间和装饰都被运用到宗祠这种象征传统权利的建筑类型中（图6-24）。现存在开平市三埠荻海的余氏宗祠风采堂，于1916年建成，是这些近代宗祠中的代表（图6-25）。

6.2.1.2　开平碉楼与侨乡近代社会、空间结构的确立

（1）具有对外依赖性的消费型社会

近代的开平，由于侨资的大规模注入，经济迅速复苏，特别是城乡建设大为繁荣，同时富裕的归侨与侨眷也形成了有钱有势的"新绅士"阶层。民国《开平县志·卷二·生计》中描述道：

"……盖由内地农工商事业未能振兴，故近年以来，而家号称小康者，全恃出洋汇款以为抱。"

尽管部分华侨也在家乡兴办了实业，但所用资金在全部返乡侨资中毕竟只占少部分，而大部分的资金则投入自家建设，以及用来维持归侨、侨眷"新绅士"阶层的生活。据研究，广东侨汇的绝大部分用于赡养家眷以及自家建设，1862年至1949年用于投资的侨汇为2.1%，最高时期也不足4%（1919—1927年）。[22] 另据研究开平当时有十分之七的人口靠侨汇为生。[23] 而地方物产与西方发达国家的洋货相比，毫无竞争力，此时开平社会时尚又极力推崇外来事物，因此，在消费需求的刺激下，一时间洋货充斥开平城乡，呈现出追求高消费，互相攀比，讲排场的社会风气。至此，开平地区形成了一种对外来侨资侨汇及进口商品极度依赖的消费型社会。对此有识之士均深表担忧。民国《开平县志·卷十一·建制》中评论道：

"充斥市场者，境外洋货尤占大宗，农工不昌，徒饰阛阓[24]之外观，未足为恃……。"

旅居加拿大的开平赤坎籍华侨关国镜也在给同族归侨关国暖的信中更是对地方奢华的风气，人们毫不吝惜地挥霍华侨们辛辛苦苦攒下的血汗钱的现象哀叹不已：

"地方奢华，日甚一日。举凡婚姻诸事，动辄费金数千元。合计盖千元金，要历十年八载尝受血汗艰苦，然后积蓄而成，仅三数日费消尽净。所依赖者，金山两字耳。嗟夫，当此外洋地面，排华日急，倘若一旦工情变冷淡，我等金山丁者，无论农工商三者，不堪想。思至可不危惧哉！"[25]

（2）带有资本主义民主思想色彩的近代宗族管理体制

到了开平侨乡近代空间结构逐步确立起来的20世纪20年代，也就是开平碉楼建设的极盛期。开平的社会虽然还维持着各宗族各自聚居，各自处理内部问题的宗族社会系统。但这时的宗族社会系统已经和封建社会宗族礼教制度等级森严的时代完全不同了。

归侨的亲身经历推广了资产阶级民主及自由的思想；加上中国资产阶级革命

22　参考文献［19］第35页。
23　参考文献［19］第29页。
24　指街市。
25　参考文献［25］第106页。

在广东省具有比较深刻的影响；另一方面，这时的开平，受华侨资本等影响，商品经济深入人心，从根本上改变了人民的价值观、生活模式和社会结构。因此，开平侨乡社会，逐渐形成了一种资本主义民主思想变革，这种变革深入宗族社会中，自由与民主受到广泛地尊重，形成一种独特的带有资产阶级民主特征的新型宗族社会结构。

前文提到《教伦月报》记述了司徒氏族为了赤坎镇下埠的改建工程中召开了"司徒氏民族大会"，以民主的形式拟定《组织章程》。其中，对于工作的具体开展，还制定了《推举执行委员细则》《筹备处办事细则》，公开《市政进行计划和程序》，方便族人共同审查、监督。而在铺面招商中，也采取公平的抓阄方式。此外，当时的侨刊、报纸还有大量记载表明，当时的开平侨乡社会，大至市区的改建，小至一个村落门闸的建设，甚至一座公共厕所的建设，都会在市内或家族之内进行公开，大家都有发表意见的权利。对于村镇内发生小规模的争端，虽然首先在宗族内部调解，但不是依照传统由族内长老裁定，而是依法解决。这些事例都是这种独特社会结构的具体表现。

（3）以碉楼为象征的华侨主导地位的确立

在大洋彼岸的美国，象征资产阶级巨额资本的是城市中心高耸的摩天楼；而在清末以来，特别是20世纪二三十年代的侨乡开平，拥有土地多少已经不是判定经济实力与社会地位的主要标准，归来的侨资强烈冲击着侨乡。空间上象征这股新生力量的是市镇中的新式楼房、店铺以及存在于范围更加广泛的乡村中的洋楼，特别是那些高耸、华丽的碉楼。空间上，碉楼的高耸的形态和华丽的洋风与传统村落中低层朴实的民居之间的对比（图6-26），恰恰是华侨带回的相对巨额的资金与当地长期处于衰退状态的农耕经济的贫穷与死气沉沉的状态之间的对比。

（4）近代与传统并存的双重社会、空间结构

一方面，前文提到，华侨和侨资等因素推动的近代化改造使得侨乡的空间与社会具有了一定的近代特征；另一方面，这种近代化改造并没有彻底推翻传统的

图6-26 开平市赤水镇网山村高耸的近代碉楼与低矮朴素的民居（梁锦桥摄影，2004年）

社会空间结构，而是在两者之间达到平衡，形成开平一带侨乡特有近代与传统的社会空间结构并存的双重社会空间结构。

对此，在当时的开平，有一批激进的变革派曾经希望能将近代化改造进行的更彻底一些，他们把矛头指向宗族和宗族礼教制度，在开平县公署刊行的《开平县事评论月刊》民国十八年（1929年）7月创刊号中，作为新一任政府的宣言，其中发表了一篇《地方文化的障碍物》的评论：

"我[26] 有一个朋友常常说：要振兴中国，少不得要行我的三大政策。有人问他什么三大政策？他说，第一破神主牌，第二拆祠堂，第三烧族谱。我觉得他这些话有些偏激，但我到了开平，却信他这话有些见地。因为开平人的姓氏观念太深……我想拿我朋友的政策，到开平来试验，确保有些效验呢。"

但这种由外来官吏的提出的施政思想尽管得到进步人士的支持，但并没有被贯彻下去。

在民间，也有人进行了推翻宗族礼制的尝试。在20世纪20年代中国国内革命的背景下，在赤坎镇的护龙乡小海地区，一群以华侨子弟为主体的在省城广州读书的年轻人，1924年成立了"小海留省学会"，暑假回乡创办了"小海平民义学"，免费教育平民孩童，男女同校，消除族姓观念，并把民主思想纳入教育内容。尽管遭到旧势力的阻挠，但还是在基层农村产生了深刻的影响。[27]

但是，根深蒂固的宗族礼制不是一朝一夕就可以推翻的。民国时期的开平，宗族依然是许多人利益的保障工具，宗族观念虽然逐渐淡化，但远远没有消亡。祠堂已不是开平村落不可动摇的空间中心，但它们也并没有被拆除，反倒是各族各乡一有余力依然会兴建或修缮宗祠。民国三十七年（1948年）《五堡月刊》4月号中《改良风水，变易交通》一文记载炎洞长安社，为了村内交通的方便，需改变村前道路走向。而这一工程的实施，牵扯到村子的宗族明堂，于是借机对明堂进行了扩建，"又詹于尾月初三日兴工动土，拆迁社坛，聘请明家地理师，开罗盘定过方位……"这个小实例也反映了当时开平宗族依然具有一定的地位，乡民依然自觉不自觉地对其表示出尊重；同时作为宗族礼制长期以来控制村落、圩镇空间的工具，风水理论虽然广受评判，但部分人依然抱着"宁可信其有，不可信其无"的心理，继续在各种建设活动中被利用。

（5）五邑侨乡文化的确立

开平所在的五邑地区，地处广东中部，长期以来受到以广州为中心的广府文化的影响，而随着近代五邑地区大批的向海外移民，之后移民与华侨及其资本回乡的交流活动持续不断，逐渐形成了与广府文化有所区别的文化特征。因此，一

---

26 这个我即原作者，应该是新人县长沈秉强。
27 参见参考文献［34］。

图6-27　开平市塘口镇朱良村焕庐大门口传统与近代元素
　　　　并存的装饰（2004年）

些学者将五邑地区的文化作为广府文化的一个特殊的分支，称为五邑侨乡文化。

　　近代形成的五邑侨乡文化，从经济结构上体现为一种以侨汇和侨资为主要经济支柱的对外依赖的消费型经济；从社会空间结构上体现为资本主义思想与宗族礼教制度并存的双重空间结构；从人民思想上体现为具有开放、活跃的特征，在保留了部分传统思想基础上，积极地吸收外来的思想（图6-27）；从社会风尚上体现为求新求变，崇尚外洋，追求时髦，追求近代化的舒适生活；从建筑空间上，其近代化不仅限于市镇，在全国率先将近代化的脚步深入乡村，而乡村高耸且带有西洋风格的碉楼成为其突出的特征。

6.2.2　开平碉楼与侨乡近代社会、空间结构的衰败

6.2.2.1　侨资支撑的虚假繁荣及其隐忧

　　（1）侨资支撑下的社会繁荣

　　综合前文所述，清末到民国初年，确实海外的归侨和侨资曾经带给开平一段繁荣的时期，商品贸易非常活跃，城乡处处是建设的场面，民国《开平县志·卷六·舆地》记述当时开平楼冈一带砖窑的情况：

　　　"砖窑已增至四十座，每年八月开窑至四月收窑，每窑一春出砖八九窑，多则十窑，一窑出砖可达二十二三万……"

从楼冈一处产砖的数量便可知道当时开平村镇的建设步伐是何等之快，可见社会之繁荣景象。

（2）虚假繁荣背后的隐忧

在开平侨乡近代化过程中，当地的民风发生了天翻地覆的变化，民国《开平县志·卷五·舆地》中所记述的开平地区传统的民风"男务耕耘，女勤纺织，器用简朴，少雕绘之饰，衣裳布素，无锦绣之文"，可见传统开平社会民风简朴，男耕女织，读书者受到社会推崇。

同一段的按语❷ 中又评论道："此素风大变，于光绪中叶以来，又男多出洋，女司耕作。"

当出洋的许多华工衣锦还乡之后，社会风尚进一步发生变化，民国《开平县志·卷二·舆地》，在谈及1912—1929年期间开平在美国和加拿大的侨民的收入和对资金的使用时，有如下议论：

"惟侨民既得此巨资回国，惜不能用诸生产事业，以增物力，徒然为求田问舍之谋。一则增涨田土价值，使贫民益难为生；一则提高生活程度，使风俗日趋浮靡，踵事增华。社会情形顿呈外强中干之势，此自后无可讳者也。……然则提倡俭德以节其流，振兴实业以开其源，讵非邑民所应未雨绸缪者欤。"

其后按语又进一步评论道：

"按道咸之际，红客交讧，水灾并作，邑民疲悴至斯而极，然风尚勤朴，工商营业年得百金，可称家肥；是时海风初开客乱，难民纷走海外，阅时而归，耕作有资，于愿已足，谚云：金山客无一千有八百，羡之也。至光绪初年，侨外寝盛，财力渐涨，工商杂作各有所营，而盗贼已熄，嗣以洋货大兴，买货者以土银易洋银，而洋银日涨，土银日跌，故侨民工值所得愈丰，捆载以归者愈多，而衣食住行无一不资外洋。凡有旧俗，则门户争胜，凡有新装，则邯郸学步。至宣统间，中人之家虽年获千金，不能自支矣。而烟赌盛之，盗贼乘之，掠赎惨杀，樵采不宁，穷民无告，未知与道咸间相去几何也？"

这段评论对道光、咸丰年间开平民风的褒奖明显进行了夸大，本文前文曾提到，正是道光、咸丰间的天灾人祸才使开平民众或被迫出洋，或反叛朝廷，或落草为寇；另外，近代开平工商业的振兴，受国家大环境的影响，恐怕也不是归侨资金走向能够完全解决的。尽管如此，从笔者所阅读的民国时期其他众多文献资料来看，民国《开平县志》中对光绪、宣统以来，开平地区工商不兴，盲目追求消费享乐，民风日趋奢华，甚至颓靡的描述还是比较客观的。

开平地方消费能力大增，农、工、商各方面经济未见有突出发展，经济过于

28　按语，对正文的补充和解释。

依赖侨资与侨汇，市场充斥洋货，这些现象背后隐藏着深层的危机。甚至许多世代务农的农户也放弃了耕作，依赖在海外的亲属的汇款过活，据1899年新宁（台山）出版的《宁阳牍存》记载：当时"能樵耕者不及十之二、三。"❷ 当时的开平不仅有钱的华侨修建碉楼和庐的时候追求豪华，争强好胜，收入不高的普通百姓生活也日渐奢靡，而且赌博，嫖娼，吸毒（当时侨乡主要的毒品被称为"红丸"）已经普遍存在，成为严重的社会问题。另外除了大规模集结的土匪、山贼，在同一乡、村、甚至同一氏族内部也有许多不务正业者，行骗、绑架，无恶不作。

6.2.2.2 碉楼防不尽的匪贼

开平碉楼作为开平近代建筑中最令人注目的形式，其实也是当时开平社会的反映与开平社会的一个缩影，社会风尚、价值观的变迁都在碉楼这种建筑形式中得到体现。

最初作为以给村民提供防匪为主，兼具防洪功能的碉楼，逐渐演变成一种炫耀个人或家庭地位的纪念性兼具防御性的豪华住居（图6-28）。这正是当时社会风俗"日趋浮靡，踵事增华"❸ 的具体体现，其结果也难免会"呈外强中干之势"❸ 。

细究起来，开平碉楼华丽的样式与防匪御贼的原始功能有着严重的矛盾性。高大华丽的碉楼，具有较强的防御的能力，也表现着楼主的财力及社会地位，满足了楼主的虚荣心。但同时这样惹眼的样式也带来负面的影响。一方面这会引起他人的羡慕与嫉妒，制造以归侨和侨眷为代表的新贵阶层与乡村传统权贵之间的矛盾，更制造新贵阶层与贫穷乡民之间的隔阂；另一方面，如此高大、华丽的建

图6-28 开平市蚬冈镇灿庐顶部柱廊、小亭以及内部豪华的祭祖神台（杜凡丁摄影，2004年）

---

29 参见参考文献［23］第22页。
30 见前文中曾引用《开平县志》中的句子。
31 同注26。

筑实际上也给盗匪指明了抢夺或偷窃的目标。

据《开平县志》载："民国十七年（1928年）6月，匪劫古宅骑龙马方姓，掳男女20多人，毙10多人，焚屋23间。"这个惨剧竟然是新旧权贵及族性之间的嫉妒之心所引起的。骑龙马位于塘口区古宅乡（现宅群），原来是方、关两姓华侨聚居的村庄，村里共有28座楼房和3座碉楼，其中有4座楼房和1座碉楼是关姓华侨兴建的。1927年，上塘村的方姓归侨侨眷组织了建村会，向伍姓和关姓买了土名骑龙马附近的土地，准备建立新村。当时，关姓土主当权派关鹤琴，借保障方姓华侨安全立村为名，乘机敲诈了6万多元。这件事情给当时中庙乡乡长关纪云知道了，由于他也想从中获益却捞不到油水，因此对骑龙马方姓归侨与侨眷怀恨在心。当时，骑龙马村关姓归侨与方姓归侨不睦，关纪云便乘机挑拨，指使地痞将关姓1间小屋烧掉，然后诬赖是方姓所为，进行敲诈，没有达到目的。后来便串通贼首关龙、张沾、赣四等，于1928年6月14日早上，洗劫了骑龙马村方姓归侨和侨眷，纵火将方姓的两座碉楼和23座楼房烧毁，烧死数人，绑架了方姓侨眷21人。

另外，1936年《小海双月刊》记载了匪徒潜入碉楼，抢夺钱财的故事：

"四区芦阳乡回龙里关崇绩，有自建之楼一座，另有一屋在村内，于昨三日晚，关崇绩独自返楼睡觉，被匪徒隐踪入楼，用铁线将他捆绑，以布塞口……，贼徒行凶后，劫去白银七千余元，金饰值七百余元……"

无独有偶，《小海月报》1937年5月号载：

"八区杜澄乡集成里大观楼，二十二晚被匪数人入内图劫……"遭劫的是叫谭家活的八十二岁老人，是侨眷，家庭富裕，"除原有住屋外，特另建碉楼一座，贵重之物，均贮楼中，其家人每日在住屋晚膳，后即返楼睡宿……"

这一夜，饭后谭家活在返回碉楼正在开门时被潜藏在周围的劫匪绑架，锁住楼门，但争斗中，老人将钥匙抛出，鞋也掉在楼外，后来被家人发现，乡勇将楼围住，叫来军警，但劫匪借碉楼开枪拒捕，发生激烈枪战。直到二十五日，劫匪饥饿疲惫，缴械投降，但谭家活老人早已被勒死。

1947年3月《里讴月刊》第五期记载：

"（东升里）联安楼，楼主为旅美族侨开强君之建筑物也……昨二日，返楼取物，见各物零乱……"

后来查明，该楼遭偷盗，曾经给这座碉楼装锁的锁匠是元凶。

大多用钢筋混凝土建造的碉楼以其坚固程度，连后来侵华日军用火炮也不能将其摧毁。但是这却不足以防备匪贼，许多匪贼就是本地人，有的匪贼还与楼主的熟人相勾结，这时，抢劫与偷盗往往即使楼主拥有碉楼的保护也防不胜防。看来，碉楼之所以变得"外强中干"，实际上是当时逐渐拉大的贫富差距浮躁与奢华的社会风气造成的。华侨、侨眷所代表的开平新贵阶层希望通过建造坚实的壁垒来保护他们自己的财产和生命，然而其实他们所防备的匪贼中许多人曾经就是他们的乡邻。社会问题不能解决，坚固的碉楼对于防御匪贼来说便也防不胜防。

6.2.2.3 侨乡经济的崩坏及开平碉楼的衰亡

（1）侨乡经济的崩坏

民国《开平县志》的主修人士关心开平"农工商事业"的振兴，主张开平侨民把在外所得"用诸生产事业，以增物力"，对只知购田建房之举提出异议。认为这样做的结果，一是"增涨田土价值，使贫民益难为生"，二是"提高生活程度，使风俗日趋浮靡，踵事增华"，最终导致"外强中干"。提倡"风尚勤朴"，反对"衣食住行无一不资外洋""凡有旧俗，则门户争胜；凡有新装，则邯郸学步"。

部分华侨中的有识之士也认识到浮华背后埋藏的危机，像前文提到的赤坎籍华侨关国镜也担忧道："倘若一旦工情变冷淡，我等金山丁者，无论农工商三者，不堪想。思至可不危惧哉！"

然而这些"未雨绸缪"并未被大多数华侨和开平民众所理解，"用诸生产事业，以增物力"也没有得到多少响应。

实际在编纂民国《开平县志》二十一年（1932年），开平所面临的危机早已不是"未雨绸缪"，这种危机其实已经成为事实，《教伦月报》1933年12月号发表了一篇评论，题为《本邑经济危机的现象》，文中谈到：

"自从一九二九年世界经济发生恐慌之后，向来专靠外洋汇款为生的本邑，就跟着发生根本的动摇，这世界恐慌一天一天的加深，本邑经济的基础，就一天一天由动摇而趋于崩溃。从前号称广东富庶区域的本邑，到了此时就陷入山穷水尽的境地。……"

1937年日军发动全面侵华战争，本已变得不很通畅的侨汇，其中相当一部分又直接或间接的用于支援抗日战争。特别到1941年太平洋战争爆发后，侨汇的通道彻底断绝，给了开平及整个五邑侨乡的经济以最后最猛烈的一击，侨乡经济彻底崩溃。人民生活异常艰难。1942年和1943年五邑地区又遇到大旱灾，据说，1943年，仅从开平义兴至阳江那龙的50公里省道上，每天饿死的饥民就有一二十宗；恩平县1943年一年饿死16168人●。1944年及1945年，开平、恩平、台山、新会四邑共饿死十几万人。而《台山华侨志》记载，抗战八年，台山一县人口减少了13万人。

（2）开平碉楼的衰亡

开平碉楼建造数量的明显减少始于20世纪30年代后期。

32　参见参考文献［15］，原文引自吴柏野，《读"旅韶同乡会致县长的信"》，载于《恩平文史》1987（18）。

这一时期碉楼建造数量下降的一个重要原因是地方经济的萧条，侨汇的减少。如前所述，侨汇是开平碉楼建造的最主要的资金来源。而从1929年开始，特别是到1931—1934年间，西方世界爆发了大规模的经济危机，而开平华侨多数集中在西方列强及其他们的殖民地，因此受此次危机影响很大。

1937年抗日战争的全面爆发成为开平碉楼建设的一个重要转折点，自此以后开平碉楼的建造数量锐减，2004—2005年普查结果显示，1937年抗战爆发至1945年战争结束间建设的碉楼现存只有2座。

这时期碉楼建设骤减的原因之一仍是经济的衰落，《教伦月报》1933年12月号《本邑经济危机的现象》一文中总结开平当时经济衰落有三个主要现象，"一是商业的衰落，二是银根的短绌，三是物价的暴跌"。居民手里没有钱自然就建不起碉楼。

而且，随着抗日战争的升级，全国经济不景气，开平地区也深受影响，建筑材料，特别是可用于军工的钢铁价格飞涨。1939年《长塘月刊》载："台属联安市，于初立市时，为便利交通，畅旺市场起见，乃于四周附近溪面，建筑小型三合土桥，以利往来，该等桥缘均设有铁制栏杆，以保安全，讵近来铁价飞涨，一般无赖之徒，乃妙想天开，竟将各桥栏毁窃一空。"

同时，抗日战争时期，开平城乡屡遭轰炸，当时人们认为，体量高大、外观华丽的碉楼很容易成为攻击目标，1939年的《小海月刊》中曾写道："抗战以来，敌机频飞我国各处城市，轰炸骚扰，至今犹然，即远处都市外之穷乡僻壤，亦时闻敌机光顾，各乡为预防轰炸起见，特告诫较为壮丽堂皇之高楼大厦所有者，将楼房尽涂保护色，免为敌人轰炸之目标……"另外，1940年该月刊中"免拆碉楼之限制办法"一文中记载：

"五邑碉楼奉准免拆，但须遵照下列免拆办法，① 每楼由楼主武装壮丁两名以上守备。② 敌如来犯，楼上壮丁如不抵抗，楼主应负全部责任。③ 如碉楼无壮丁守备者，应即拆除，免资敌用。"

可见在这期间修建碉楼已经是完全不合时宜的了。❸❸

到1942年，太平洋战争爆发之后，日军攻占香港及东南亚各国，彻底切断了五邑地区与外界的经济联系。这时候开平乃至整个五邑侨乡地区都陷入经济崩溃的深渊，人们连基本的生存都变得非常困难，当然就没有人再热衷于修建碉楼了，开平地区基本上不再有新的碉楼建设，甚至一些走投无路的人，这时候还拆掉房屋建筑，低价贩卖建筑材料糊口。

那些豪华碉楼的主人，许多在日军节节进逼的形势下举家出国逃亡，许多碉

---

33 开平碉楼在抗日战争中也发挥了一定的积极作用，中国军队与地方武装曾经凭据碉楼和日军作战，除了前文提到的赤坎镇南楼外，还有许多碉楼楼身上留下被日军炮弹击中的印记。

楼或交由亲戚照看或被上了锁闲置起来。

那种侨资、侨汇统领开平经济的繁荣时代已经过去了，开平近代碉楼存在的社会基础瓦解了，洋风的碉楼和庐统领着的侨乡村落空间结构的一部分也成为空壳，开平碉楼这种建筑失去了活力。它们成了纪念碑，纪念着那些防匪的经历，更是纪念着侨乡已成过眼云烟的浮华。

抗日战争结束后，开平当地有曾经历过一个短暂的经济复苏时期，侨汇亨通，海外各处侨属，也纷纷回国，甚至出现了由于投资地产、房产的人过多而导致当地地价过高超过当地普通民众购买能力的情况。但是，由于社会治安相对稳定，建造碉楼的主要因素消失，因此没有再出现过大规模建造碉楼的情况。1949年新中国建立之后，五邑地区的政治、经济、社会、文化各方面的条件都发生了极大的变化，碉楼也由此而逐渐淡出了历史舞台。目前记录在案的开平地区兴建最晚的碉楼是1951年建造的月山镇钱一东乐里门楼（图6-29），其建设原因据考是村内建门楼时在拟定样式时觉得碉楼的样式不错，便将其建造成碉楼的样式，完全没有防御功能方面的考虑❸。

图6-29　开平市月山镇1951年建成的东乐里门楼（2004年）

34　普查小组2004年7月11日在开平月山镇东乐村访谈纪录。

6.3 结语

从"早期"朴素与低调的公众碉楼到"近代"华丽与张扬的近代居楼，碉楼在侨乡空间中的地位发生了转变，从一种功能性的完全从属于传统村落空间结构的建筑物变为侨乡村落空间的主角。在这种现象背后，是19世纪末到20世纪初，以归侨为代表的新贵阶层，依靠从海外带回来的相对巨额的资本，首先在经济上逐渐占据了侨乡的主导地位，从而对侨乡社会各方面产生了越来越大的影响，促进了侨乡社会出现了前所未有的繁荣景象，这也使新贵阶层自然而然地取得了越来越高的社会地位。在这个过程中，当地社会持续了数百年、上千年的以封建宗族礼教制度为基础的社会构造以及社会意识形态潜移默化地发生了动摇，逐渐被一种混杂了资本主义民主思想和体现着资本强有力的支配力量的近代型的宗族礼制为核心的社会构造与社会意识形态所取代。侨乡各处拔地而起的近代碉楼正是这一时期社会空间结构中起主导作用的华侨、侨眷阶层核心地位的物质体现。

另一方面，这种过分依赖侨资、侨汇等外来资本的侨乡近代社会空间构造具有先天的脆弱性，其繁荣的景象如同开平碉楼如火如荼的建设热潮一样短暂，如同昙花一现。随着太平洋战争的爆发，大批华侨与侨眷外逃，侨资、侨汇返乡的通道被切断，大批碉楼人去楼空，侨乡的经济也陷入山穷水尽的状态。

中国的古语说："以史为鉴，可知兴替。" ❸❺ 所有的历史都免不了是当代史，笔者希望通过对开平碉楼的历史进行研究与论述，让读者增加一些对开平碉楼的认识之外，也能对自己生活的世界有更多的思考。在开平碉楼鼎盛时期昙花一现的背后，侨乡社会空间在近代发生变革，并且曾一度呈现繁荣，而后不可避免地走向衰败。这是笔者在对开平碉楼的研究中逐渐发现的躲在开平碉楼这种曾经风光无限的建筑背后的一段悲剧性的历史，在本章叙述出来，并无厚古薄今（"厚"传统的封建宗族礼教制度，"薄"近代侨乡发生的社会变革）之意，只希望抛砖引玉，使读者在了解开平碉楼精彩的外表与丰富的故事之外，还能有所思考。

参考文献

［1］（清）薛璧. 康熙十二年（1673年）. 开平县志[O].
［2］（清）陈还. 康熙五十四年（1715年）. 开平县志[O].
［3］（清）王文骧. 道光三年（1823年）. 开平县志[O].

35　引自唐太宗："以铜为鉴，可正衣冠，以人为鉴，可明得失，以史为鉴，可知兴替。"

［4］（清）开平乡土志[O]. 宣统.

［5］余棨谋, 吴鼎新, 黄汉光, 张启煌. 民国二十二年刻本（1933年）. 开平县志[M]. 民生印书局.

［6］开平县公署. 民国十八年（1929年）. 开平县事评论月刊. 创刊号.

［7］开平市地方志办公室. 2002. 开平县志[M]. 北京：中华书局.

［8］台山县方志编纂委员会. 1998. 台山县志[M]. 广州：广东人民出版社.

［9］广东省地方史志编纂委员会. 1996. 广东省志·华侨志[M]. 广州：广东人民出版社.

［10］开平县城乡建设志编写组. 1992. 开平县城乡建设志[G].

［11］伍荣锡. 1992. 台山县华侨志[G]. 台山县华侨办公室.

［12］陆元鼎、魏彦钧. 1990. 广东民居[M]. 北京：中国建筑工业出版社.

［13］黄为隽, 尚廓, 南舜薰, 潘家平, 陈瑜. 1992. 闽粤民宅[M]. 天津：天津科学技术出版社.

［14］张国雄, 梅伟强. 2001. 五邑华侨华人史[M]. 广州：广东高等教育出版社.

［15］张国雄, 刘兴邦, 张运华, 欧济霖. 1998. 五邑文化源流[M]. 广州：广东高等教育出版社.

［16］吴玉成. 1996. 广东华侨史话[M]. 北京：世界出版社.

［17］麦礼谦. 1992. 从华侨到华人：二十世纪美国华人社会发展史[M]. 香港：三联书店（香港）有限公司.

［18］陈翰笙. 1984. 华侨出国史料汇编[M]. 北京：中华书局.

［19］李家劲 等. 1999. 近代广东侨汇研究[M]. 广州：中山大学出版社.

［20］Dorothy & Thomas Hoobler. 1994. Chinese American-Family Album[M]. New York, USA：Oxford University Press.

［21］Iris Chang. 2003. The Chinese In American：A Narrative History[M]. New York, USA：Penguin Group.

［22］瀬川昌久. 1996. 族譜　華南漢族の宗族·風水·移住[M]. 日本東京：風響社.

［23］郑德华. 2003. 广东侨乡建筑文化[M]. 香港：三联书店（香港）有限公司.

［24］《开平侨乡文化丛书》编委会. 2001. 碉楼沧桑[M]. 广州：花城出版社.

［25］张国雄. 2004 赤坎古镇[M]. 石家庄：河北教育出版社.

［26］程建军. 1991. 风水与建筑[M]. 南昌：江西科学技术出版社.

［27］王其亨. 1992. 风水理论研究[M]. 天津：天津大学出版社.

［28］阚延鑫. 2004. 开平碉楼建筑与华侨[M]//中国近代建筑研究与保护（四），北京：清华大学出版社：3-16.

［29］谭金花. 2004. 开平碉楼与民居鼎盛期华侨思想的形成及其对本土文化的影响[M]//中国近代建筑研究与保护（四），北京：清华大学出版社：17-42.

［30］郑濡蕙. 2004. 开平碉楼背后及反映的思想文化——论碉楼的"中西合璧"[M]//中国近代建筑研究与保护（四），北京：清华大学出版社：43-49.

［31］张复合, 钱毅, 杜凡丁. 2004. 从迎龙楼到瑞石楼——广东开平碉楼再考[M]//中国近代建筑研究与保护（四），北京：清华大学出版社：65-80.

［32］赵辰. 2004. 从开平碉楼反思中国建筑研究[M]//中国近代建筑研究与保护（四），北京：清华大学出版社：85-88.

［33］张复合, 钱毅, 李冰. 2003. 广东开平碉楼初考——中国近代建筑史中的乡土建筑研究[M]//建筑史.总第19辑. 北京：机械工业出版社：171-181.

［34］谭金花. 2005. 侨乡基层社会中的近代民主思想——以"小海精神"为例[C]. 在园侨乡文化论坛. 开平：开平在园.

［35］杜凡丁. 2005. 广东开平碉楼历史研究[D]. 北京：清华大学.

［36］刘定涛. 2002. 开平碉楼建筑研究[D]. 广州：华南理工大学.

［37］陈志华. 1999. 北窗杂记 建筑学术随笔[M]. 郑州：河南科学技术出版社.

［38］教伦月刊. 1928年特刊.

［39］教伦月刊. 1933年12月号.

［40］教伦月刊. 1933年1月号.

［41］沙冈月刊. 1923.

［42］五堡月刊. 1948年4月号.

［43］小海双月刊. 1936.

［44］小海月报. 1937年5月.

［45］小海月刊. 1939年.

［46］里讴月刊. 1947年3月号.

［47］长塘月刊. 1939.

Conclusion

终章

7.1 结论

至此，本书介绍了开平碉楼的定义、起源、发展、演变、功能、建造，以及碉楼与侨乡城乡空间的近代演变。

笔者将本书的内容以两条主线进行总结：

一条主线是静态的知识点，归纳与解答有关碉楼的各种问题，例如：什么是开平碉楼？是谁建造了它们？它们为何，又是如何而建造？开平碉楼有哪些类型？它们有怎样的特点？开平碉楼具有什么样的价值？

另一条主线是动态的，这需要打破上述知识之间的界限，打破开平碉楼这种建筑的历史与开平社会发展历史间的界限，将开平碉楼发展历史过程的叙述，还原在活生生的开平社会发展过程中。

7.1.1 开平碉楼相关知识的考证与归纳

7.1.1.1 开平碉楼的定义

开平碉楼，从广义上是指以今天的广东省开平市为中心，广泛存在于五邑侨乡，功能以防卫与瞭望为主，其中一部分兼有居住功能的多层建筑物；而在狭义上则只是指今天开平市行政辖区内的碉楼。

7.1.1.2 是谁建造了开平碉楼？

最初的建于16世纪的瑞云楼与迎龙楼（迓龙楼）是由村落中宗族长老带头为保卫全村人的生命及财产而修建的，之后早期的公共碉楼，基本也是由村落中长老或是富户带头独资或集资兴建的。而今天作为开平碉楼代表的近代居楼则完全不同，它们大多是由归侨与侨眷独资建造的。19世纪末到20世纪初期，大批在海外辛苦工作了数年或数十年的本地籍华侨带着他们积攒的劳动所得资金回归故土，娶妻建房是他们回乡的头等大事，恰逢开平一带治安不靖，于是兴建大批碉楼保护家人和财产。

7.1.1.3 为什么要建造开平碉楼？

可考最早的开平碉楼——瑞云楼的建造目的是"籍避社贼之挠"。之后的三、四百年间，匪患一直都是困扰开平人的重要问题，其间修建的碉楼基本也都是为了对应猖獗的土匪。

而到了近代，匪患愈演愈烈，防匪依然是建造开平碉楼的主要目的，但是除此之外，许多开平碉楼还被赋予了新的功能，它们被建造得越来越高大与华丽，并且还时尚地表现着异域的风格，这些碉楼恰好可以表现回乡的华侨在异域的体验，满足炫耀自身财力的需要，成为其"新贵阶层"地位的象征。

另一个不可忽视的原因，近代开平土地资源匮乏，地方政策对新的宅基地审批沿革，这成为新建房屋向多层发展的重要原因，除了碉楼以外，多层的"庐"（近代侨乡别墅）建设量更大，部分层数较高的"庐"也具有一定的防卫功能，与碉楼之间界限比较模糊。

7.1.1.4 开平碉楼是怎样建造的？

开平碉楼除了极少部分由国内外专业建筑师设计之外，大部分是由当地民间工匠根据楼主的要求设计的。设计主要由泥水匠人主持，他们的创造来源于自身的经验与对其他建筑的模仿与理解。

开平碉楼的建造则几乎完全是由当地或附近的泥水匠人率领或专业或业余的工匠、农民完成的。这些民间工匠和农民根据自己的经验与相互间的学习完成了钢筋混凝土等利用近代建筑材料和技术的施工。而施工过程则引入了招投标、完备的承建合同、施工监理等近代化的建设程序。

7.1.1.5 开平碉楼有哪些类型?

（1）根据其在防御功能分工上的不同，笔者将开平碉楼分为更楼、众楼、居楼、铺楼四大类型。

此处的更楼泛指建造在村落中或村落附近起守卫了望作用，夜间打更的更楼；在高地上修建的，眺望更广域的范围，在数个村落联防体系中起预警和联系作用的灯楼；建在村落入口处起预警及防御作用的门楼（闸楼）。

众楼是由全村人或几户村民集资共建，为危难时众人临时御匪避灾之用的碉楼。

居楼是由富有人家（多数是华侨家庭）独资兴建的，以避贼为主，兼有居住功能，保护其自身生命及财产的建筑。

铺楼是店铺的附属建筑，起到防卫的作用，相当于用于存放店铺中的贵重物品的保险库。这种碉楼通常为经营金融信贷、典当、金银首饰等行业的店铺所有。

早期开平碉楼只有众楼与更楼（望楼）两种类型，到近代才出现了居楼和铺楼，并且居楼迅速成为开平碉楼中数量最多的类型。

（2）开平碉楼按主要承重结构的材料来分有以下几种类型：夯土造碉楼、石造碉楼、砖造碉楼、钢筋混凝土楼。早期的开平碉楼采用前三种材料建造，而到了近代，钢筋混凝土被广泛应用到开平碉楼的建造中，并且主体由钢筋混凝土建造的碉楼逐渐成为数量最多的类型。值得说明的是，关于建造开平碉楼的材料，有两件事都非常值得一提。一件是关于建造三门里迎龙楼所用的大块红砖，这恐怕是除闽台地区以外中国传统建筑应用红砖的较早的珍贵实例；另一件是关于近代在开平碉楼的建造中大量被应用的钢筋混凝土，在当年中国大城市中钢筋混凝土尚十分罕见的情况下，开平农村在兴建碉楼时却已经大量应用钢筋混凝土。

（3）关于开平碉楼的样式，早期的开平碉楼采用朴素的延续自当地乡土建筑与军事建筑的样式，而到了近代，模仿西洋风格的样式占据了多数。因为近代的碉楼依然主要由本地的泥水匠人参考楼主的意见进行设计，虽多模仿西洋的风格，但具有很强的随意性与非专业性，风格可谓五花八门。综合其全部类型，笔者将其分为六类：地方传统式、近代炮楼式、近代别墅式、外廊式、穹顶（攒尖）式、复合式。这六类碉楼，基本反映了开平碉楼在样式上的特点，也基本可以涵盖开平碉楼的样式类型。

7.1.1.6 开平碉楼有怎样的价值?

（1）作为建筑遗产的价值

开平碉楼具有突出的历史价值，是开平侨乡明代以来特别是清末民初历史的重要载体。

开平碉楼具有突出的艺术价值，它作为一种中西合璧的建筑，样式丰富多彩；碉楼群体星星点点坐落于田野中，形成独特的文化景观。

开平碉楼具有一定的科学价值，它作为侨乡建筑近代化的载体，是研究近代中国建筑历史的重要标本。

开平碉楼具有突出的社会文化价值，它承载了五邑数代华侨海外奋斗的历史，并见证侨乡曾经的繁华，寄托了侨乡人民及海外赤子无限的情感。

（2）在中国建筑史中的价值

在中国建筑史中，对近代建筑史的一般定义，是指1840年中英鸦片战争之后，中国政府被迫向西方开放国门而沦为半殖民、半封建社会状态之下的城市与建筑的发展。长期关注的是以少数开埠城市为代表，尤其以被动地接受西方建筑文化以及殖民化的强制性为特征的，基本上是一种屈辱的历史发展。而作为中国近代建筑活动的主流和中国近代建筑史研究主要内涵的，是直接从早发近代化国家输入和引进的新建筑体系，以及被理解为中国民族建筑文化对殖民文化输入的觉醒式反应的中国官方推动的建筑近代化[1]。

而近代的开平碉楼显然不在上述定义的中国近代建筑主流的框架之内。

那么开平碉楼在中国近代建筑史中处于什么样的位置呢？在中国建筑史教科书中，从中国原有建筑改造、转型的新建筑，以及属于"旧建筑体系"的近代在广大的农村、集镇，中小城市以至某些大城市的旧城区，遗存至今的大量民居和其他民间建筑，这数量相当庞大的两大类建筑，都是中国近代建筑中的"非主流建筑"[2]。

开平碉楼，是在开平侨乡、市镇，来自民间的力量自发性吸纳和学习外来建筑文化与技术，并且应用到传统民间建造模式中去，完成的数量众多，被人们习惯形容为"中西合璧"的近代乡土建筑。开平碉楼在近代蓬勃建设的历史向我们展示的正是一种近代"非主流"建筑的典型发展史，它是一个特例，但并不是孤例，当时无论是在沿海还是内陆，城镇还是乡村，中国民间建筑的近代化，与西方殖民者及中国官方推动的建筑近代化一样，百花齐放。

7.1.2 开平碉楼的发展历程

7.1.2.1 开平碉楼的起源与早期发展（16世纪中叶—19世纪末）

从明朝中期开始到清朝末年，在这一阶段，开平碉楼经历了起源与早期发展的过程。

明代，现在的开平位于几个县的交界地带，是政府行政管理相对薄弱的地区，到了明中期，爆发了持续不断的"社贼之乱"，即被压迫的贫苦农民武装的

---

1 参见参考文献[2]第86页。
2 参见参考文献[4]第300—301页。

暴乱。这种历史社会环境下，一些村落建起公共碉楼保护自己的乡民。现在可考证的最早的（建于15世纪中期或者更早）两座碉楼：民国二十一年《开平县志》中提到的瑞云楼与现存开平赤坎镇三门里的迎龙楼（古称迓龙楼）就是在这种背景下建造的。

到了南明永历三年，即清朝顺治六年（1649年）政府设立开平县，意图增强管理，稳定当地社会局势。具体的管理措施采取边驻军边种田的屯田方式，在屯田地附近，建造了一些带有类似于碉楼（望楼）建筑的军事工事。然而，开平动乱的状态并没有因立县驻军而根本好转，从立县到19世纪末的200多年间，开平地区依然持续着不同规模的动乱，这使得在部分村落不得不修建一些碉楼用于集体避难和防御。

这一时期的开平碉楼具有以下一些特点：

① 这一时期的开平碉楼其形制带有传统的汉族建筑特征，建筑材料一般使用传统的建筑材料，属于中国传统建筑的范畴。

② 这一时期的碉楼层高一般不超过4层，形式朴素，较少采用外部装饰。其形式特征基本是为了服务于其防御的功能要求。

③ 这一时期的碉楼一般都属于公共碉楼，主要功能是为所在村落整体预警、防御或村民避难服务。

④ 这一时期碉楼建设数量不是很多，能够留存下来的更是凤毛麟角。

7.1.2.2 近代开平碉楼发展和鼎盛（20世纪10年代—30年代前期）

开平碉楼发展的兴盛时期开始于清末光绪年间开平籍华侨首度大批回乡的时期，侨资的回归使开平的经济出现了活力，也导致了贫富分化的加剧，华侨和侨眷成了匪贼抢劫的主要目标，这使得他们开始大量建造碉楼保卫自身的安全。到20世纪20年代和30年代前期，因华工的地各国排华活动的加剧以及1929年后世界范围内经济危机等事件影响，归侨持续增加，同时，民国初期政局长期的动荡，治安进一步恶化，土匪横行，因此，这个时期，开平碉楼的建设达到鼎盛。之后，随着抗日战争爆发后侨汇的逐渐减少，同时当地剿匪活动略显成效，碉楼的建设量迅速减少。

这一时期的开平碉楼具有以下一些特点：

① 这一时期的开平碉楼在部分延续了地方传统的空间、样式与技术工艺的同时，大量的采用近代的材料和技术，模仿西洋的装饰与样式，引入外来的空间与结构，属于近代乡土建筑的范畴。

② 这一时期的碉楼层数较高，造型夸张、装饰华丽，其形式特征除了服务于其防御功能要求之外，其中许多碉楼（以富庶归侨、侨眷所建的居楼为主）还承担了体现楼主财力和地位的象征性作用。

③这一时期，除了建造了一部分功能分类更加细化（如更楼、门楼、灯楼、村落众楼、学校众楼的分化）的公共碉楼之外，也兴建了大量的私家碉楼——居楼，这些居楼除了用作发生危险时的防御堡垒外，还承担了部分日常居住功能。除此之外，也出现了少量附属于店铺，用于存放贵重物品用的铺楼。

④这一时期碉楼建设量巨大。

7.1.2.3　开平碉楼建设的停滞（20世纪30年代后期—40年代）

由于当时开平侨乡的经济过于依赖侨资与侨汇，当1928年起西方国家爆发经济危机，侨资与侨汇也逐渐萎缩，影响到侨乡的经济；其后，随着抗日战争的升级，全国经济不景气，开平地区也深受影响。所以从20世纪30年代后期起，投资建碉楼的人显著减少。当1942年太平洋战争爆发以后，侨资与侨汇基本被切断，开平侨乡的经济基本崩溃，归侨与侨眷大批逃往海外，许多开平碉楼人去楼空，开平碉楼的建设基本停滞。

7.1.2.4　开平碉楼的保护和再利用

20世纪中叶以后，随着社会环境的变迁，开平碉楼作为一种具有突出防卫功能的建筑，在新中国的侨乡农村逐渐失去其使用价值，被闲置或当做堆放杂物的仓库。到20世纪末、21世纪初，这些碉楼经过几十年的闲置或不恰当的使用，碉楼本身及周围的环境状况堪忧，亟待保护，整治与恰当的再利用。20世纪初，借开平碉楼申报世界遗产为契机，政府组织了对开平碉楼的保护工作及其对村落环境的整治工作，并在2007年成功将"开平碉楼与村落"申报为世界文化遗产。开平碉楼与周边的村落环境作为一种具有突出普遍性价值的遗产，得到保护，并展示给世人。

7.2　开平碉楼与中国近代民间与乡土建筑研究

在2001年出版的《中国建筑史》（第四版）的教科书中，广大的农村、集镇，中小城市以至某些大城市的旧城区，遗存至今的大量近代时期建造的民居和其他民间建筑，被归类于中国近代时期的"旧建筑体系"。"它们可能局部地运用了近代的材料、装饰，并没有摆脱传统的技术和空间格局，基本上保持着因地制宜，因材致用的传统品格和乡土特色，他们仍然是地道的旧体系建筑，是推迟转型的传统乡土建筑。与近代中国的新建筑体系相比，它们毕竟是旧事物，不是中国近代建筑的主流。"❸

中国近代建筑研究的对象，长期以来集中在以开埠城市为代表的大城市，集中在那些被认为是重要的、经典的建筑上。而那些民间的建筑，包括城市住宅、学校、店铺等，特别是那些小城市与乡村的建筑被忽略了。这是与早期中国建筑

3　参见参考文献[4]第301页。

学术界受到西方古典主义建筑理论体系强烈影响，重视所谓经典建筑而轻视世俗建筑的习惯性思维方式分不开的。

近代在广东侨乡——开平及周边地区大量被建造的开平碉楼，为我们提供了一个中国民间主动吸纳西方的建筑文化与技术，并且结合到碉楼这种源自传统的建筑形式之中，从而实现一类建筑近代化过程的典型而生动的实例。如果说中国与西方的建筑文化交流与碰撞是中国建筑近代化过程中的主体内容的话，开平碉楼也是其中非常典型的一个实例。

事实上，中国近代建筑的发展并非只有屈从于西方的被动接受，或民族精英在这种被动压制下的自主觉醒这两种简单形式。在中国这个地域广阔，文化类型丰富的国家，以上的发展模式只是中国建筑近代化的两种比较主要的发展模式，而绝非全部。开平碉楼代表了一种不一样的模式，而在中国大都市的市井之中，在内陆的省份、在少数民族地区还有其他更多不同的模式，其中有许多是我们研究者尚未深入研究的领域。

另外，由于中国传统文化的多元性与世俗化特征，使得民间文化相对于尊贵文化更加丰富，影响范围更广。在建筑历史的发展上也是如此，尽管民间建筑没有官式建筑辉煌，也没有官式建筑完备森严的制度，在建筑史中长期处于"非主流"的地位，但大量性的民间与乡土建筑恰恰是各个历史时期中社会对建筑需求最大的一部分，也是建筑文化类型最丰富多彩的部分。

到本书成稿的21世纪第一个十年，民间的、乡土的近代建筑逐渐被学术研究者更多关注，2004年，以"开平碉楼与中国近代建筑历史中乡土建筑的研究与保护"为主题的中国近代建筑史研讨会在广东开平召开成为近代建筑史学术研究领域扩展的标志。

包括开平碉楼的研究，仅仅是一个开始，从此将中国近代建筑的研究扩展到更广泛的领域。

参考文献

[1] 张复合, 钱毅, 杜凡丁. 2004. 从迎龙楼到瑞石楼——广东开平碉楼再考[M]//中国近代建筑研究与保护（四）. 北京: 清华大学出版社: 65-80.

[2] 赵辰. 2004. 从开平碉楼反思中国建筑研究//中国近代建筑研究与保护（四）. 北京: 清华大学出版社: 85-88.

[3] 张复合, 钱毅, 李冰. 2003. 广东开平碉楼初考——中国近代建筑史中的乡土建筑研究[M]//建筑史. 总第19辑. 北京: 机械工业出版社: 171-181.

[4] 潘谷西. 2001. 中国建筑史[M]. 第4版. 北京: 中国建筑工业出版社.

本书用语

碉楼

旧时防守和了望用的较高的建筑物。

开平碉楼

以开平为中心，广泛存在于五邑侨乡，功能以防守和了望为主，其中一部分兼有居住功能的多层建筑物。

众楼

众楼又称众人楼，由全村人或几户村民集资共建，为危难时众人临时御匪避灾之用，故称众楼。同时，部分众楼还担负着一定的更楼作用。

更楼

更楼是个广义的概念，泛指村落中或村落附近起守卫了望作用，夜间打更的更楼；在高地上修建的，眺望更广域的范围，在数个村落联防体系中起预警和联系作用的灯楼；建在村落入口处起预警及防御作用的门楼（闸楼）。

居楼

居楼是在近代，由富有人家（多数是华侨家庭）独资兴建的，以避贼为主，兼有居住功能，保护其自身生命及财产的建筑。

铺楼

铺楼是店铺的附属建筑，起到防卫的作用，相当于用于存放店铺中的贵重物品的保险库。这种碉楼通常为近代经营金融信贷、典当、金银首饰等行业的店铺所有。

碉楼学校

学校或用于办学的祠堂所属的众楼，或用作私塾的碉楼，当地常称之为"碉楼学校"。

庐

开平一带近代大量出现的洋风别墅式建筑。

"三间两廊"式民居

"三间两廊"式民居是一种广泛分布于广东省中部和西部的典型的三合院式传统住宅。

燕子窝

燕子窝是为强化碉楼的防御功能，在碉楼上部侧面或角部建造的悬挑出墙面的构造物，在其外侧和悬挑出的底部通常设有射击孔，达到消除碉楼防御死角，强化碉楼防御功能的作用。因其形式像燕子的窝，开平人通常称其为"燕子窝"。

外廊

外廊（Veranda）是指建筑外墙前附加的自由空间，外廊样式（Veranda Style）是广泛分布于东、南亚洲的近代建筑形式，也是中国近代建筑最初的样式。外廊是在近代开平碉楼中大量被采用的一种空间形式。

汛

道光《开平县志》中记载，清代开平共设十六汛，汛：指汛地，清代兵制，凡千总、把总、外委所统领的绿营兵都称汛，其驻防巡逻的地区称汛地；明朝称驻军防地为营，清代改营为汛。

圩、圩市

圩即墟，是在农村的一种起源于集市的小型商业建筑群。开平一带圩市出现在宋、元时期，到清朝先后出现了波罗圩等36个圩市，民国时期又陆续出现茅冈圩等20个圩市。

棚厂

开平当地对脚手架的俗称，修建碉楼一般要先做施工及遮挡风雨用的棚厂。

红毛泥

开平当地对水泥的俗称，由于进入开平最初的水泥都是英国企业的产品，当地人对英国人蔑称红毛，水泥因此得红毛泥的俗称。水泥在当地还被称为毛泥或士敏土（取水泥的英文cement的谐音）。

华侨与华人

"华侨"与"华人"是两个不同的概念。"华侨"是指定居在国外的中国公民，未加入当地国籍。"华人"有广义和狭义之分。广义的"华人"是对具有中国血统者的泛称；狭义的"华人"则是专指已取得外国国籍的原华侨及其后裔，又称"华裔"。具体来讲，一般第二次世界大战以前的在海外的中国人多未加入居住国国籍，基本属于华侨范畴。

口供簿

口供簿是当时侨乡的人们为了应付出洋，特别是赴美国时，签证审查时移民局官员苛刻的提问而事先准备好的问答簿。移民局官员愈来愈复杂与严格的提问，与当时美国的排华政策及20世纪初期出现的大批购买"出生纸"，顶替在美华人虚构出来的儿子的名义赴美做工的劳动者有关。

侨刊

　　侨刊，是当地一种出现于20世纪前期，由一个宗族或一个地域组织编写的期刊。民国7年（1918年），楼冈育英小学的出版物成为其最初的雏形；民国8年（1919年），《茅冈月报》《新民月报》创刊，此后全县各种侨刊纷纷出现，至30年代，全县共有侨刊50多种。其主要内容有家族的新闻、本地的新闻、国家世界时事及评论、文学作品、各种启事、物价行情及广告等。其读者除了本地的乡民，更多的是本族或本地的在外华侨。侨刊是在外华侨了解故乡及亲友情况的重要窗口，也是他们和故乡及亲友联系的重要纽带。现在依然有不少种类的侨刊按期发行。

五邑

　　"五邑"是指现在地级市江门所辖台山、开平、新会、恩平及鹤山这个使用相近方言的地域，旧时这一带也称四邑、冈州。四邑、冈州、五邑这些概念源自鸦片战争之后，此地区前往东南亚和北美地区的大批移民的群体组织，在新加坡1840年成立的"冈州会馆"（冈州是隋唐时期此地的行政区域名称，辖区为现在新会、台山全境、开平、鹤山的一部分），1848年成立了"四邑陈氏会馆"（由来自新会、新宁即现在的台山、恩平、开平的陈姓华侨组成），此后世界各地的华侨聚集地先后出现众多的"冈州会馆"或"四邑会馆"。1921年在香港成立了由新会、新宁、恩平、开平、鹤山人构成的"五邑工商总会"，正式出现了"五邑"这个概念。1983年江门正式升为地级市，辖区包括新会、台山、恩平、开平、鹤山、阳江、阳春几地，称为"五邑两阳"。"五邑"这个概念从此完全取代了过去其他称谓，为世人所认同。而在五邑地区范围内，由于拥有相近的方言并且拥有相近的历史社会背景，因此形成了相对统一的以华侨文化为特色的五邑文化。

乡土建筑

　　现在，中国建筑史学者们把中国农村的民居、宗祠、庙宇、义学、凉亭等旧式建筑称为乡土建筑。

屯·屯堡

　　明朝政府为平定西南动乱、开发西南，开始建立了一种军屯制度，被称为"屯堡"。"屯"指军队驻地，"堡"指地势险要之地。

坞壁

　　坞壁又称营壁、坞堡、堡垒或壁，本是战争时修建的小型堡垒或防御工事，而到了东汉末期，地主豪强在自己的庄园中修建坞壁的情况已非常普遍。

围垅屋

　　围垅屋，是粤北以梅州为中心分布的一种客家土楼民居，平面由前后两部分组成，前半部分是合院式建筑；后半部分是半圆形的围垅屋，作杂物间和厨房，它与前面的堂屋围合成一块半圆形的斜坡地，被称为"化胎"，被看做是风水要地。

四点金式围子（围屋）

四点金，即四角建有高出围外墙碉楼的客家围子或围屋的俗称。

土司

中国南西地区少数民族部落被授予世袭官职的首领。

客家·客家人

客家，顾名思义，是迁徙而来的居民。中国历史上因战乱、政治不安等，中原的居民数次大规模迁徙（主要是南迁），现在这些客家人主要分布于闽、粤、赣、川、桂等各地。客家民居有着聚族而居，封闭性、防御性强等独特的特征，以福建客家土楼民居最为人所熟知。

明器

也称冥器，就是陪葬器，明器陪葬始于战国，此时所用的明器严格来讲没有专门的特指，一般均是主人生前所用器具之实物。到了汉代后期，厚葬之风渐衰，这时已有采用替代品陪葬的例子了，例如塑成死者生前所使用用品形式的各种陶器，这些才是真正意义上的明器。

图片出处

未注明摄影者的照片，均由本书作者摄影

致 谢

　　其实，早在刚刚回到国内不久的2008年初我就已经开始着手本书的出版了，最初是筹措不到出版所需的经费，而后的数年则是一直忙于各种琐事，出版的事一拖再拖。到今年再次整理书稿时，所处的时代及我的工作状态都发生了很大的变化，开平也由于申遗的成功有了许多改变。幸好在中国林业出版社编辑吴卉女士的帮助下，最后终于可以把这本书呈献给读者，在这里要感谢她。

　　回首当年，必须对在调查、研究和论文写作过程中曾给我指导和帮助的诸位老师、同事、同学及朋友们致以我由衷的谢意。

　　首先要感谢自己在东京大学攻读博士课程期间的导师藤森照信先生。在日本学习期间，藤森先生在研究上不断给予我教导和点拨，同时也用一部部精彩的著作，以及课堂、研究会上的言传身授，展现建筑学的无穷魅力。

　　还要感谢东京大学的村松伸老师。最初是村松老师的建议，使我投入到开平碉楼的研究中来。在调查、研究和论文写作进行的过程中，村松老师也多次给予我宝贵的指导和帮助。

　　同时要感谢自己在清华大学攻读硕士学位时期的导师张复合先生。当年正是张老师，引我进入到中国近代建筑史的研究领域之中，而后又介绍我东渡日本师从藤森老师学习近代建筑的理论及研究方法。本书成稿所依托的开平碉楼的研究是清华大学、东京大学、开平市政府三方合作的成果，也正是张复合老师促成了这次合作研究的展开。在整个研究的过程中，张老师多次亲赴开平，并且对我们的调查和研究提出各方面的建议和指导。

也要感谢五邑大学的张国雄老师，张国雄老师及其同事多年的田野调查，正是我们此次的研究及本书写作坚实的资料基础。而且张国雄老师与我们几次就开平碉楼的研究进行毫无保留的长谈，并且无私地将一些自己搜集的相关资料拿出来与我们分享，这种品格也使我深受感动。

另外，清华大学的师弟杜凡丁先生，在开平调查，以及前往福建、四川、重庆、贵州等省、市调查的数月间，我们朝夕与共，在研究、生活上相互鼓励与支持。在之后的研究工作中，杜凡丁师弟也给过我许多帮助，在此表示深深的感谢。

还需要感谢开平市政府及开平市碉楼申报世界遗产办公室的邝积康主任、谭伟强主任、张健文主任、梁洪绪、李日明老师，以及后来任开平市文物局局长的李佳才先生对开平碉楼普查给予的支持，以及对我的研究给予的帮助。

当然还要特别感谢和我共同冒着烈日、酷暑，不辞辛劳奔波一年进行碉楼普查的开平碉楼申报世界遗产办公室的梁锦桥、张启超、李劲伟、谭金花、何卫欣，还有负责资料整理、录入、校对工作的梁少珍、梁菲菲、罗燕、劳洛琳、徐辛、吴就良等几位好同事，你们都是我的良师益友。

也要对开平碉楼普查中，开平各个镇、村民委员会、村落、学校派出的协助我们调查的同志，以及配合我们调查与采访的村民、市民致以深深的谢意；还要对在我前往广东、福建、江西、贵州、四川、重庆调查时，给予过我帮助的朋友们说声谢谢！尽管我已经记不清你们中绝大多数人的名字和面容，尽管你们操着各地的方言，使我们有时甚至很难用言语进行交流，但我由衷的感谢你们。每当身边有人感叹现今社会世态炎凉、人心不古的时候，我会想起你们的热情和朴实，你们能给我力量。

还要感谢开平市政府市志办公室、开平市档案馆、开平市政府信息管理办公室、赤坎镇关氏图书馆、赤坎镇司徒氏通俗图书馆的同志们。

另外，要感谢我在日本的朋友们，门闯、马红、吕宁、姜楠、曹巍、包慕平、白佐立、罗晶晶、王越飞、大越猛、丹羽由纪子、关龙也，在论文的写作和生活上，你们给了我宝贵的帮助。

感谢研究室的日本同学林宪吾、鲇川慧、野仪和人、速水清孝，为我不厌其烦地订正论文中的日文语法。

　　日本ECO都市环境计画研究所的关研二先生，在百忙之中帮助我认真修正了论文中数章的日文语法，并且在生活上关照我们一家，对您的恩情我感激不尽。

　　感谢东京大学的铃木博之老师、伊藤毅老师、藤井惠介老师，名古屋大学的西泽泰彦老师，对我的研究给予的指导。最近听闻铃木博之老师去世的消息，唏嘘不已。

　　还有，需要感谢北方工业大学的贾东老师，为本书的出版筹措了部分出版经费。

　　最后要感谢我的家人，特别感谢我的夫人薛翊岚，还有那时候还在蹒跚学步的女儿毛毛，好奇的你总要来我身边触碰我写博士论文所用的电脑，为这个我没少和你作"斗争"。

著者
2015年于北京